计算物理学

邢 辉　董祥雷　孙东科　韩永生　编著

科学出版社
北　京

内 容 简 介

本书以西北工业大学物理科学与技术学院"计算物理学"课程讲义为蓝本完成。全书共 12 章，第 1~8 章为计算物理学基础部分，主要介绍基本物理学问题的数值解法；第 9~12 章为多尺度计算的相关方法，主要介绍微观尺度分子动力学方法、介观尺度元胞自动机方法和相场方法、宏观尺度有限元方法。本书系统介绍计算物理学方法及其在多尺度计算方面的应用，注重内容结构的逻辑关系。附录为部分例题的计算程序，供读者参考。

本书可作为高等院校物理及相关专业本科生的计算物理学课程教材或参考书，也可供研究生及科研人员参考使用。

图书在版编目(CIP)数据

计算物理学/邢辉等编著. —北京：科学出版社，2022.9
ISBN 978-7-03-073093-0

Ⅰ. ①计⋯ Ⅱ. ①邢⋯ Ⅲ. ①物理学-数值计算-计算方法-高等学校-教材 Ⅳ. ①O411

中国版本图书馆 CIP 数据核字（2022）第 162794 号

责任编辑：宋无汗 郑小羽 / 责任校对：崔向琳
责任印制：赵 博 / 封面设计：陈 敬

科学出版社 出版
北京东黄城根北街 16 号
邮政编码：100717
http://www.sciencep.com

固安县铭成印刷有限公司印刷
科学出版社发行 各地新华书店经销
*

2022 年 9 月第 一 版 开本：720×1000 1/16
2025 年 8 月第四次印刷 印张：16 1/4
字数：325 000
定价：88.00 元
（如有印装质量问题，我社负责调换）

前　言

  计算物理学是物理学、数学和计算科学之间的交叉学科。历史上，计算物理学是计算科学的第一项应用，学科分类中曾一度将计算物理学划分到计算科学中。随着计算机性能和数值算法的发展，计算物理学在物理学领域的地位日渐显著，人们开始认识到计算物理学从根本上更侧重于解决物理学本身的科学问题，因此将其与理论物理、实验物理并列为物理学研究的"三驾马车"。计算物理学主要研究物理学中与数值求解相关的基本问题，以高速计算机作为工具载体，利用其巨大的计算能力，运用计算数学算法，求解物理学中极其复杂的方程，获得对复杂物理过程规律的基本认知。计算物理学以此为基础应用于其他物理学分支，验证并修正物理学理论，预测并揭示新的物理实验现象及其内在机理。

  2004 年，教育部高等学校物理学与天文学教学指导委员会建议将"计算物理学"课程作为物理学和应用物理学本科生的必修课。此后，国内许多高校物理学和应用物理学的人才培养方案中，将"计算物理学"列为本科生的必修课，也将与之相关的后续课程列为研究生的主干课程，这充分反映了计算物理学在人才培养领域的重要性。"计算物理学"课程涵盖内容较广，因此，各高校开设"计算物理学"课程也各有侧重，有些课程偏重数值计算方法稳定性、精确性的探讨；有些课程则从教师熟悉的科研方向出发，大量阐述物理模型的推演；也有些课程基于某一常用商业计算软件开展教学活动。万变不离其宗，在物理学和应用物理学本科教学中，计算物理学是一门覆盖范围广、应用性强、集理论与实践于一体的综合性课程。多尺度计算既可以看作是计算物理学的主要分支和应用，也可以看作是材料科学研究的重要组成部分。西北工业大学以材料科学研究和人才培养见长，在近年来的教学和科研工作中，作者深感将多尺度计算的相关内容融入本科教学中是非常必要的。遗憾的是，调研发现并没有教材将多尺度计算的相关内容纳入计算物理学课程范畴，仅在"计算材料学"等相关研究生课程有部分涉及。作者将这一发现与从事相近科研工作的同仁分享，并与郑州大学董祥雷、东南大学孙东科和中国科学院的韩永生一起编著本书。

  本书以西北工业大学物理科学与技术学院"计算物理学"课程讲义为蓝本，参考了国内外优秀计算物理学经典教材。全书共 12 章，第 1～8 章为计算物理学基础部分，主要介绍基本物理学问题的数值解法，如函数近似、数值积分与数值微分、线性方程组的数值解法、非线性方程的数值解法、常微分方程的数值解法、偏微分方程的数值解法、蒙特卡罗方法等；第 9～12 章为多尺度计算的相关方法，主要介绍微观尺度模拟方法——分子动力学方法、介观尺度的元胞自动机方法和相场方法、宏观尺度模拟的常用方法——有限元方法。本书不局限于某一编程语言，不建议使用商业数值计算软件，因此，书中重要程序均使用 C/C++语言和 Fortran 语言编写。

  本书由邢辉提出构思和整体架构，并撰写第 1~3、6 和 11 章；董祥雷撰写第 4、5、8、12 章；孙东科撰写第 7、10 章；韩永生撰写第 9 章。撰写本书过程中得到了课题组研究生的协助，特别是景涵煦、卢文建、安琪、赵虎、王雪、王瑞、窦翔宇、李永刚、高文君，在此一并感谢。

  本书从国内外相关领域的优秀教材、专著和论文中汲取了知识、有价值的素材和实例，对相关作者致以诚挚的敬意。同时，感谢科学出版社在本书出版过程中给予的大力支持。

  由于作者水平有限，书中难免存在疏漏之处，请读者批评指正。

作 者

2021 年 9 月

目 录

前言

第1章 绪论 ··· 1
1.1 计算物理学的起源和发展 ··· 1
1.2 计算物理学的研究内容和方法 ·· 3
1.3 计算物理中的误差 ·· 5
1.4 计算机编程语言 ··· 7
参考文献 ·· 8

第2章 函数近似 ·· 10
2.1 代数多项式插值法 ·· 10
  2.1.1 拉格朗日插值法 ··· 12
  2.1.2 牛顿插值法 ·· 16
2.2 最小二乘拟合法 ··· 19
  2.2.1 线性拟合法 ·· 20
  2.2.2 代数多项式拟合法 ·· 21
习题 ·· 22
参考文献 ·· 23

第3章 数值积分与数值微分 ·· 24
3.1 数值积分 ··· 24
  3.1.1 单次等间距求积公式的建立 ··································· 25
  3.1.2 复合求积公式的建立 ··· 28
  3.1.3 误差的事后估计与步长的自动选择 ·························· 31
  3.1.4 龙贝格积分公式 ·· 33
  3.1.5 反常积分的计算 ·· 35
3.2 数值微分 ··· 36
习题 ·· 37
参考文献 ·· 38

第4章 线性方程组的数值解法 ··············39

4.1 线性方程组的直接解法 ··············39
4.1.1 高斯消去法 ··············40
4.1.2 矩阵三角分解法 ··············43
4.1.3 三对角矩阵追赶法 ··············45

4.2 线性方程组的迭代法求解 ··············46
4.2.1 雅可比迭代法 ··············46
4.2.2 高斯-赛德尔迭代法 ··············48
4.2.3 逐次超松弛迭代法 ··············49

习题 ··············51
参考文献 ··············52

第5章 非线性方程的数值解法 ··············53

5.1 非线性方程的直接解法 ··············53
5.2 非线性方程的迭代法求解 ··············56
5.2.1 不动点迭代法 ··············56
5.2.2 牛顿迭代法 ··············59
5.2.3 牛顿下山法 ··············61
5.2.4 弦截法 ··············62
5.2.5 非线性方程组的牛顿迭代法 ··············64

习题 ··············65
参考文献 ··············66

第6章 常微分方程的数值解法 ··············67

6.1 常微分方程概述 ··············67
6.2 常微分方程初值问题的数值解法 ··············68
6.2.1 欧拉法 ··············69
6.2.2 预估-校正方法 ··············71
6.2.3 欧拉法的局部截断误差 ··············72
6.2.4 龙格-库塔方法 ··············75
6.2.5 多步亚当斯方法 ··············79

6.3 常微分方程边值问题的数值解法 ··············81

习题 ··············83
参考文献 ··············83

第 7 章 偏微分方程的数值解法 ·············· 84

7.1 偏微分方程概述 ·············· 84
7.2 抛物型偏微分方程的数值解法 ·············· 85
7.2.1 一维热传导方程古典格式的构造与实现 ·············· 86
7.2.2 二维热传导方程的离散格式 ·············· 90
7.3 双曲型偏微分方程的数值解法 ·············· 93
7.3.1 显格式 ·············· 94
7.3.2 隐格式 ·············· 96
7.3.3 迎风格式和 Lax-Wendroff 格式 ·············· 97
7.3.4 其他格式 ·············· 100
7.4 椭圆型偏微分方程的数值解法 ·············· 102
习题 ·············· 104
参考文献 ·············· 105

第 8 章 蒙特卡罗方法 ·············· 106

8.1 蒙特卡罗方法的理论基础 ·············· 106
8.1.1 布丰投针试验 ·············· 106
8.1.2 大数定律 ·············· 108
8.1.3 中心极限定理 ·············· 109
8.2 蒙特卡罗模拟的实施策略 ·············· 111
8.2.1 蒙特卡罗模拟的基本步骤 ·············· 111
8.2.2 随机数 ·············· 112
8.2.3 随机抽样方法 ·············· 113
8.3 蒙特卡罗模拟的应用 ·············· 117
8.3.1 定积分的数值计算 ·············· 117
8.3.2 随机游走问题 ·············· 121
习题 ·············· 126
参考文献 ·············· 127

第 9 章 分子动力学方法 ·············· 128

9.1 分子动力学模拟的基本原理 ·············· 128
9.1.1 牛顿运动方程式的数值解法 ·············· 129
9.1.2 分子动力学模拟计算流程及条件设置 ·············· 131

9.2　分子动力学应用实例 ······ 135
9.3　分子动力学在金属材料加工中的应用 ······ 143
习题 ······ 147
参考文献 ······ 148

第10章　元胞自动机方法 ······ 150
10.1　元胞自动机的基本原理 ······ 150
10.1.1　元胞自动机的构成 ······ 151
10.1.2　元胞自动机的分类 ······ 154
10.2　元胞自动机的应用 ······ 154
10.2.1　元胞自动机在交通领域的应用 ······ 155
10.2.2　元胞自动机在物理学领域的应用 ······ 157
10.3　格子玻尔兹曼方法 ······ 158
10.3.1　格子玻尔兹曼方法简介 ······ 159
10.3.2　模拟对流的格子玻尔兹曼方法 ······ 159
10.3.3　模拟对流与热扩散耦合的格子玻尔兹曼方法 ······ 162
习题 ······ 165
参考文献 ······ 166

第11章　相场方法 ······ 167
11.1　相场方法概述 ······ 167
11.2　相场方法的基本思想 ······ 169
11.3　相场方法的应用 ······ 172
11.3.1　非守恒序参量的演化 ······ 172
11.3.2　调幅分解过程的相场模型 ······ 174
11.3.3　纯材料凝固过程的相场模型 ······ 175
11.3.4　表面螺旋生长的相场模型 ······ 181
习题 ······ 183
参考文献 ······ 184

第12章　有限元方法 ······ 186
12.1　泛函与变分原理 ······ 186
12.1.1　泛函的定义 ······ 187
12.1.2　变分的定义 ······ 188
12.1.3　变分原理 ······ 190

12.2　以变分原理为基础的有限元方法 ································· 191
　　12.2.1　泛函形式的构造 ··· 192
　　12.2.2　瑞利-里茨法 ·· 193
　　12.2.3　变分有限元方法 ··· 196
12.3　加权余量法 ··· 199
　　12.3.1　微分方程的等效积分形式 ································· 200
　　12.3.2　加权余量法的求解过程 ··································· 201
习题 ··· 204
参考文献 ··· 205

附录：部分例题对应的源程序 ·· 207

第 1 章 绪 论

计算机是 20 世纪人类最重要的发明之一，对人类的生产生活产生了极其重要的影响。数值计算是随计算机一起发展起来的，它与具体的科学领域相结合便催生了相关的计算科学，计算科学常以"计算+"的形式出现。计算物理学（计算+物理）是诸多计算科学中的典型代表。计算物理学是物理学、数学和计算科学之间的交叉学科，它在物理学中的地位存在一定争议，有时被视为理论物理的重要工具，有时也被看作是"计算机实验"的方法，同时也有人将计算物理学看作是独立于理论物理和实验物理的物理学研究的第三种手段。几乎所有物理学的主要分支都能在计算物理学的应用中找到结合点，如计算力学、计算电动力学、计算固体物理等。因此，计算物理学在当代科学技术和工程实践研究中发挥着日益重要的作用[1-3]。

1.1 计算物理学的起源和发展

19 世纪中叶以前，物理学是一门基于实验的学科。尽管在这一时期，数学解析与力学已经深度融合，并逐渐发展出一套以拉格朗日力学和哈密顿力学为代表，基于数学分析求解力学问题的方法（分析力学），但是物理学依旧是实验主导在前，理论分析在后。物理学的理论分析多用于对已知现象的解释和拓展，并没有展现出揭示新物理现象的能力。1863 年，经典电动力学创始人、统计物理学奠基人之一的麦克斯韦建立了著名的麦克斯韦方程组，以此预言了电磁波的存在，这个理论预言在后来得到了充分的实验验证，为人类社会进入电气化时代奠定了基础。由此，理论物理开始成为物理学的一个独立分支，并在随后 100 年间得到了充分的发展。20 世纪初，近代物理学爆炸式的发展使理论物理相对成熟，而一些问题也随之产生。物理学家和科技工作者发现，尽管通过理论方法能够获得描述客观世界基本规律的控制方程，但有些方程过于复杂而使传统的解析方法无法直接求解，这不仅是笼罩在物理学研究上的一团乌云，也成了物理学家心中长时间的心结。虽然著名英国理论物理学家、量子力学奠基者之一的狄拉克于 1929 年在 *Proceedings of the Royal Society A: Mathematical, Physical and Engineering Sciences* 上发表了著名评论[4] "量子力学和整个化学所需的所有基本规律都已经给出"，但是量子力学方程非常复杂，只能在较多近似条件下才能得到解析解。事实上，只有特定条件下的解析解是远远不够的，物理学家期望能够对控制方程直接求解，从而真正实现从数值计算中理解、发现并预言新的物理现象。但是，20世纪初，计算工具的发展远远赶不上物理学家对计算的需求。

1941年的珍珠港事件不仅是人类历史的转折点，也是物理学史的重要转折点，科学的发展第一次这么近距离影响人类历史的走向。珍珠港事件后，在爱因斯坦等一批物理学家的推动下，美国于1942年6月开始秘密实施原子弹研制计划，即曼哈顿计划。在实验方面，核武器的研制不仅花销极大（仅曼哈顿计划的费用占美国当年GPD的0.8%），而且实验难度极高，资源也极其匮乏，在实验过程中无法获得复杂过程的所有数据。在理论方面，核武器研制所涉及的理论模型和方程非常复杂，根本没有解析解，完全无法进行手动计算，只能利用高性能计算设备进行数值计算和模拟。基于此，美国于1944年开始大规模建造计算机。美国著名计算机学家、物理学家，被称为计算机之父的冯·诺依曼曾估计，曼哈顿计划研制过程中所需的计算量可能超过了人类有史以来所进行的全部算数运算的总和。

如同硬币一样，任何事情都具有两面性。一方面原子弹给人类带来了极端的恐惧，人类首次获得了完全毁灭自身的能力，但另一方面，伴随而生的计算机技术的快速发展则极大地促进了科学技术的进步。1959年5月，美国揭开了曼哈顿计划的内幕，其研究内容也可以部分解密并对科学界公开，遂以"计算物理方法"丛书的名义陆续编辑出版。这套丛书在1963~1977年共出版17卷，内容涉及统计物理、量子力学、流体力学、核粒子运动、核物理、天体物理、固体物理、等离子体物理、受控热核反应、地球物理、原子与分子散射、地表波、射电天文、大气环流等方面的物理学问题，介绍了这些物理学问题在计算机上求解计算所需要的计算方法。在这套丛书中，计算物理（computational physics）这一名词第一次正式出现，大致反映了计算物理的概貌。从这一刻开始，计算物理、理论物理、实验物理就逐渐成为物理学研究中的"三驾马车"，并驾齐驱。

计算物理学发展的原动力是美国核武器研制的刺激，计算机最初也是为开发核武器和破译密码而被研制出来的，但在20世纪50年代初期，计算机就已经部分转为非军事用途。在美国著名物理学家费米的推动下，美国洛斯·阿拉莫斯国家实验室（Los Alamos National Laboratory, LANL）于1952年开始将计算机应用于非线性系统的长时间行为和大尺度性质的研究[5]。1955年5月，费米及其合作者编写的国家实验室研究报告中提出了许多与计算物理学相关的问题，很多人把这一年看作计算物理元年。随着计算机在科学界的推广，越来越多的物理学家开始关注计算物理的相关问题。1965年，科学家Harlow与Fromm在 *Scientific American* 期刊上发表了 *Computer Experiments in Fluid Dynamics* 一文[6]，首次提出了计算机实验的概念。由此，数值计算开始逐渐不再依附于实验或者理论研究，人们也开始利用计算物理技术，不断提供一系列新概念，并发现一系列新的物理现象，从而实现通过计算物理理解、发现和预言新物理现象的目标。经过近60年的发展，计算物理学已与物理学的方方面面相互交融，现今物理学研究都离不开计算物理学的辅助和支撑。近年来，运行速度每秒万亿次甚至亿亿次的超级计算机的出现也给人们的生活和工作带来了革命性的改变。我国计算机行业的起步并不算晚，第一台电子计算机103机于1958年问世。由于超级计算机可应用于天气预报、风洞模拟实验、航空航天、地震预警、武器研发等方面，我国对超级计算机的需求日益增加。1983年，银河系列超级计算机成功研发，我国成为当时世界上少数几个能够预测和发布5~7天天气预报的国家。近年来，我国在超级计算机方面发展迅速，已跃居国际先进国家行列，2020年的世界超级计算机500强榜单中，我国占217个，其中神威·太湖之光排名第四、天河二号排名第五。

1.2 计算物理学的研究内容和方法

在实际研究过程中，计算物理与理论物理、实验物理关系密切，理论物理为计算物理提供理论依据和抽象的模型方程，并检验分析计算结果；实验物理则为计算物理提供数据起点，验证计算结果。事实上，计算物理学的研究范围包括但不限于以下五方面，即复杂物理体系的数值计算与模拟、复杂物理体系的解析计算与分析、物理实验数值的采集与分析处理、物理实验过程与实验系统的模拟与控制及物理图像的获得、识别和处理。一般来讲，计算物理学主要由建模（modeling）、模拟（simulation）和计算（computation）三部分组成，这三部分也是初学者容易混淆的地方，需要特别区分。建模偏重物理、数学模型的建立，是计算物理学的基础；模拟也被称为计算机实验，是用计算手段对物理过程的描述、表达和再现，进而实现对物理现象的探索；计算是指以计算机为基础的数值研究，即对理论问题的数值研究和实验数据的数值分析。

计算物理学的研究方法脉络非常清晰。在研究过程中，首先需要确定物理模型，根据物理模型选取数学方法，即算法；其次编程计算，分析所得到的计算结果；最后得出物理结论。其中，算法是所有问题的重中之重，主要关注计算精度、计算收敛性、计算稳定性和计算复杂性，这些问题将在本书后续内容中详细讨论。首先通过几个简单的例子，来说明计算方法的重要性。

例 1.1 线性方程组的求解

计算物理学中的许多问题可归结为线性方程组的求解问题，对于下列方程组：

$$\begin{cases} a_{11}x_1 + a_{12}x_2 + \cdots + a_{1n}x_n = b_1 \\ a_{21}x_1 + a_{22}x_2 + \cdots + a_{2n}x_n = b_2 \\ \cdots\cdots \\ a_{n1}x_1 + a_{n2}x_2 + \cdots + a_{nn}x_n = b_n \end{cases} \quad (1.1)$$

其中，a_{ij}、$b_i (i=1,\cdots,n)$ 均为常数。由线性代数的知识可知，只要其系数行列式满足：

$$V = \begin{vmatrix} a_{11} & a_{12} & a_{13} & \cdots & a_{1n} \\ a_{21} & a_{22} & a_{23} & \cdots & a_{2n} \\ a_{31} & a_{32} & a_{33} & \cdots & a_{3n} \\ \vdots & \vdots & \vdots & & \vdots \\ a_{n1} & a_{n2} & a_{n3} & \cdots & a_{nn} \end{vmatrix} \neq 0 \quad (1.2)$$

方程就有唯一解 $x_j = D_j/D$。其中 D_j 是行列式第 j 列，用 b 代替所构成的行列式，这就是著名的克拉默法则。但是，克拉默法则往往不能应用于实际计算，因为当 $n=20$ 时，所需要的乘法运算竟达到 10^{21} 次。也就是说，如果采用运算速度为每秒上亿次的超级计算机，也要连续计算数百万年才能完成计算。显然，这个计算量是不可接受的。但是，如果采用数值计算的方法，无论是直接消去法，还是迭代法，在小型电子计算机上只需要几秒钟，就可以完成求解。这说明，采用不同的计算方法，计算工作量的差距是非常大的。

例 1.2 非线性方程求根问题

迭代法是非线性方程求根的常用方法。假设已知方程 $9x^2 = \sin x + 1$ 在 $x = 0.4$ 附近有根，如果用迭代法求解，则首先需要构建迭代公式，然后逐步求得所需要的根。根据原始方程，可构建如下迭代公式：

$$x_{n+1} = \frac{1}{3}\sqrt{1+\sin x_n} \quad (1.3)$$

以 $x_0 = 0.4$ 作为初值代入式（1.3）中计算，依次得到 $x_1 = 0.3929$，$x_2 = 0.39198$，$x_3 = 0.39187$，$x_4 = 0.39185$，$x_5 = 0.39185$。显然，5 次迭代以后，结果收敛于 0.39185。

当然，也可以有不同迭代公式的构造方法，如果构造迭代公式为

$$x_{n+1} = \arcsin(9x_n^2 - 1) \quad (1.4)$$

这时，仍以 $x_0 = 0.4$ 作为初值代入式（1.4）中计算，将依次得到 $x_1 = 0.4556$，

$x_2 = 1.050, \cdots$,但是所得到的计算结果是发散的。因此,当计算方法选择不合适时,可能无法得到收敛的解。

例 1.3 平方根倒数速算法

《雷神之锤Ⅲ》是 20 世纪 90 年代的经典电脑游戏之一,人们在着迷于游戏本身的同时,也十分好奇为什么该系列的游戏即使在当时较低配置的计算机上也能极其流畅地运行,2003 年在公共论坛上出现的平方根倒数速算的源代码给出了答案。原来在计算机图形学中,如果要精确求出照明和投影的波动角度和反射效果,需要进行大量平方根倒数的计算,而该速算法极大减少了求平方根倒数时浮点运算所产生的计算量。该速算法的核心程序如下:

```
float R_rsqrt( float number )
{
    long j;
    float x2, y;
    const float ths = 1.5F;
    x2 = num * 0.5F;
    x = num;
    j = * ( long * ) &x;
    j = 0x5f3759df - ( j >> 1 );
    x = * ( float * ) &j;
    x = x * ( ths - ( x2 * x * x ) );
    return x;
}
```

该程序的核心在于选择了"魔术数字" 0x5f3759df,然后通过一次牛顿迭代,即可得到满足数值精度的平方根倒数。《雷神之锤Ⅲ》中大量应用了该速算法,从而极大地提高了计算效率。最早认为该速算法是由美国天才程序设计师、开源软件的倡导者 Carmack 研发,但后来人们发现,该速算法早在计算机图形学中就有所应用,因此直到现在该速算法的作者仍无从考究,人们也没能知晓"魔术数字"选择的原因。这说明,简单、精妙的算法能够极大地推动科技的进步。

1.3 计算物理中的误差

计算物理中的误差是不可避免的,要求计算结果的绝对准确也是没有意义的,因此如何在提升计算效率的同时,减小计算过程中的误差是计算物理学永恒的主题。误差就是近似值和准确值之间的差值,即 $e = x^* - x$,其中 e 为误差,x^* 为准确值,x 为近似值。需要注意的是,误差是有量纲的,量纲同 x^*。在实际问题中,因为准确值 x^* 往往是未知的,所以误差往往无法准确计算,因而有关误差的定义

式就失去了实际意义,只能估计误差绝对值的一个上限。假设存在一个绝对值极小的正数 ε,使

$$|e| = |x^* - x| \leqslant \varepsilon \tag{1.5}$$

成立,则称 ε 为近似值 x 的绝对误差限。

事实上,绝对误差的大小仍旧不能完全表示出近似值的精确度,因此还应该考虑相对误差的大小。将近似值误差的绝对值与准确值的绝对值之比定义为相对误差,即

$$e_r = \frac{|e|}{|x^*|} = \frac{|x^* - x|}{|x^*|} \tag{1.6}$$

在实际计算中,由于准确值 x^* 往往是未知的,因此通常取其近似值 $e_r^* = |e|/|x|$ 代替,即相对误差,而相对误差的上限称为相对误差限 ε_r,即

$$e_r = \frac{|e|}{|x|} \leqslant \frac{\varepsilon}{|x^*|} = \varepsilon_r \approx \frac{\varepsilon}{|x|} \tag{1.7}$$

计算物理学中的误差来源于四个方面,即模型误差、观测误差、方法误差和舍入误差。

(1)模型误差:在实际应用中,人们往往首先通过现有的知识总结规律,并将所得的规律抽象成数学模型。由于不可能面面俱到,因此,在将所得到的规律抽象成数学模型时,往往会忽略一些主观上认为是次要的因素,这就是物理学研究的利器"近似"。然而这些"近似"往往是需要附加条件的,由此带来的误差,称为模型误差。有模型,就有模型误差,减少模型误差的方法只能是对模型本身进行修正或者建立更加精确的模型,这就是理论物理发展的内在动力。因此,在计算物理学中,模型误差是无法消除的。

(2)观测误差:假设所用的模型在现有尺度和条件下已足够精确,但是在抽象成数学模型时,通常包含若干参量,如密度、扩散系数、热交换系数、本构方程的参量等。这些参量往往是通过实验测量或者利用其他计算手段获得,在此过程中,不可避免地引入了误差,这种误差称为观测误差。受限于测量者的经验、仪器的精度或者其他计算方法的精度,观测误差往往也很难避免。

(3)方法误差:假设模型误差和观测误差对计算造成的影响极为有限,但是在实际求解过程中,数学模型往往非常复杂,无法获得精确解。然而有些运算,如求导运算和积分运算,只能用极限过程来定义,但是计算机只能进行有限次的运算,这就造成了计算结果与模型的精确解之间存在差距。因此,将模型的精确解与数值计算得到的近似解之差称为方法误差或者截断误差。很明显,对于复杂

计算，方法误差始终无法避免，但只要将其控制在一定范围内即可。例如，指数函数 e^x 可以展开成 $e^x = 1 + x + x^2/2! + \cdots + x^n/n! + \cdots$，但是实际计算中无法计算无穷项，只能计算有限项 $E_n(x) = 1 + x + x^2/2! + \cdots + x^n/n!$，这里 n 的选取依赖于方法误差限的设定。

（4）舍入误差：在实际计算中，由于受到计算字长的限制，只能按照有限个有效数字进行计算，每一步计算都可能存在四舍五入的情况，这种误差称为舍入误差。一般而言，少量计算产生的舍入误差不会很大，但是很多复杂物理过程要求进行的计算都在千万次甚至亿次以上，在某些情况下舍入误差会被积累放大，而这种情况带来的误差是惊人的。

事实上，这四种误差不会单独出现，在实际计算中往往包含多种来源的误差，而人们在研究中最为关心的往往是方法误差和舍入误差。

计算物理学中误差的出现不可避免，有时会出现"噪声"淹没"信号"的情况，因此对于任何一次计算，都必须预设精度，并选取合适的计算方法进行计算。但在实际操作中，精度并非越高越好，它是一把双刃剑。高精度的计算往往意味着计算量的飙升，这在简单计算过程中体现得并不明显，但是如果放在大规模数值计算中，这个问题就尤为突出。因此，精度选择的过程往往也是与现实妥协的过程。在实践中，也经常出现计算量提升之后发现新的问题和新的规律的情况。当然，如果计算是以千万次甚至上亿次计时，每一步计算都会出现误差，要详细跟踪和分析每一步的误差是不可能的，这时往往是估计整体的误差。

1.4 计算机编程语言

计算方法是计算物理学的基石，是在计算机上利用计算机编程语言实现的。计算物理学中常用的编程语言包括 Fortran 语言、C/C++语言等，近年来流行的 Python 语言也逐渐应用于计算物理学中。不仅是编程语言，一些商业软件，如 Matlab、Mathematica 和 Maple 也大量应用于计算物理学的研究中。虽然商业软件能够提供大量求解常见问题的工具，使用者可以直接应用相关问题所对应的模块和函数，但是对于初学者，长期使用商业软件工具箱中的工具，容易忽视其背后的算法问题，从而无法建立属于自己的知识体系。因此，对于初学者，推荐使用高级编程语言 C/C++语言、Fortran 语言自行设计编写算法对应的程序。本书附录中给出的参考程序是用 C/C++语言或 Fortran 语言编写的。本书不介绍编程语言的语法，如果在学习中需要用到，请读者查阅相关的书籍或教材。

1. Fortran 语言

Fortran 是 Formula Translator 的缩写,其意思是公式翻译器。Fortran 语言是世界上第一个被正式推广的计算机高级编程语言,也是当今世界上流行范围最广、生命力最强、最适用于大型数值计算的计算机语言[7]。Fortran 语言最早于 1954 年被美国著名科学家 Backus 开发出来,于 1956 年开始正式使用,至今已有近 70 年的历史。但是 Fortran 语言并未过时,其独特性使之在当今数值计算中仍占有一席之地。Fortran 语言的生命力不仅根植于大量高效、可靠的经典源代码中,也在于其接近数学公式的自然描述,这在计算中具有很高的执行效率。由于其公式翻译器的定位,Fortran 语言在编程难度、编程逻辑、对物理学家和计算机初学者的友好度方面具有独特的优势,因此该语言在复杂科学工程计算等方面占据着非常重要的地位。事实上,现在许多过程模拟、有限元分析、分子模拟等大型软件,都是以 Fortran 语言编写的源程序作为软件的核心程序。随着 Fortran90、Fortran95、Fortran2003、Fortran2008 的相继推出,该语言也具备了现今高级编程语言的特性。

2. C/C++语言

C 语言在 20 世纪 70 年代诞生于美国电话电报公司(American Telephone and Telegraph, AT&T)贝尔实验室,是以 Ritchie 和 Thompson 设计的 B 语言为基础发展而来的。在 C 语言的主体设计完成后,Ritchie 和 Thompson 用它完全重写了 UNIX,且随着 UNIX 的发展,C 语言也得到了不断的完善[8]。为了全面推广 C 语言,许多学者、专家、硬件厂商等联合美国国家标准协会(American National Standard Institute,ANSI)组成了 C 语言标准委员会,建立了 C 语言的标准,即 ANSI C。在 C 语言的基础上,1983 年又由美国 AT&T 贝尔实验室的 Stroustrup 推出了面向对象的计算机程序设计语言 C++,最初这类语言被称为"带类的 C 语言"(C with classes)。C++语言是 C 语言的继承和完善,是一种静态数据类型检查、支持多重编程范式的通用程序设计语言,支持过程化程序设计、数据抽象、面向对象程序设计、泛型程序设计等多种程序设计风格。因此,掌握了 C 语言,再进一步学习 C++语言就能以一种熟悉的语法来学习面向对象的语言,从而达到事半功倍的目的。

参 考 文 献

[1] 彭芳麟. 计算物理基础[M]. 北京: 高等教育出版社, 2010.

[2] 顾昌鑫, 朱允伦, 丁培柱. 计算物理学[M]. 1 版. 上海: 复旦大学出版社, 2010.

[3] 刘金远, 段萍, 鄂鹏. 计算物理学[M]. 1版. 北京: 科学出版社, 2012.

[4] DIRAC P A M. Quantum mechanics of many-electron systems[J]. Proceedings of the Royal Society A: Mathematical, Physical and Engineering Sciences, 1929, 123(192): 714-733.

[5] BERMAN G P, IZRAILEV F M. The Fermi-Pasta-Ulam problem: 50 years of progress[J]. Chaos, 2005, 15: 015104.

[6] HARLOW F H, FROMM J E. Computer experiments in fluid dynamics[J]. Scientific American, 1965, 212(3): 104-110.

[7] 彭国伦. Fortran 95 程序设计[M]. 北京: 中国电力出版社, 2002.

[8] 彭慧卿, 邢振祥. C 语言程序设计[M]. 北京: 清华大学出版社, 2013.

第 2 章 函数近似

函数近似是计算物理学中最重要且最常用的数值方法之一[1-2]。在物理学研究中，许多实际物理问题需要用函数来表示物理量之间的内在联系或变化规律，因而在很多情况下需要给出该数据所对应的近似函数；在数值积分计算中，常常需要将复杂的函数近似为简单的、易于处理的函数，这都用到了函数近似方法。例如，在某个区间 $[a,b]$，两个物理量 x 和 y 之间的函数关系是 $y=f(x)$，通常在数值计算或者在实验测量过程中能够得到自变量 x_i 和因变量 y_i（$i=0,1,\cdots,n$）的具体数值，而函数解析表达式未知，或者已知函数解析表达式，但函数解析表达式非常复杂，不易进行积分和微分计算，在这些情况下就需要利用函数近似的方法近似得到 x 和 y 之间的函数关系。本章主要介绍函数近似的两种常用方法：代数多项式插值法和最小二乘拟合法。

2.1 代数多项式插值法

插值法是一种古老但常见的数值计算方法，中国古代便利用插值法的基本思想定制历法并开展天文计算[3]：公元 1 世纪左右的《九章算术》中提出的"盈不足术"就相当于线性插值；公元 6 世纪，隋代天文学家刘焯在《皇极历》中提到利用等间距二次插值的方法进行天文计算；随后，唐代僧一行发明了不等间距的二次插值方法，并将其写进《大衍历》中；元代郭守敬等则在《授时历》中提到了三次插值法，而完善的插值理论是在 17 世纪微积分产生以后才逐渐发展起来。近年来，随着计算机和计算技术的长足发展，插值法不仅成为数据处理和编制函数表的主要工具，也广泛应用于期货金融、精密制造、航空航天等领域，是计算科学中一个基础且重要的数值计算工具。在计算物理学中，插值法是数值积分、数值微分、非线性方程求根、微分方程求解的理论基础，本书后续涉及的很多计算公式也是以插值法为基础推导出的。本节主要介绍代数多项式插值，埃尔米特插值、分段插值与样条插值在本节中并不涉及，感兴趣的读者可以参看相关教材和专著。

设函数 $y=f(x)$ 定义在区间 $[a,b]$ 上，x_i（$i=0,1,\cdots,n$）是 $[a,b]$ 上的 $n+1$ 个互异节点，在这些节点处的函数值为 $f(x_i)$（$i=0,1,\cdots,n$），若存在一个函数 $f(x)$ 的近似函数 $p(x)$，且满足：

$$p(x_i) = f(x_i) \tag{2.1}$$

则称 $f(x)$ 为被插函数；$p(x)$ 为 $f(x)$ 的一个插值函数；x_i（$i=0,1,\cdots,n$）为插值节点；$[a,b]$ 为插值区间；式（2.1）为插值条件；$R(x)=f(x)-p(x)$ 为插值余项。需要注意的是，插值函数 $p(x)$ 仅在 $n+1$ 个节点 x_i（$i=0,1,\cdots,n$）上与 $f(x)$ 相等，在其他位置就用 $p(x)$ 的值作为 $f(x)$ 的近似值，这一过程就是插值。也就是说，插值法就是建立一个新的函数 $y=p(x)$，使其通过给定的点 $(x_i, f(x_i))$（$i=0,1,\cdots,n$）以代替 $f(x)$，如图 2.1 所示。

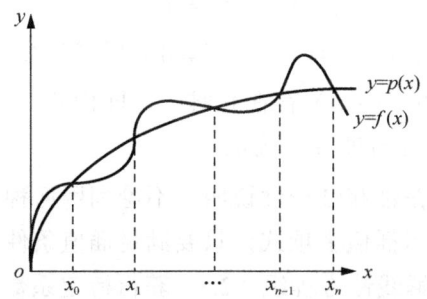

图 2.1 被插函数 $f(x)$ 与插值函数 $p(x)$

因此，由上述定义可知，所有问题的核心就是选择一个怎样的函数 $p(x)$ 作为插值函数来近似表达函数 $f(x)$。对于近似函数，人们往往既希望 $p(x)$ 对 $f(x)$ 有较好的逼近性，又希望它的形式足够简单，便于积分和微分计算。插值函数 $p(x)$ 可以是代数多项式、分段的多项式或三角函数，它们分别对应着代数多项式插值、分段插值和三角插值。由于代数多项式兼具数值计算简单和理论分析方便的优点，因此代数多项式插值是最基础且最常用的插值方法。代数多项式插值的核心为求一个次数不超过 n 次的代数多项式的具体形式，即确定

$$p(x) = a_0 + a_1 x + a_2 x^2 + \cdots + a_{n-1} x^{n-1} + a_n x^n \tag{2.2}$$

中系数 a_i（$i=0,1,\cdots,n$）的具体值。

下面将利用克拉默法则，证明 n 次多项式插值问题解的存在性和唯一性，这是开展代数多项式插值的基础。设形如式（2.2）的 n 次多项式 $p(x)$ 是函数 $f(x)$ 在区间 $[a,b]$ 上 $n+1$ 个互异节点 x_i（$i=0,1,\cdots,n$）上的插值多项式，则求插值多项式 $p(x)$ 的问题就归结为求系数 a_i（$i=0,1,\cdots,n$）。由插值条件式（2.1），可知

$$\begin{cases} a_0 + a_1 x_0 + a_2 x_0^2 + \cdots + a_{n-1} x_0^{n-1} + a_n x_0^n = f(x_0) \\ a_0 + a_1 x_1 + a_2 x_1^2 + \cdots + a_{n-1} x_1^{n-1} + a_n x_1^n = f(x_1) \\ \quad\quad\quad\quad\quad\quad \cdots\cdots \\ a_0 + a_1 x_n + a_2 x_n^2 + \cdots + a_{n-1} x_n^{n-1} + a_n x_n^n = f(x_n) \end{cases} \tag{2.3}$$

式（2.3）是一个关于待定系数 a_i（i=0,1,$\cdots$,n）的 n+1 阶线性方程组，其系数矩阵的行列式为范德蒙行列式：

$$W = \begin{vmatrix} 1 & x_0 & x_0^2 & \cdots & x_0^n \\ 1 & x_1 & x_1^2 & \cdots & x_1^n \\ 1 & x_2 & x_2^2 & \cdots & x_2^n \\ \vdots & \vdots & \vdots & & \vdots \\ 1 & x_n & x_n^2 & \cdots & x_n^n \end{vmatrix} = \prod_{i}^{n}\prod_{j=0}^{i-1}(x_i - x_j) \quad (2.4)$$

因为 $i \neq j$，所以 $x_i \neq x_j$，即可得到 $W \neq 0$。根据解线性方程组的克拉默法则，线性方程组的解 a_i（i=0,1,$\cdots$,n）存在且唯一，即由式（2.3）可以唯一地求解出 a_i（i=0,1,$\cdots$,n），从而 $p(x)$ 被唯一确定。

上述讨论的解的存在性和唯一性说明，不论利用何种方法构建插值多项式，也不论用何种形式来表示插值多项式，只要满足插值条件，其结果都是恒等的。当然，也可通过直接求解线性方程组（2.3）获得待定系数，但是这明显是求解待定系数最繁冗的方法。本节将介绍两种最为常用和简单的代数多项式插值法，即拉格朗日插值法和牛顿插值法。

2.1.1 拉格朗日插值法

拉格朗日插值法（Lagrange interpolation method）是以法国十八世纪著名数学家拉格朗日命名的一种多项式插值方法。这种插值法最早由英国数学家华林和瑞士数学家欧拉提出，而在 1795 年，拉格朗日在其著作《师范学校数学基础教程》中最先公开了这一插值方法，从此该插值方法就被称为拉格朗日插值法。

为了讨论拉格朗日插值法，本小节首先讨论几种简单的情况，即线性插值和抛物插值，然后再将该插值方法推广到最一般的形式。

1. 线性插值

线性插值也称为两点一次插值，是代数多项式插值中最简单的形式。假设给定函数 $f(x)$ 在两个互异节点 x_i（$i = 0, 1$）上的值为 $y_i = f(x_i)$（$i = 0, 1$），现需要构造一个线性插值函数 $p(x) = ax + b$ 近似地表达 $f(x)$。因此，线性插值的实质是寻找合适的参数 a 和 b，使线性插值函数通过点 $(x_i, f(x_i))$（i=0, 1），即在节点处满足插值条件。线性插值函数 $p(x)$ 可以很容易地用点斜式表示出来：

$$p(x) = y_0 + \frac{y_1 - y_0}{x_1 - x_0}(x - x_0) \quad (2.5)$$

或

$$p(x) = \frac{x-x_1}{x_0-x_1}y_0 + \frac{x-x_0}{x_1-x_0}y_1 \tag{2.6}$$

为了便于将所得到的规律推广，可以记

$$l_0(x) = \frac{x-x_1}{x_0-x_1} \tag{2.7}$$

或

$$l_1(x) = \frac{x-x_0}{x_1-x_0} \tag{2.8}$$

式（2.7）和式（2.8）表明，$l_0(x_0)=1$，$l_0(x_1)=0$ 和 $l_1(x_0)=0$，$l_1(x_1)=1$，即 $l_0(x)+l_1(x)=1$ 和 $l_k(x_i)=\delta_{ki}$，其中 δ_{ki} 为 δ 函数。当 $k=i$ 时，$\delta_{ki}=1$；当 $k \neq i$ 时，$\delta_{ki}=0$。将 $l_0(x)$ 和 $l_1(x)$ 称为线性插值基函数，即线性插值函数可以表示为基函数的线性组合形式：

$$p(x) = l_0(x)y_0 + l_1(x)y_1 \tag{2.9}$$

很明显，由于线性插值只考虑了原始函数中两个互异节点的信息，计算精度很低，在实际应用中也很少采用，这一插值方法仅作为讨论拉格朗日插值法的铺垫。

例 2.1 已知 $\sqrt{100}=10$，$\sqrt{121}=11$，求 $y=\sqrt{111}$。

解：设 $x_0=100$，$y_0=10$，$x_1=121$，$y_1=11$，利用线性插值构造

$$p(x) = \frac{x-121}{100-121} \times 10 + \frac{x-100}{121-100} \times 11$$

可得

$$y = \sqrt{111} \approx p(111) = 10.524$$

2. 抛物插值

抛物插值也称为三点二次插值。假设给定函数 $f(x)$ 在三个互异节点 x_i（$i=0$，1，2）上的函数值为 $y_i=f(x_i)$（$i=0$，1，2），现需要构造一个二次多项式函数 $p(x)=a_2x^2+a_1x+a_0$ 近似地表达 $f(x)$。该问题的实质是选择合适的参数 a_i（$i=0$，1，2），使抛物插值函数通过点 $(x_i, f(x_i))$（$i=0$，1，2），即在节点处满足插值条件。与线性插值一样，用基函数的方法构建抛物插值函数。首先，构造一个二次函数 $l_0(x)$，使其满足：

$$\begin{cases} l_0(x_0) = 1 \\ l_0(x_1) = 0 \\ l_0(x_2) = 0 \end{cases} \tag{2.10}$$

由式（2.10）中后两个等式可知，$x = x_1$ 和 $x = x_2$ 是函数 $l_0(x)$ 的两个零点。因此，函数 $l_0(x)$ 的基本形式为

$$l_0(x) = c(x - x_1)(x - x_2) \tag{2.11}$$

再根据式(2.10)中第一个等式，可以确定式(2.11)中的系数 $c = 1/[(x_0 - x_1)(x_0 - x_2)]$，可得

$$l_0(x) = \frac{(x - x_1)(x - x_2)}{(x_0 - x_1)(x_0 - x_2)} \tag{2.12}$$

利用类似的条件和方法，可以得到

$$\begin{cases} l_1(x) = \dfrac{(x - x_0)(x - x_2)}{(x_1 - x_0)(x_1 - x_2)} \\ l_2(x) = \dfrac{(x - x_0)(x - x_1)}{(x_2 - x_0)(x_2 - x_1)} \end{cases} \tag{2.13}$$

由此构造出来的函数 $l_0(x)$、$l_1(x)$、$l_2(x)$ 被称为抛物插值的基函数，同样满足 $l_k(x_i) = \delta_{ki}$ 和 $l_0(x) + l_1(x) + l_2(x) = 1$。将已知数据 y_0、y_1、y_2 作为线性组合系数，将基函数线性组合可得

$$p(x) = l_0(x) y_0 + l_1(x) y_1 + l_2(x) y_2 \tag{2.14}$$

例 2.2 已知 $\sqrt{1} = 1$，$\sqrt{4} = 2$，$\sqrt{9} = 3$，求 $y = \sqrt{7}$。

解：设 $x_0 = 1$，$y_0 = 1$，$x_1 = 4$，$y_1 = 2$，$x_2 = 9$，$y_2 = 3$，利用抛物插值构造

$$p(x) = \frac{(x-4)(x-9)}{(1-4)(1-9)} \times 1 + \frac{(x-1)(x-9)}{(4-1)(4-9)} \times 2 + \frac{(x-1)(x-4)}{(9-1)(9-4)} \times 3$$

可得

$$y = \sqrt{7} \approx p(7) = \frac{(7-4)(7-9)}{(1-4)(1-9)} \times 1 + \frac{(7-1)(7-9)}{(4-1)(4-9)} \times 2 + \frac{(7-1)(7-4)}{(9-1)(9-4)} \times 3 = 2.7$$

从线性插值到抛物插值，可以看出形式类似的基函数在插值法中扮演着非常重要的角色，如果把基函数的概念推广到 $n+1$ 个互异节点的 n 次插值，就可以得到拉格朗日插值法的一般形式。

3. 拉格朗日插值多项式

由上面的讨论可知，两个插值节点可以用线性插值法得到插值函数，而三个插值节点则可以利用抛物插值法得到插值函数。最一般的情况，当插值节点个数为 $n+1$ 时，需要构造一个次数为 n 的代数多项式 $p(x)$ 通过 $n+1$ 个插值节点。根据上述构造基函数的经验，可以先构造一个 n 次多项式 $l_k(x)$，使其在各个插值节点上满足 $l_k(x_0)=0,\cdots,l_k(x_k)=1,\cdots,l_k(x_n)=0$，或

$$l_k(x_i) = \delta_{ki} \tag{2.15}$$

由条件 $l_k(x_i)=0$ $(k \neq i)$ 可知，除 x_k 外，其他插值节点均为函数 $l_k(x)$ 的零点，因此可以构造：

$$l_k(x) = c_k(x-x_0)(x-x_1)\cdots(x-x_{k-1})(x-x_{k+1})\cdots(x-x_n) \tag{2.16}$$

其中，c_k 为待定系数。根据条件 $l_k(x_k)=1$ 可得到

$$c_k = 1 \Big/ \prod_{\substack{j=0 \\ j \neq k}}^{n}(x_k - x_j) \tag{2.17}$$

将式（2.17）代入式（2.16），可以得到基函数

$$l_k(x) = \prod_{\substack{j=0 \\ j \neq k}}^{n} \frac{x-x_j}{x_k - x_j} \tag{2.18}$$

因此，以 $n+1$ 个 n 次多项式基函数 $l_k(x)$（$k=0,1,\cdots,n$）为基础构建 n 次代数多项式 $p(x)$，使之满足插值条件，即

$$p(x) = l_0(x)y_0 + l_1(x)y_1 + \cdots + l_n(x)y_n = \sum_{k=0}^{n} l_k(x) y_k \tag{2.19}$$

式（2.19）为拉格朗日插值多项式，是通过基函数的线性组合来构建的，也记为 $L_n(x)$。

例 2.3 已知观测值为

x	0.2	0.4	0.6	0.8	1.0
y	0.98	0.91	0.81	0.64	0.38

构造拉格朗日插值多项式。

解：程序（C 语言编写）实现见附录，结果如图 2.2 所示。

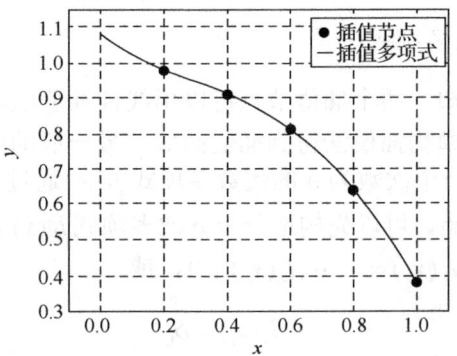

图 2.2　插值节点与拉格朗日插值多项式

4. 多项式插值的误差

根据多项式插值的定义，在插值区间 $[a,b]$ 上利用代数插值多项式 $p(x)$ 近似代替原始函数 $f(x)$，除了在插值节点上没有误差（根据插值条件）外，在其他插值节点处一般都存在误差。如果定义 $R(x)=f(x)-p(x)$ 为用 $p(x)$ 代替 $f(x)$ 时产生的截断误差，或称为多项式插值余项。可以证明（证明略，这里只给出结论），在插值区间 $[a,b]$ 上多项式插值余项为

$$R(x)=f(x)-p(x)=\frac{f^{(n+1)}(\zeta)}{(n+1)!}\omega(x) \quad \zeta\in[a,b] \tag{2.20}$$

其中，$\omega(x)=\prod_{i=0}^{n}(x-x_i)$。因此，线性插值的误差为

$$R(x)=f''(\zeta)(x-x_0)(x-x_1)/2$$

抛物插值的误差为

$$R(x)=f'''(\zeta)(x-x_0)(x-x_1)(x-x_2)/6$$

2.1.2　牛顿插值法

拉格朗日插值多项式的特点是用基函数构建插值多项式，整个算法并不具有承袭性。这是因为基函数依赖于所有插值节点，如果在整个体系中增加一个节点，所有基函数都必须重新计算。然而在实际应用中，往往需要根据自身的实际情况增加或者减少数据点，因此，拉格朗日插值多项式不仅造成了计算量上的浪费，也带来了使用上的不便。这就启发人们构建一种具有承袭性的插值多项式来克服这个问题，即每增加一个节点，只需要增加相应的一项就可以得到新的插值多项式，于是就产生了牛顿插值法（Newton interpolation method）。牛顿插值法的全称

为格里高利-牛顿插值法（Gregory-Newton interpolation method），格里高利是苏格兰著名的数学家和天文学家，他和牛顿分别独立地给出了这个插值公式。由于该插值公式的完整内容出现在牛顿的巨作《自然哲学的数学原理》中，人们常称这一方法为牛顿插值法。

由线性代数的知识可以知道，任何一个不高于 n 次的代数多项式，都可以表示为

$$p(x) = a_0 + a_1(x-x_0) + a_2(x-x_0)(x-x_1) + \cdots \\ + a_n(x-x_0)(x-x_1)\cdots(x-x_{n-1}) \tag{2.21}$$

其中，a_i（$i=0, 1, \cdots, n$）为待定系数。式（2.21）即为牛顿插值多项式，记为 $N_n(x)$。可以看出，牛顿插值多项式满足

$$N_n(x) = N_{n-1}(x) + a_n(x-x_0)(x-x_1)\cdots(x-x_{n-1}) \tag{2.22}$$

牛顿插值多项式是代数插值多项式的另一种表达形式，与拉格朗日插值多项式相比，不仅能够克服增加一个节点后所有计算工作要重新开始的问题，而且可以减少乘除运算次数。同时牛顿插值法建立在差商的基础上，这又和计算物理学的其他方面密切联系。下面，将首先介绍差商的概念，然后再将差商和牛顿插值法联系在一起。

1. 差商

差商，也称为均差，是自变量之差和因变量之差的比值。定义函数 $y = f(x)$ 在区间 $[x_i, x_{i+1}]$ 上的平均变化率为 $f(x)$ 关于 x_i，x_{i+1} 的一阶差商，记为

$$f[x_i, x_{i+1}] = \frac{f(x_{i+1}) - f(x_i)}{x_{i+1} - x_i} \tag{2.23}$$

相应地，定义区间 $[x_i, x_j, x_k]$ 上的二阶差商为

$$f[x_i, x_j, x_k] = \frac{f[x_j, x_k] - f[x_i, x_j]}{x_k - x_i} \tag{2.24}$$

对于一般情况，可定义区间 $[x_i, x_{i+1}, \cdots, x_{i+n}]$ 上的 n 阶差商为

$$f[x_i, x_{i+1}, \cdots, x_{i+n}] = \frac{f[x_{i+1}, x_{i+2}, \cdots, x_{i+n}] - f[x_i, x_{i+1}, \cdots, x_{i+n-1}]}{x_{i+n} - x_i} \tag{2.25}$$

因此，根据差商的定义可知，利用两个 $n-1$ 阶差商的值可以得到 n 阶差商，通常可利用表 2.1 所示差商表的形式计算各阶差商值。

表 2.1　差商表

节点	0 阶差商	1 阶差商	2 阶差商	3 阶差商	4 阶差商	……
x_0	$f(x_0)(f[x_0])$	—	—	—	—	
x_1	$f(x_1)(f[x_1])$	$f[x_0,x_1]$	—	—	—	
x_2	$f(x_2)(f[x_2])$	$f[x_1,x_2]$	$f[x_0,x_1,x_2]$	—	—	
x_3	$f(x_3)(f[x_3])$	$f[x_2,x_3]$	$f[x_1,x_2,x_3]$	$f[x_0,x_1,x_2,x_3]$	—	
x_4	$f(x_4)(f[x_4])$	$f[x_3,x_4]$	$f[x_2,x_3,x_4]$	$f[x_1,x_2,x_3,x_4]$	$f[x_0,x_1,x_2,x_3,x_4]$	
……						

2. 牛顿插值多项式

式（2.21）给出了牛顿插值多项式的标准形式，于是可将问题归结为待定系数 a_i（$i=0, 1, \cdots, n$）的确定。根据插值条件，可得

$$\begin{cases} N_n(x_0) = a_0 = f(x_0) \\ N_n(x_1) = a_0 + a_1(x_1 - x_0) = f(x_1) \\ N_n(x_2) = a_0 + a_1(x_1 - x_0) + a_2(x_2 - x_0)(x_2 - x_1) = f(x_2) \\ \cdots\cdots \\ N_n(x_n) = a_0 + a_1(x_1 - x_0) + \cdots + a_n(x_n - x_0)(x_n - x_1)\cdots(x_n - x_{n-1}) = f(x_n) \end{cases} \quad (2.26)$$

可以得到 a_i 的一般情况为

$$a_i = f[x_0, x_1, x_2, \cdots, x_n] \quad i = 1, 2, \cdots, n \quad (2.27)$$

可以看出，牛顿插值多项式计算非常简便，每增加一个节点，只要多计算一项，而且各项系数恰好是各阶的差商值，具有很强的规律性。此外，也可以直接得到牛顿插值多项式的余项或误差为

$$R_n(x) = f[x_0, x_1, \cdots, x_n, x](x - x_0)(x - x_1)\cdots(x - x_n) \quad (2.28)$$

需要注意的是，由代数插值多项式的存在性和唯一性可知，满足同一插值条件的拉格朗日插值多项式和牛顿插值多项式实际上是同一个插值多项式，只是表达形式不同。因此，牛顿插值多项式的误差与拉格朗日插值多项式的误差是完全相等的，即

$$f[x_0, x_1, \cdots, x_n, x] = \frac{f^{(n)}(\zeta)}{(n+1)!} \quad (2.29)$$

例 2.4 已知节点 0、2、3、5 对应的函数值为 1、3、2、5。利用牛顿插值法构造插值函数，并求当 $x=2.5$ 时的值。

解：牛顿插值多项式如下

$$p^3(x) = f(x_0) + f(x_0,x_1)(x-x_0) + f(x_0,x_1,x_2)(x-x_0)(x-x_1)$$
$$+ f(x_0,x_1,x_2,x_3)(x-x_0)(x-x_1)(x-x_2)$$
$$= 1 + 1 \times (x-0) - \frac{2}{3} \times (x-0)(x-2) + \frac{2}{3} \times (x-0)(x-2)(x-3)$$
$$= \frac{3}{10} \times x^3 - \frac{13}{6} \times x^2 + \frac{62}{15} \times x + 1$$

当 $x=2.5$ 时，牛顿插值多项式为

$$p^3(2.5) = \frac{3}{10} \times 2.5^3 - \frac{13}{6} \times 2.5^2 + \frac{62}{15} \times 2.5 + 1 = 2.479167$$

程序（C 语言编写）实现见附录，结果如图 2.3 所示。

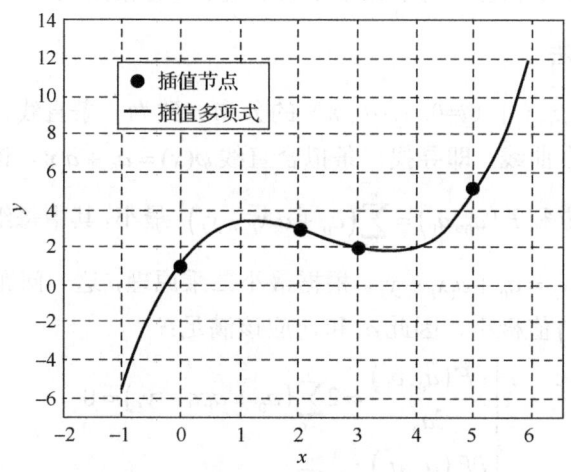

图 2.3　插值节点与牛顿插值多项式

2.2　最小二乘拟合法

寻求给定数据自变量和因变量之间的近似函数关系，除了插值法之外，另一种方法是拟合法（fitting method）。应用插值法对给定数据求近似函数关系时，最基本的要求是满足插值条件，即需要让所求得的插值函数通过所有已知数据点。但是，在实际应用中，实验或者数值计算给出的数据本身存在误差，因此，要求所得到的近似函数通过所有数据点，势必使插值函数继承了数据本身所存在的误差。与插值法不同，拟合法则不要求所得到的近似函数通过所有已知数据点，只要求拟合曲线能够在一定程度上反映出给定数据的整体趋势，并使拟合曲线与已知数据点的整体误差最小。最小二乘原理是使实验（或观测）数据与拟合曲线

之间偏差的平方和取最小值，因此，利用最小二乘原理开展的数据拟合方法也称为最小二乘拟合法。

假设数据为(x_i, y_i)（$i=0, 1, 2, \cdots, n$），拟合函数为$\varphi(x)$，则可以定义拟合函数$\varphi(x)$在x_i处与原始数据的偏差为

$$\varepsilon_i = \varphi(x_i) - y_i \tag{2.30}$$

为了使所得到的拟合曲线尽可能表现出已知数据的变化趋势，要求$|\varepsilon_i|$按照某种度量标准达到最小。如果记向量$e = [\varepsilon_0, \varepsilon_1, \varepsilon_2, \cdots, \varepsilon_n]^T$，也就是要求$e$的某种范数$\|e\|$最小。为了便于计算、分析与应用，通常要求$e$的平方范数：

$$\|e\|_2^2 = \sum_{i=0}^{n} \varepsilon_i^2 = \sum_{i=0}^{n} [\varphi(x_i) - y_i]^2 \tag{2.31}$$

取最小值，这种要求偏差平方和最小的拟合称为数据的最小二乘拟合。

2.2.1 线性拟合法

已知数据点(x_i, y_i)（$i=0, 1, \cdots, n$）的分布大致为一条直线，可以使用线性拟合的方法获取拟合曲线，即寻找一条拟合直线$\varphi(x) = a_0 + a_1 x$，该直线与已知数据点之间偏差的平方和$F(a_0, a_1) = \sum_{i=0}^{n}(a_0 + a_1 x_i - y_i)^2$最小，其中每组数据与拟合曲线的偏差为$y(x_i) - y_i = a_0 + a_1 x_i - y_i$。根据最小二乘原理，这一问题的实质就是求$a_0$和$a_1$，使$F(a_0, a_1)$值极小，因此$a_0$和$a_1$应该满足：

$$\begin{cases} \dfrac{\partial F(a_0, a_1)}{\partial a_0} = 2\sum_{i=0}^{n}(a_0 + a_1 x_i - y_i) = 0 \\ \dfrac{\partial F(a_0, a_1)}{\partial a_1} = 2\sum_{i=0}^{n}(a_0 + a_1 x_i - y_i)x_i = 0 \end{cases} \tag{2.32}$$

求解式（2.32）可以得到

$$\begin{cases} a_0 n + a_1 \sum_{i=0}^{n} x_i = \sum_{i=0}^{n} y_i \\ a_1 \sum_{i=0}^{n} x_i^2 + a_0 \sum_{i=0}^{n} x_i = \sum_{i=0}^{n} x_i y_i \end{cases} \tag{2.33}$$

式（2.33）是一个二元线性方程组，通过求解即可得到a_0和a_1的具体值。需要注意的是，在某些情况下，一些非线性函数拟合问题可以通过适当的变量代换转化为线性函数拟合问题，从而用线性拟合来进行处理，具体步骤为：①根据观测值在直角坐标平面上描出散点图，考察点的分布同哪一类曲线更为接近；②选用接近曲线的拟合方程，将非线性函数拟合问题转化为线性拟合问题，按照线性拟合获得解，再还原为原变量所表示的曲线拟合方程。例如，曲线拟合方程

$y = \varphi(x) = ax^b$，可以通过变换关系 $\bar{y} = \ln y$，$\bar{x} = \ln x$，将非线性拟合方程转化为线性拟合方程 $\bar{y} = \bar{a} + \bar{b}x$，这里拟合系数 $\bar{a} = \ln a$。其他常用拟合曲线的变换关系，如表 2.2 所示。

表 2.2 常用拟合曲线的变换关系

非线性拟合方程	变换关系	变换后线性拟合方程
$y = ax^b + c$	$\bar{x} = x^b$	$\bar{y} = a\bar{x} + c$
$y = x/(ax+c)$	$\bar{y} = 1/y$，$\bar{x} = 1/x$	$\bar{y} = a + c\bar{x}$
$y = 1/(ax+c)$	$\bar{y} = 1/y$	$\bar{y} = c + ax$

2.2.2 代数多项式拟合法

利用代数多项式对已知数据进行拟合，即要求寻找一个 m 次代数多项式：

$$\varphi(x) = a_0 + a_1 x + a_2 x^2 + \cdots + a_{m-1} x^{m-1} + a_m x^m \tag{2.34}$$

对一组给定的数据 (x_i, y_i)（$i = 0, 1, \cdots, n$）进行拟合，拟合结果满足最小二乘原理。与线性拟合类似，使偏差的平方和

$$Q(a_0, a_1, \cdots, a_m) = \sum_i^n \left(y_i - \sum_{j=0}^m x_i^j \right)^2 \tag{2.35}$$

取极小值。一般来讲，为了获得较为精确的结果，已知数据个数 n 越大越好，且拟合参数的个数 m 要远小于 n。由于 Q 是关于待定系数 $a_0, a_1, \cdots, a_m$ 的多元函数，因此上述拟合代数多项式的构造问题可归于多元函数极值问题，即

$$\frac{\partial Q(a_0, a_1, \cdots, a_m)}{\partial a_k} = 0 \quad k = 0, 1, 2, \cdots, m \tag{2.36}$$

即

$$\sum_i^n \left(y_i - \sum_j^m a_j x_i^j \right) x_i^k = 0 \quad k = 0, 1, 2, \cdots, m \tag{2.37}$$

由式（2.36）可以得到

$$\begin{cases} a_0 n + a_1 \sum_{i=0}^n x_i + \cdots + a_m \sum_{i=0}^n x_i^m = \sum_{i=0}^n y_i \\ a_0 \sum_{i=0}^n x_i + a_1 \sum_{i=0}^n x_i^2 + \cdots + a_m \sum_{i=0}^n x_i^{m+1} = \sum_{i=0}^n x_i y_i \\ \cdots\cdots \\ a_0 \sum_{i=0}^n x_i^m + a_1 \sum_{i=0}^n x_i^{m+1} + \cdots + a_m \sum_{i=0}^n x_i^{2m} = \sum_{i=0}^n x_i^m y_i \end{cases} \tag{2.38}$$

式（2.37）是关于系数 $a_0, a_1, \cdots, a_m$ 的线性方程组，通常称为正规方程组，正

规方程组的解存在且唯一。有关线性方程组的数值求解问题，本书将在第 4 章中具体讨论。

例 2.5 已知数据为

x	1	2	3	5	7	9
y	3	4	5	6	5	3

用最小二乘拟合法求三次拟合多项式。

解：程序（C 语言编写）实现见附录，计算结果如图 2.4 所示。

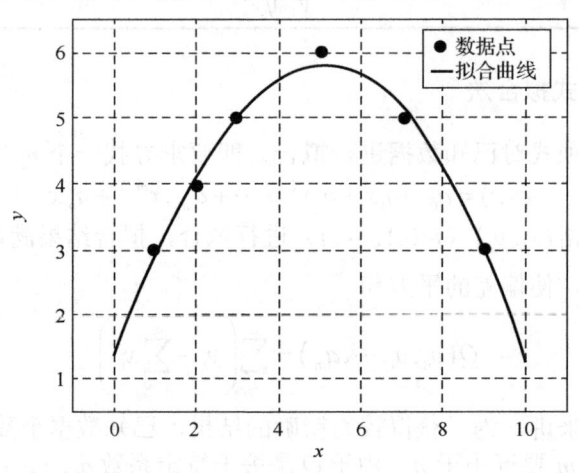

图 2.4 数据点与拟合曲线

习　　题

2.1 已知函数表如下：

x	3	2
y	1	4

求线性插值函数，并计算 $x=2.5$ 时的函数近似值。

2.2 求过点（8, 0）、(−7.5, 1) 和 (−18, 2) 的插值多项式。

2.3 已知观测值为

x	0	1	2	4
y	1	9	20	1

构造拉格朗日插值多项式。

2.4 已知观测值为（1, 0）、（2, -5）、（3, -6）、（4, 3），构造拉格朗日插值多项式。

2.5 函数表如下所示，构造牛顿插值多项式。

x	0	1	2	3
y	-5	-6	-1	16

2.6 已知 sin30°、sin45°、sin60° 的值，分别利用拉格朗日插值法和牛顿插值法求 sin75° 的值。

2.7 已知函数表如下：

x	1	2	3	4	6	7	8	9
y	3	3	6	8	5	3	2	1

用最小二乘拟合法求二次拟合多项式。

2.8 根据拟合公式 $f(x) = a + b\cos x$，对下列数据进行拟合。

x	0.3	0.4	0.5	0.6	0.7
y	1.36568	1.479201	1.54442	1.589992	1.69991

2.9 实验给出的数据如下表所示，利用二次、三次、四次多项式进行曲线拟合。

x	0	0.1	0.2	0.3	0.5	0.8	1.0
y	0.9	0.39	0.48	0.60	0.89	2.04	2.43

参 考 文 献

[1] 刘金远, 段萍, 鄂鹏. 计算物理学[M]. 1 版. 北京: 科学出版社, 2012.
[2] 李庆扬, 王能超, 易大义. 数值分析[M]. 5 版. 北京: 清华大学出版社, 2008.
[3] 钱宝琮. 中国数学史[M]. 北京: 科学出版社, 1992.

第 3 章 数值积分与数值微分

微分和积分是高等数学中的主要内容,利用数值方法计算积分和微分的值不仅是对微积分的补充,也是另一门独立的学科——离散数学的重要组成部分。数值积分与数值微分是数值计算的基础,无论是后续即将涉及的非线性方程、常微分方程,还是偏微分方程的求解,都需要数值积分与数值微分的基本思想和结论作为支撑。本章主要介绍数值积分和数值微分的基本方法[1-2]。

3.1 数 值 积 分

在科学研究和工程实践中,许多定积分并不能用已知的积分公式得到精确值,而借助电子计算机,利用数值积分的方法可以快速、有效地计算得到定积分的近似值。事实上,数值积分方法存在的必要性源自难以获得原函数和被积函数形式未知等问题。如果函数 $f(x)$ 在定义区间上连续且原函数为 $F(x)$,利用牛顿-莱布尼茨公式(Newton-Leibniz formula):

$$\int_a^b f(x)\mathrm{d}x = F(b) - F(a) \tag{3.1}$$

则可求出定积分的具体值。牛顿-莱布尼茨公式无论在科学理论研究,还是在工程实践中都发挥了非常大的作用。然而,在实际计算中,以下三种情况牛顿-莱布尼茨公式无法计算定积分。

(1)对于给定的被积函数 $f(x)$,在多数情况下并不能找到用初等函数的有限形式表示的原函数 $F(x)$,甚至函数本身就没有解析表达式,如

$$f(x) = \mathrm{e}^{-x^2/2} \tag{3.2}$$

是常见的正态分布函数,该函数的原函数就无法用初等函数表示。有些形式非常简单的定积分,不仅无法找到被积函数的原函数,在积分上、下限也没有意义,如

$$\int_0^1 \frac{\sin x}{x}\mathrm{d}x \tag{3.3}$$

不仅无法给出被积函数的原函数,而且该积分在 $x=0$ 时也没有意义。

（2）被积函数 $f(x)$ 能够用初等函数表示，但其原函数 $F(x)$ 的表达式非常复杂，如

$$f(x) = \frac{1}{1+x^6} \tag{3.4}$$

其原函数 $F(x)$ 为

$$F(x) = \frac{1}{3}\arctan x + \frac{1}{6}\arctan\left(x - \frac{1}{x}\right) + \frac{1}{4\sqrt{3}}\ln\frac{x^2 + x\sqrt{3} + 1}{x^2 - x\sqrt{3} + 1} + C \tag{3.5}$$

在这种情况下，计算 $F(a)$ 和 $F(b)$ 十分困难，一般不用牛顿-莱布尼茨公式计算定积分。

（3）在很多实际问题中，往往只知道积分函数一些特定的取值，即函数关系是由图给出的，或者被积函数是某个微分方程的解。由于很多微分方程只在简单情况下才有解析解，大部分微分方程只能数值求解，因此只能得到被积函数在某些点上的取值。此外，当积分区域是曲面、三维体和高维流形时，牛顿-莱布尼茨公式也不再适用。因此，通过原函数来计算定积分的方法具有极大的局限性。在多数情况下，只能通过数值积分的方法计算定积分的值，这在物理学中也是非常普遍和基本的研究方法。

数值积分的基本思想十分简单和直接，即将积分区间细分，在每一个小区间内用简单函数代替复杂函数进行积分。从另一个角度，这也体现了积分这一数学运算的基本定义，叠加求和就是积分具体化和近似化的体现。因此，对于数值积分，所有问题都集中在：①用什么样的函数来代替复杂函数进行积分；②怎样细分计算区间。代数多项式兼具数学计算简单和理论分析方便的优点，是一个很好的选择。因此，本节主要讨论利用代数多项式代替被积函数 $f(x)$ 进行积分计算的方法。

3.1.1 单次等间距求积公式的建立

定积分 $I = \int_a^b f(x)\mathrm{d}x$ 的几何意义是由 $y=0$、$x=a$、$x=b$ 和 $y=f(x)$ 四条边所围成曲边梯形的面积，如图 3.1 所示。事实上，该面积难以计算的根源在于存在曲边 $y=f(x)$。建立数值积分公式主要有两种途径，本小节将在这两种途径的基础上，结合函数近似方法的一些知识，给出具有普适性的构建数值积分公式的方法。

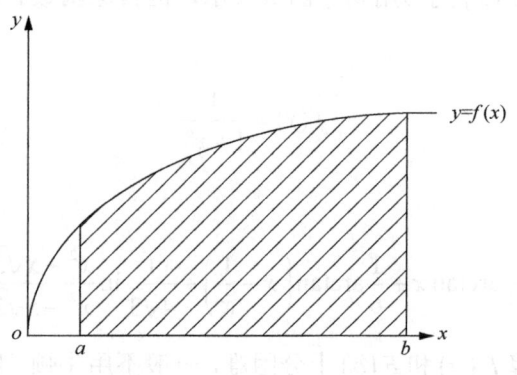

图 3.1 定积分的几何意义

1. 积分中值定理法

根据积分中值定理可知，如果一个函数 $y=f(x)$ 在定义域 $[a,b]$ 连续，则在 $[a,b]$ 必存在一点 η，使

$$\int_a^b f(x)\mathrm{d}x = (b-a)f(\eta) \quad \eta \in [a,b] \tag{3.6}$$

也就是说，所要求得的曲边梯形的面积等价于底为 $b-a$，高为 $f(\eta)$ 的矩形面积。因此，建立数值积分公式的关键在于如何近似获得 $f(\eta)$。按照这种思路，只要构造出不同的 $f(\eta)$，就可以获得不同精度的数值积分公式。如果将定义域 $[a,b]$ 中点处的函数值 $f((a+b)/2)$ 作为平均高度的近似值，则定积分可以表示为

$$I = \int_a^b f(x)\mathrm{d}x \approx (b-a)f\left(\frac{a+b}{2}\right) \tag{3.7}$$

由此得到的数值积分公式称为中矩形公式。很明显，这一计算公式在相同的计算域中，精度较低，一般不在实际计算中使用。如果将 $f(a)$ 和 $f(b)$ 的加权平均值 $[f(a)+f(b)]/2$ 作为平均高度的近似值，则得到

$$I = \int_a^b f(x)\mathrm{d}x \approx \frac{1}{2}(b-a)[f(a)+f(b)] \tag{3.8}$$

该计算公式被称为梯形公式。通过分析可以知道，梯形公式将被积函数近似为线性函数 $y(x) \approx ax+b$，然后计算积分值。因此，梯形公式是一个具有线性代数精度的数值积分公式。如果用函数 $f(x)$ 在 a、b 和 $(a+b)/2$ 这三点的函数值 $f(a)$、$f(b)$ 和 $f((a+b)/2)$ 的加权平均值 $[f(a)+4f((a+b)/2)+f(b)]/3$ 作为平均高度

$f(\eta)$ 的近似值，可得

$$I = \int_a^b f(x)\mathrm{d}x \approx \frac{1}{6}(b-a)\left[f(a) + 4f\left(\frac{a+b}{2}\right) + f(b)\right] \quad (3.9)$$

这一数值积分公式称为辛普森（Simpson）公式。从式（3.7）～式（3.9）可以看出，利用积分中值定理的方法构建数值积分公式的核心就是对平均高度 $f(\eta)$ 的估算与近似。

2. 多项式插值法

根据函数近似的基本原理，可以利用某个简单函数 $\varphi(x)$ 近似逼近被积函数 $f(x)$，用简单函数 $\varphi(x)$ 代替原始被积函数 $f(x)$，即

$$I = \int_a^b f(x)\mathrm{d}x \approx \int_a^b \varphi(x)\mathrm{d}x \quad (3.10)$$

从数值计算的角度上，函数 $\varphi(x)$ 应该首先对原始被积函数 $f(x)$ 有充分的逼近程度，此外也需要其形式简单，容易计算积分。代数多项式能够很好地逼近连续函数，且容易计算积分，因此，最简单的方法就是选取 $\varphi(x)$ 为代数插值多项式，用简单的代数插值多项式代替原始被积函数计算数值积分。基于此，可以给出辛普森公式的具体推导过程。

在积分区间 $[a,b]$，以 a、b 和 $(a+b)/2$ 这三点及其函数值 $f(a)$、$f(b)$ 和 $f((a+b)/2)$ 为已知条件，构造一个简单的二次函数 $\varphi(x)$ 代替原始被积函数 $f(x)$，即可得到

$$\varphi(x) = A(x-a)^2 + B(x-a) + C \quad (3.11)$$

根据已知条件，即可得到

$$A = \frac{f(b) - 2f\left(\frac{a+b}{2}\right) + f(a)}{(b-a)^2/2} \quad (3.12)$$

$$B = \frac{-f(b) + 4f\left(\frac{a+b}{2}\right) - 3f(a)}{b-a} \quad (3.13)$$

$$C = f(a) \quad (3.14)$$

将被积函数 $f(x)$ 用 $\varphi(x)$ 代替，整理即可得到式（3.9）的辛普森公式，该公式具有二阶精度。

3. 牛顿-科茨方法

数值积分公式的两种构建方法是殊途同归的，只是思考问题的方式不一样，均可归纳为牛顿-科茨方法（Newton-Cotes method）。牛顿-科茨方法可以看作是构建数值积分公式的普适方法，该方法得到的结果与前两种方法类似，不同之处在于，前两种方法很难进一步构建更高阶的求积公式。然而，从实用角度上，由于高阶求积公式结构复杂且稳定性差，一般也很少使用。

设被积函数为 $f(x)$，将其定积分区间 $[a,b]$ n 等分，步长为 $h=(b-a)/n$，取等间距节点 $x_i=a+ih$ $(i=0,1,\cdots,n)$。假设近似函数 $\varphi(x)$ 是一个 n 次拉格朗日插值多项式，即

$$\varphi(x)=L_n(x)=\sum_{i=0}^{n}l_i(x)f(x_i) \qquad (3.15)$$

其中，

$$l_i(x)=\prod_{j=0,j\neq i}^{n}\frac{x-x_j}{x_i-x_j} \qquad (3.16)$$

为拉格朗日基函数，基函数均为 n 次多项式。这种利用拉格朗日插值多项式构造数值积分公式的方法统称为牛顿-科茨方法。经过推导，很容易发现，$n=0$、$n=1$ 和 $n=2$ 分别对应零阶中矩形公式、一阶梯形公式和二阶辛普森公式，这部分推导与前述的方法有所重复，在此不再赘述（注意：步长 h 的引入会造成公式的形式略微不同）。当 $n=4$ 时，$h=(b-a)/4$，则可以得到科茨公式，即

$$\begin{aligned}I&=\int_a^b f(x)\mathrm{d}x\\&\approx\frac{2h}{25}\left[7f(a)+32f(a+h)+12f(a+2h)+32f(a+3h)+7f(b)\right]\end{aligned} \qquad (3.17)$$

3.1.2 复合求积公式的建立

因为四阶以上的数值积分公式的数值稳定性差，所以当积分区间较大时，很难通过单步等间距插值求积公式获得足够精度的积分值。因此，在实际应用中，通常将整个积分区间划分为若干个小区间，在每个小区间上利用低阶的求积公式进行计算，然后利用积分的基本定义，将所有小区间上计算得到的结果加和，即可得到在整个积分区间的求积公式，这就是复合求积的基本思想。复合梯形公式与复合辛普森公式是最常用的两种复合求积公式。

1. 复合梯形公式

将积分区间 $[a,b]$ n 等分，分成 n 个子区间，子区间步长为 $h=(b-a)/n$，等间距节点为 $x_i = a + ih$ $(i=0,1,\cdots,n)$，如果在每一个小区间 $[x_i, x_{i+1}]$ （$i=0, 1, \cdots, n$）上应用梯形公式，即

$$I_i = \int_{x_i}^{x_{i+1}} f(x)\mathrm{d}x \approx \frac{h}{2}[f(x_i) + f(x_{i+1})] \tag{3.18}$$

求出每个子区间的积分值 I_i，然后将所有子区间得到的积分值叠加 $\sum_{i=0}^{n-1} I_i$，可得到所需要的积分值，即

$$\begin{aligned} I &= \sum_{i=0}^{n-1} I_i = \sum_{i=0}^{n-1} \frac{h}{2}[f(x_i) + f(x_{i+1})] \\ &= \frac{h}{2}\{f(x_0) + 2[f(x_1) + f(x_2) + \cdots + f(x_{n-1})]f(x_n)\} \\ &= \frac{h}{2}\left[f(a) + 2\sum_{i=0}^{n-1} f(x_i) + f(b)\right] = T_n \end{aligned} \tag{3.19}$$

这就是复合梯形公式。

2. 复合辛普森公式

将积分区间 $[a,b]$ 等分成 n 个子区间，子区间步长为 $h=(b-a)/n$，取子区间 $[x_i, x_{i+1}]$ 的中点 $x_{i+1/2} = x_i + 0.5h$，将子区间 $[x_i, x_{i+1}]$ 一分为二，然后在每一个子区间上应用辛普森公式，即可得到

$$\begin{aligned} I &= \int_a^b f(x)\mathrm{d}x \approx \sum_{i=0}^{n-1} \frac{h}{6}[f(x_i) + 4f(x_{i+1/2}) + f(x_{i+1})] \\ &= \frac{h}{6}\left[f(a) + 2\sum_{i=0}^{n-1} f(x_i) + 4\sum_{i=0}^{n-1} f(x_{i+1/2}) + f(b)\right] = S_n \end{aligned} \tag{3.20}$$

这就是复合辛普森公式。

例 3.1 利用复合梯形公式和复合辛普森公式求积分 $I = \int_0^1 \frac{x}{x^2+1} \mathrm{d}x$，并分析数值结果与子区间个数之间的关系。

解：程序（C语言编写）实现见附录。结果如图 3.2 所示，由数值积分值和等分次数的对应关系可以看出，复合辛普森公式给出结果的收敛速度要比复合梯形公式快很多。

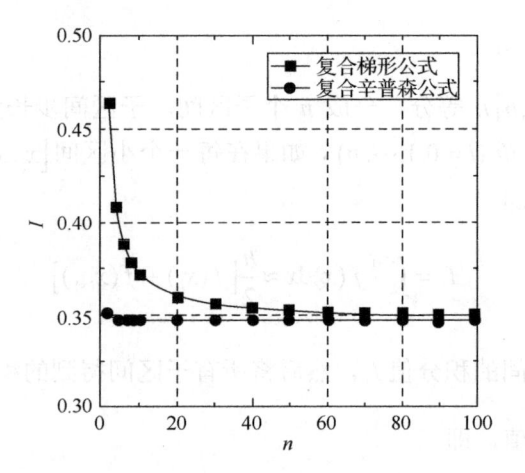

图 3.2　两种数值积分公式的比较

3. 复合求积公式的余项

下面首先讨论梯形求积公式的余项，然后将其推广到复合求积公式上。假设定积分的积分区间为$[a,b]$，设$h=b-a$，则有

$$I_t = \frac{h}{2}[f(a)+f(b)] \quad (3.21)$$

在a点做泰勒级数展开，可以得到

$$\begin{aligned} I_t &= \frac{h}{2}\left[f(a)+f(a)+hf'(a)+\frac{h^2}{2}f''(a)+\cdots\right] \\ &= hf(a)+\frac{h^2}{2}f'(a)+\frac{h^3}{4}f''(a)+\cdots \end{aligned} \quad (3.22)$$

由积分$I(x)=\int_a^x f(\zeta)d\zeta$，对$I(b)$在$a$点做泰勒级数展开，可得

$$I(b) = hf(a)+\frac{h^2}{2}f'(a)+\frac{h^3}{6}f''(a)+\cdots \quad (3.23)$$

由此可得梯形积分公式的余项或误差为

$$R_t = I(b)-I_t = -\frac{h^3}{12}f''(\zeta) \quad \zeta \in [a,b] \quad (3.24)$$

同理，利用相同的方法，设$h=(b-a)/2$，通过推导可以得到辛普森公式的余项为

$$R_s = -\frac{h^5}{90}f^{(4)}(\zeta) \quad \zeta \in [a,b] \quad (3.25)$$

本小节不对辛普森公式的余项进行推导和证明。事实上，计算物理学不同于相近数学领域的课程，如计算方法或者数值分析等，计算物理学更着重于应用计算数学领域的成果解决所遇到的问题，并不是特别追求严格的理论推演和证明。因此，只给出相应的结论，而不做数学上严格的推演，对相关内容感兴趣的读者可以参考相关数学领域的专著和教材。

对于复合求积公式，当 $f(x)$ 在 $[a,b]$ 上有连续的二阶导数，从上述的讨论中可以知道，在子区间 $[x_i, x_{i+1}]$ 上梯形公式的余项由式（3.24）给出，因此在整个积分区间上的余项为

$$R_t = \sum_{i=0}^{n-1} R_t^i = \sum_{i=0}^{n-1}\left[-\frac{h^3}{12}f''(\zeta)\right] \tag{3.26}$$

设 $f''(x)$ 在 $[a,b]$ 连续，根据连续函数的介值定理可知，存在 $\zeta \in [a,b]$ 使

$$\frac{1}{n}\sum_{i=0}^{n-1} f''(\zeta) = f''(\zeta) \tag{3.27}$$

因此，设 $h = (b-a)/n$，则复合梯形公式的余项为

$$R_t = -\frac{h^3}{12}nf''(\zeta) = -\frac{b-a}{12}h^2 f''(\zeta) \quad \zeta \in [a,b] \tag{3.28}$$

利用相同的方法，设 $h = (b-a)/2n$，可以得到复合辛普森公式的余项为

$$R_s = -\frac{b-a}{180}h^4 f^{(4)}(\zeta) \quad \zeta \in [a,b] \tag{3.29}$$

复合求积公式的余项表明，只要被积函数 $f(x)$ 的各阶导数在 $[a,b]$ 上连续，那么复合梯形公式、复合辛普森公式所得的近似值与步长之间的关系依次为 $O(h^2)$、$O(h^4)$。也可以证明，复合科茨公式的余项和步长的关系为 $O(h^6)$。这说明，当步长足够小的时候，即 $n \to \infty$，无论用哪一种方法所得到的积分值都收敛于积分的精确解，而且收敛速度随公式阶数的增加而增加。

3.1.3　误差的事后估计与步长的自动选择

复合求积公式提高了数值积分的精度，但是在实际应用中，往往需要获得给定计算精度的数值积分值，仅利用复合求积公式难以确定数值积分的步长和子区间。因此，在实际应用中，常使用变步长的复合求积公式实现误差的事后估计。变步长复合求积公式的基本思想是在求积过程中通过对计算结果精度的不断估计，逐步改变步长，将步长逐次折半以达到积分区间倍增的目的，反复应

用复合求积公式，直到满足精度要求为止，即按照给定精度达到步长自动选取的目的。

将积分区间 $[a,b]$ n 等分，也就是分成 n 个子区间，在整个积分区间上，一共有 $n+1$ 个节点，即 $x_i = a + ih$（$i=0, 1, \cdots, n$），设步长 $h = (b-a)/n$。对于某个子区间 $[x_i, x_{i+1}]$，利用梯形公式计算积分近似值为

$$\int_{x_i}^{x_{i+1}} f(x)\mathrm{d}x \approx \frac{h}{2}[f(x_i) + f(x_{i+1})] \qquad (3.30)$$

对于整个积分区间 $[a,b]$，则有

$$T_n = \frac{h}{2}\left[f(a) + 2\sum_{i=0}^{n-1} f(x_i) + f(b)\right] \qquad (3.31)$$

再将子区间 $[x_i, x_{i+1}]$ 二等分，取其中点 $x_{i+1/2} = (x_i + x_{i+1})/2$ 作为新节点，这时子区间的个数增加到了 $2n$，则对某个子区间 $[x_i, x_{i+1}]$ 利用复合梯形公式计算其积分近似值，可得

$$\int_{x_i}^{x_{i+1}} f(x)\mathrm{d}x \approx \frac{h}{4}[f(x_i) + 2f(x_{i+1/2}) + f(x_{i+1})] \qquad (3.32)$$

因此，可以得到

$$T_{2n} = \frac{h}{4}\sum_{i=0}^{n-1}[f(x_i) + f(x_{i+1})] + \frac{h}{2}\sum_{i=0}^{n-1} f(x_{i+1/2}) \qquad (3.33)$$

比较 T_n 和 T_{2n} 可知

$$T_{2n} = \frac{T_n}{2} + \frac{h}{2}\sum_{i=0}^{n-1} f(x_{i+1/2}) \qquad (3.34)$$

式（3.34）就是变步长梯形积分公式。根据这一公式，预设数值积分精度为 ε，可以建立一套递推公式。将 $2n \to n$，$h/2 \to h$，计算每次二等分步长后的积分值，直到满足条件 $|T_{2n} - T_n| < \varepsilon$，即得到所要求精度的积分值，计算停止并输出结果。由式（3.34）可知，变步长梯形积分公式是一种带有承袭性的公式，计算 T_{2n} 时，只需要计算新增加的节点值 $f(x_{i+1/2})$，原来节点的函数值不用重新计算，全部包含在 T_n 中。

例 3.2 利用变步长梯形积分公式计算积分 $I = \int_0^1 \ln(1+x^2)\mathrm{d}x$。

解：程序（C 语言编写）实现见附录，计算结果如图 3.3 所示。随着等分次数的增加，计算结果收敛于 0.26394。

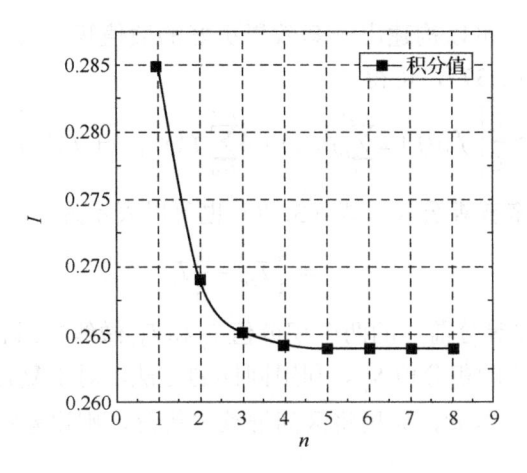

图 3.3 变步长梯形积分公式计算积分

从截断误差的角度对变步长梯形积分公式进行分析，不仅对于了解这一算法的收敛性有很大的帮助，也能为从另一个角度构建一种快速的、逐步加速的计算公式提供基础思路。当把积分区间 n 等分时，复合梯形公式的截断误差为

$$R_t^n = I - T_n = -\frac{b-a}{12}\left(\frac{b-a}{n}\right)^2 f''(\zeta_n) \tag{3.35}$$

在此基础上，将区间再次二等分，即 $2n$ 等分时，复合梯形公式的截断误差为

$$R_t^{2n} = I - T_{2n} = -\frac{b-a}{12}\left(\frac{b-a}{2n}\right)^2 f''(\zeta_{2n}) \tag{3.36}$$

当 $f''(x)$ 在 $[a,b]$ 上变化不大时，可以近似认为 $f''(\zeta_n) \approx f''(\zeta_{2n})$，因此，

$$I \approx T_{2n} + \frac{1}{3}(T_{2n} - T_n) \tag{3.37}$$

由式（3.37）可知，当步长进一步二等分后，误差将减至 1/4。这也说明只要二等分前后的两个积分值 T_n 和 T_{2n} 非常接近，就可以保证计算结果 T_{2n} 的误差很小，使 T_{2n} 接近积分真实值 I。

3.1.4 龙贝格积分公式

虽然变步长梯形积分公式算法设计简单，但精度较差，收敛速度也较慢。事实上，可以利用变步长梯形积分公式算法简单的优势，逐步递进，逐次分半加速，形成一个兼具效率和精度的计算公式，即龙贝格（Romberg）积分公式。由式（3.37）可知，$2n$ 等分时，积分值 T_{2n} 的误差约等于 $(T_{2n} - T_n)/3$，因此 $(T_{2n} - T_n)/3$ 可以看作是 T_{2n} 的一个修正项或者补偿项，$T_{2n} + (T_{2n} - T_n)/3$ 比 T_{2n} 更接近真实值。利用

这个近似补偿关系，可以构建出一套效果更好的数值积分公式。将式（3.19）与式（3.34）代入式（3.37），可得

$$I \approx \frac{h}{6}\left[f(a) + 2\sum_{i=0}^{n-1} f(x_i) + 4\sum_{i=0}^{n-1} f(x_{i+1/2}) + f(b)\right] = S_n \quad (3.38)$$

即为 n 等分的复合辛普森公式。式（3.38）也可以表示为

$$S_n = \frac{4}{3}T_{2n} - \frac{1}{3}T_n \quad (3.39)$$

这说明，梯形公式二等分前后的两个积分值 T_n 和 T_{2n} 做线性组合或加权平均，可以得到复合辛普森公式的积分值 S_n。利用同样的方法，对于复合辛普森公式，其截断误差与 h^4 成正比，因此，如果将区间继续二等分，则误差将降至 1/16，因此可近似得到

$$I \approx \frac{16}{15}S_{2n} - \frac{1}{15}S_n \quad (3.40)$$

通过验证可以知道，式（3.40）所得到的值为 n 等分时，科茨积分公式的积分值为 C_n。也就是说，利用复合辛普森公式二等分前后两个积分值 S_n 和 S_{2n} 做加权平均后，可以得到科茨积分公式的积分值 C_n，即

$$C_n = \frac{16}{15}S_{2n} - \frac{1}{15}S_n \quad (3.41)$$

利用同样的方法，根据科茨积分公式的误差余项公式，可以最终推导出龙贝格积分公式，即

$$R_n = \frac{64}{63}C_{2n} - \frac{1}{63}C_n \quad (3.42)$$

上述讨论说明，在变步长求积的过程中，运用余项修正的方法，能够将较为粗糙的梯形积分计算值通过精度较高的辛普森积分计算值和科茨积分计算值，一步步升级为龙贝格积分计算值，或者将收敛速度缓慢的梯形公式序列加工成为收敛速度较快的龙贝格公式序列，这种加速方法统称为龙贝格算法。事实上，将 n 取 2^i 这一算法写成统一的递推公式，可以表示为

$$I_{i+1}(h) = \frac{4^i I(h/2) - I(h)}{4^i - 1} \quad (3.43)$$

龙贝格算法的计算步骤如下：

① 利用梯形公式计算积分的近似值 $T_1 = (b-a)[f(a) + f(b)]/2$；② 按照变步长梯形积分公式计算积分的近似值，将计算区间逐次分半，令区间长度 $h = (b-a)/2^i$（$i=0,1,\cdots,n$），计算 $T_{2n} = T_n/2 + \sum_{k=0}^{n-1} f(x_{k+1/2})h/2$；③ 按照龙贝格算法

给出的加速公式求解加速值，即 $S_n = T_{2n} + (T_{2n} - T_n)/3$（梯形加速公式），$C_n = S_{2n} + (S_{2n} - S_n)/15$（辛普森加速公式），$R_n = C_{2n} + (C_{2n} - C_n)/63$（科茨加速公式，即龙贝格积分公式）；④直到相邻两次积分值满足 $|R_{2n} - R_n| < \varepsilon$，其中 ε 是计算允许的误差限，则终止计算并取 R_{2n} 为积分的近似值，否则将积分区间再次折半，重复②~④的计算，直到满足精度要求为止。

例 3.3 利用龙贝格算法计算积分 $I = \int_1^2 \frac{\sin x}{x^2} dx$。

解：程序（C语言编写）实现见附录，计算结果为 0.472399157。

3.1.5 反常积分的计算

在理论研究或工程实践中，经常会遇到被积函数的定义域是无限区间或被积函数在积分区间中存在奇点的情况，这样的积分称为反常积分。对于反常积分的数值求解问题，需要一些特殊的方法加以处理。

1. 积分区间内存在奇点的积分

（1）可去奇点法：设积分区间中存在奇点，如果能够近似给出被积函数在奇点的极限表达式，在计算积分时，可以在奇点的一个邻域内将被积函数用极限表达式代替。例如，被积函数为 $f(x) = \sin x / x$，积分区间为 $[0,1]$，显然 $x = 0$ 为该被积函数的奇点，当 $x \to 0$ 时，被积函数可以近似为 $\sin x / x \approx 1 - x^2/6 + \cdots$，以此极限表达式，可以计算 $x = 0$ 邻域内的积分值，再将邻域外的部分用正常积分的计算方法计算，即可得到合理的结果。

（2）极限逼近方法：在奇点处被积函数极限表达式未知的情况下，常采用极限逼近法。假设积分区间为 $[a,b]$，a 为被积函数的奇点。首先构建一个收敛于 a 的数列，$a < r_n < r_{n-1} < \cdots < r_3 < r_2 < r_1 < b$，取 $r \approx a + 2^{-n}$，即每一个子区间 $[r_n, r_{n-1}], \cdots$，$[r_3, r_2]$，$[r_2, r_1]$，$[r_1, b]$ 内积分均为正常积分，其中 n 的选取与精度相关。

（3）变量代换法：对于一些比较特殊的被积函数，可以通过变量代换的方法消除奇点。例如，对于定积分 $\int_0^1 \cos x / \sqrt{x} dx$，通过变量代换令 $x = t^2$，可以将原定积分转化为 $2\int_0^1 \cos t^2 dt$。这样，就将一个带有奇点的定积分，转化为一个正常积分。

2. 积分区间无限的积分

因为 $\int_{-\infty}^{+\infty} f(x) dx = \int_{-\infty}^{0} f(x) dx + \int_{0}^{+\infty} f(x) dx$，所以本节只讨论 $\int_0^{+\infty} f(x) dx$ 这一情况。

（1）极限方法：假设积分区间为 $[0, +\infty)$，构建一个趋近于 $+\infty$ 的数列，

$0 < r_1 < r_2 < r_3 < \cdots$，取 $r \approx 2^n$，由此构建出来 n 个子区间 $[0, r_1]$，$[r_1, r_2]$，$\cdots$，$[r_{n-1}, r_n]$，在每一个子区间内的积分均为正常积分，n 的选取与精度相关。

（2）变量代换法：对于一些比较特殊的被积函数，可以通过变量代换的方法把无穷积分区间化成有限积分区间。例如，通过变量代换 $x = -\ln t$，可得 $dx = -dt/t$，则

$$\int_0^{+\infty} f(x) dx = \int_0^1 \frac{g(t)}{t} dt \tag{3.44}$$

如果 $g(t)/t$ 在 $t=0$ 的邻域内有界，则式（3.44）给出的积分为一个正常积分。其他有用的变换还包括 $x = t/(1-t)$、$t = \tanh x$ 等。

3.2 数值微分

对于函数求导问题，理论上都可以精确求解，不存在无法求解的情况。但是，如果函数非常复杂，且只对某点的导数感兴趣，或者函数由离散的数据点给出，无具体的函数形式，这样就无法精确求解了。这时，需要用到数值方法进行求解，即数值微分方法。数值微分方法是根据函数在一些离散点处的函数值，推算出某点的导数或者高阶导数的近似方法。通常利用差商代替微商，或者利用一个原始函数的近似函数的导数作为原始函数导数的近似值。

设 h 为一个小量，将函数 $f(x+h)$ 在 x 点附近做泰勒级数展开，可以得到

$$f(x+h) = f(x) + hf'(x) + \frac{h^2}{2!}f''(x) + \cdots \tag{3.45}$$

如果只保留零阶项和一阶项，那么即可得到函数 $f(x)$ 的一阶数值微分为

$$f'(x) = \frac{f(x+h) - f(x)}{h} \tag{3.46}$$

式（3.46）是数值微分的欧拉法，是一阶精度公式，也称为一阶向前差分公式。式（3.46）成立的关键在于 h 是一个小量，这样才能忽略高阶项对函数值的影响，并近似得到一阶向前差分公式。

相近地，如果将函数 $f(x-h)$ 在 x 点附近做泰勒级数展开，可以得到

$$f(x-h) = f(x) - hf'(x) + \frac{h^2}{2!}f''(x) + \cdots \tag{3.47}$$

如果只保留零阶项和一阶项，并将式（3.45）和式（3.47）相减，整理可得

$$f'(x) = \frac{f(x+h) - f(x-h)}{2h} \tag{3.48}$$

即一阶中心差分公式。如果保留零阶项、一阶项和二阶项，并将式（3.45）和式（3.47）相加，可得到

$$f''(x) = \frac{f(x+h) - 2f(x) + f(x-h)}{h^2} \tag{3.49}$$

即二阶中心差分公式。将函数 $f(x+2h)$ 在 x 点附近做泰勒级数展开，可以得到

$$f(x+2h) = f(x) + 2hf'(x) + 2h^2 f''(x) + \cdots \tag{3.50}$$

如果只保留零阶项和一阶项，由式（3.50）和式（3.45）整理可以得到

$$f'(x) = \frac{-f(x+2h) + 4f(x+h) - 3f(x)}{2h} \tag{3.51}$$

利用类似的方法，可以构造得到多点一阶差分公式。事实上，使用的点数越多，计算精度越高，但在实际计算中，计算量和计算难度都将进一步增加。有关数值微分进一步的应用，本书将在第 7 章中详细介绍。

习　　题

3.1　分别利用梯形公式和辛普森公式求下列积分：

$$I = \int_0^1 \frac{1}{1+x^2} dx$$

3.2　利用复合梯形公式和复合辛普森公式计算下列积分：

（1）$I = \int_0^1 \frac{x}{3+x^2} dx$，$n = 8$；

（2）$I = \int_0^1 \sqrt{x} dx$，$n = 10$；

（3）$I = \int_0^{\pi/6} \sqrt{3 - \sin^2 x} dx$，$n = 8$。

3.3　利用辛普森公式计算积分：

$$I = \int_0^1 \frac{4}{1+x^2} dx$$

并给出其误差。

3.4 利用龙贝格积分公式计算下列积分，并使其误差在 10^{-5} 以内。

（1）$I = \int_0^{2\pi} x\sin x \mathrm{d}x$；

（2）$I = \int_0^3 x\sqrt{1+x^3}\mathrm{d}x$；

（3）$I = \int_0^{\pi/6} \sqrt{2-\sin^2 x}\mathrm{d}x$。

3.5 已知函数表如下：

x	0.5	0.6	0.7	0.8	0.9
y	12.3418	13.4671	14.8891	16.4123	18.111

（1）利用向前差分公式和中心差分公式求 x=0.7 处的一阶导数值；

（2）利用中心差分公式求 x=0.7 处的二阶导数值。

3.6 利用中心差分公式求余弦函数的数值微分。

参 考 文 献

[1] 刘金远, 段萍, 鄂鹏. 计算物理学[M]. 1 版. 北京: 科学出版社, 2012.

[2] 李庆扬, 王能超, 易大义. 数值分析[M]. 5 版. 北京: 清华大学出版社, 2008.

第4章 线性方程组的数值解法

在工程计算和物理问题求解过程中，往往会涉及一系列线性或非线性方程（组）的求解问题，如电磁学中麦克斯韦方程组的求解[1]、最小二乘法求实验数据的曲线拟合问题[2]、工程中三次样条函数的插值问题[3]等。这些方程（组）往往呈现出高阶且复杂的形式，甚至难以得到精确的解析解。因此，通过数值方法求解线性方程（组）对于科学研究与工程计算具有重要意义。本章节首先介绍线性方程组的数值求解问题，线性方程组是数值计算中较为基础的环节，后续非线性方程（组）、微分方程求解以及有限元方法等诸多计算物理学问题最后都可转化为线性方程组的求解问题。

4.1 线性方程组的直接解法

常见的线性方程组是方程个数和未知量个数相同的 n 阶线性方程组，一般形式为

$$\begin{cases} a_{11}x_1 + a_{12}x_2 + \cdots + a_{1n}x_n = b_1 \\ a_{21}x_1 + a_{22}x_2 + \cdots + a_{2n}x_n = b_2 \\ \cdots\cdots \\ a_{n1}x_1 + a_{n2}x_2 + \cdots + a_{nn}x_n = b_n \end{cases} \tag{4.1}$$

可将上述方程组写成矩阵形式，记为 $Ax=b$，

$$A = \begin{bmatrix} a_{11} & a_{12} & \cdots & a_{1n} \\ a_{21} & a_{22} & \cdots & a_{2n} \\ \vdots & \vdots & & \vdots \\ a_{n1} & a_{n2} & \cdots & a_{nn} \end{bmatrix}, \quad x = \begin{bmatrix} x_1 \\ x_2 \\ \vdots \\ x_n \end{bmatrix}, \quad b = \begin{bmatrix} b_1 \\ b_2 \\ \vdots \\ b_n \end{bmatrix} \tag{4.2}$$

其中，A 为常系数矩阵；x 为解向量。若矩阵 A 非奇异，则根据克拉默法则，方程组具有唯一解 $x=A^{-1}b$，其中 A^{-1} 为 A 的逆矩阵。由此可见，线性方程组求解问题的本质是矩阵求逆问题。线性代数知识为上述问题提供了两种解决方案：一种是利用克拉默法则求解 A 的伴随矩阵 A^* 及其行列式$|A|$，则 $A^{-1}=A^*/|A|$，但是这种方法的计算量太大，难以在科学研究与工程计算上应用；另一种是构建$[A|b]$的增广矩阵，通过多次初等行变换后将 A 转变为单位矩阵 E，则 b 变换为 $x = A^{-1}b$ 所

求的解向量。事实上，这种求解思路代表了一类求解线性方程组的基本数值方法，即利用矩阵方程初等变换的性质，将线性方程组转换为结构形式简单的方程组来进行求解，这种方法即为线性方程组的直接解法。

4.1.1 高斯消去法

高斯消去法（Gaussian elimination）是最基本的线性方程组直接解法。该方法以著名数学家高斯命名，但其最早出现于中国古籍《九章算术》中，其基本思想是通过初等变换方法将线性方程组矩阵变换为上（下）三角矩阵或对角矩阵来求解。高斯消去法一般经历消元与回代两个过程，下面举一个具体实例来进行介绍。

例 4.1 解线性方程组：

$$\begin{cases} 2x_1 - x_2 + 3x_3 = -5 & (4.3.1) \\ 2x_1 + 3x_2 + 2x_3 = -13 & (4.3.2) \\ x_1 + 2x_2 = -4 & (4.3.3) \end{cases}$$

解：（1）消元过程：方程(4.3.2)-方程(4.3.1)，再由方程(4.3.3)×2-方程(4.3.1)，将方程(4.3.2)和方程(4.3.3)中的 x_1 项消除，线性方程组转换为

$$\begin{cases} 2x_1 - x_2 + 3x_3 = -5 & (4.4.1) \\ 4x_2 - x_3 = -8 & (4.4.2) \\ 5x_2 - 3x_3 = -3 & (4.4.3) \end{cases}$$

由方程(4.4.3)×4-方程(4.4.2)×5，将方程(4.4.3)中的 x_2 项消除，线性方程组转换为

$$\begin{cases} 2x_1 - x_2 + 3x_3 = -5 & (4.5.1) \\ 4x_2 - x_3 = -8 & (4.5.2) \\ -7x_3 = 28 & (4.5.3) \end{cases}$$

（2）回代过程：回代过程是将上述三角方程组自下而上求解，从而求得原线性方程组的解为 $x_1 = 2$，$x_2 = -3$，$x_3 = -4$。

由上述实例可以看到，高斯消去法的消元过程就是把原线性方程组转换为上三角方程组，其系数矩阵是上三角矩阵。前述的消元过程相当于对原线性方程组：

$$\begin{bmatrix} 2 & -1 & 3 \\ 2 & 3 & 2 \\ 1 & 2 & 0 \end{bmatrix} \begin{bmatrix} x_1 \\ x_2 \\ x_3 \end{bmatrix} = \begin{bmatrix} -5 \\ -13 \\ -4 \end{bmatrix} \quad (4.6)$$

的增广矩阵进行如下的初等行变换（r_i 表示增广矩阵的第 i 行）：

$$\tilde{A} = \begin{bmatrix} A | b \end{bmatrix} = \begin{bmatrix} 2 & -1 & 3 & -5 \\ 2 & 3 & 2 & -13 \\ 1 & 2 & 0 & -4 \end{bmatrix} \xrightarrow[2r_3-r_1]{r_2-r_1} \begin{bmatrix} 2 & -1 & 3 & -5 \\ 0 & 4 & -1 & -8 \\ 0 & 5 & -3 & -3 \end{bmatrix}$$

$$\xrightarrow{5r_3-4r_2} \begin{bmatrix} 2 & -1 & 3 & -5 \\ 0 & 4 & -1 & -8 \\ 0 & 0 & -7 & 28 \end{bmatrix} \tag{4.7}$$

同样可得到与原线性方程组等价的上三角方程组。

一般而言，高斯消去法解线性方程组 $Ax=b$ 的核心思想就是对其增广矩阵进行初等行变换以得到上三角方程组。可将三阶线性方程组的高斯消去法推广到一般的 n 阶线性方程组，根据式（4.2），将未变换之前的原矩阵元素表示为 $a_{ij}^{(1)} = a_{ij}, b_i^{(1)} = b_i (i, j = 1, 2, \cdots, n)$。

（1）消元过程：高斯消去法的消元过程由 $n-1$ 步组成。首先设 $a_{11}^{(1)} \neq 0$，把第一列中的元素 $a_{21}^{(1)}, a_{31}^{(1)}, \cdots, a_{n1}^{(1)}$ 消为零，令 $m_{i1} = a_{i1}^{(1)} / a_{11}^{(1)}$，$(i = 2, 3, \cdots, n)$，用 $-m_{i1}$ 乘以第 1 个方程后加到第 i 个方程上，消去第 $2 \sim n$ 个方程的未知数 x_1，得到 $A^{(2)}x = b^{(2)}$，即

$$\begin{bmatrix} a_{11}^{(1)} & a_{12}^{(1)} & \cdots & a_{1n}^{(1)} \\ & a_{22}^{(2)} & \cdots & a_{2n}^{(2)} \\ & \vdots & & \vdots \\ & a_{n2}^{(2)} & \cdots & a_{nn}^{(2)} \end{bmatrix} \begin{bmatrix} x_1 \\ x_2 \\ \vdots \\ x_n \end{bmatrix} = \begin{bmatrix} b_1^{(1)} \\ b_2^{(2)} \\ \vdots \\ b_n^{(2)} \end{bmatrix} \tag{4.8}$$

其中，

$$\begin{cases} a_{ij}^{(2)} = a_{ij}^{(1)} - m_{i1} a_{1j}^{(1)} \\ b_i^{(2)} = b_i^{(1)} - m_{i1} b_1^{(1)} \end{cases} \quad i, j = 2, 3, \cdots, n \tag{4.9}$$

当第 k 步消元时，记消元前的矩阵表示为 $A^{(k)}x = b^{(k)}$，即

$$\begin{bmatrix} a_{11}^{(1)} & a_{12}^{(1)} & \cdots & & & a_{1n}^{(1)} \\ & a_{22}^{(2)} & \cdots & & & a_{2n}^{(2)} \\ & & \ddots & & & \vdots \\ & & & a_{kk}^{(k)} & \cdots & a_{kn}^{(k)} \\ & & & \vdots & & \vdots \\ & & & a_{nk}^{(k)} & \cdots & a_{nn}^{(k)} \end{bmatrix} \begin{bmatrix} x_1 \\ x_2 \\ \vdots \\ x_k \\ \vdots \\ x_n \end{bmatrix} = \begin{bmatrix} b_1^{(1)} \\ b_2^{(2)} \\ \vdots \\ b_k^{(k)} \\ \vdots \\ b_n^{(k)} \end{bmatrix} \tag{4.10}$$

为消除第 $k\sim n$ 个方程的未知数 x_k，采用公式：

$$\begin{cases} a_{ij}^{(k+1)} = a_{ij}^{(k)} - m_{ik}a_{kj}^{(k)} \\ b_i^{(k+1)} = b_i^{(k)} - m_{ik}b_k^{(k)} \end{cases} \quad i,j = k+1,\cdots,n \tag{4.11}$$

其中，$m_{ik} = a_{ik}^{(k)}/a_{kk}^{(k)}$，$(i = k+1,\cdots,n)$，消元后的矩阵记为 $A^{(k+1)}x = b^{(k+1)}$，即

$$\begin{bmatrix} a_{11}^{(1)} & a_{12}^{(1)} & \cdots & & & a_{1n}^{(1)} \\ & a_{22}^{(2)} & \cdots & & & a_{2n}^{(2)} \\ & & \ddots & & & \vdots \\ & & & a_{(k+1)(k+1)}^{(k+1)} & \cdots & a_{(k+1)n}^{(k+1)} \\ & & & \vdots & & \vdots \\ & & & a_{nk}^{(k+1)} & \cdots & a_{nn}^{(k+1)} \end{bmatrix} \begin{bmatrix} x_1 \\ x_2 \\ \vdots \\ x_{k+1} \\ \vdots \\ x_n \end{bmatrix} = \begin{bmatrix} b_1^{(1)} \\ b_2^{(2)} \\ \vdots \\ b_{k+1}^{(k+1)} \\ \vdots \\ b_n^{(k+1)} \end{bmatrix} \tag{4.12}$$

只要 $a_{kk}^{(k)} \neq 0$，消元过程就可以持续地进行下去，直到经过 $n-1$ 次消元之后，消元过程结束，得到与原方程组等价的上三角方程组，记为 $A^{(n)}x = b^{(n)}$，其矩阵形式为

$$\begin{bmatrix} a_{11}^{(1)} & a_{12}^{(1)} & \cdots & a_{1n}^{(1)} \\ & a_{22}^{(2)} & \cdots & a_{2n}^{(2)} \\ & & \ddots & \vdots \\ & & & a_{nn}^{(n)} \end{bmatrix} \begin{bmatrix} x_1 \\ x_2 \\ \vdots \\ x_n \end{bmatrix} = \begin{bmatrix} b_1^{(1)} \\ b_2^{(2)} \\ \vdots \\ b_n^{(n)} \end{bmatrix} \tag{4.13}$$

（2）回代过程：对式（4.13）中的上三角方程组自下而上逐步回代求解方程组，可得

$$x_n = \frac{b_n^{(n)}}{a_{nn}^{(n)}} \tag{4.14}$$

$$x_i = \frac{b_i^{(i)} - \sum_{j=i+1}^{n} a_{ij}^{(i)} x_j}{a_{ii}^{(i)}} \quad i = n-1,\cdots,2,1 \tag{4.15}$$

需要注意的是，线性方程组使用高斯消去法求解时，在消元过程中可能会出现 $a_{kk}^{(k)} = 0$ 的情况，这时高斯消去法将无法进行；而在数值计算时，即使 $a_{kk}^{(k)} \neq 0$，但它的绝对值很小时，用其作除数，会导致运算过程中个别项数量级的严重增长和舍入误差的扩散，严重影响计算结果的精度。在实际的数值计算时，为避免上述情况的发生，通常采用选取主元素的方法，即在待消元素的所在列中选取主元素，经矩阵的行交换，置主元素于对角线位置后进行消元。这种特殊的高斯消去法又称为主元素高斯消去法。

例 4.2 采用主元素高斯消去法编程求解线性方程组

$$\begin{pmatrix} 0 & 0 & 2 & 1 \\ 0 & 0 & 4 & 0 \\ 2 & -1 & 0 & 1 \\ 1 & 0 & 1 & 3 \end{pmatrix} \begin{pmatrix} x_1 \\ x_2 \\ x_3 \\ x_4 \end{pmatrix} = \begin{pmatrix} 19 \\ 28 \\ 3 \\ 23 \end{pmatrix}$$

解：程序（C 语言编写）实现见附录。计算结果为 $x_1 = 1$，$x_2 = 4$，$x_3 = 7$，$x_4 = 5$。

4.1.2 矩阵三角分解法

高斯消去法求解 n 阶线性方程组 $Ax=b$，经过 $n-1$ 步消元之后，得到一个等价的上三角方程组，对上三角方程组进行逐步回代就可以求解。上述过程也可通过矩阵分解来实现，矩阵三角分解法是高斯消去法解线性方程组的变形解法，其基本思想是对于一般的 n 阶线性方程组 $Ax=b$，若 A 非奇异，则可将 A 分解成一个下三角矩阵 L 和一个上三角矩阵 U 的乘积：

$$A=LU \tag{4.16}$$

式（4.16）被称为对矩阵 A 的三角分解，又称 LU 分解。当求解线性方程组 $Ax=b$ 时，先对非奇异矩阵 A 进行 LU 分解，那么方程组就化为

$$LUx=b \tag{4.17}$$

定义 $y=Ux$，则问题转化为求解两个简单的三角方程组问题：

$Ly=b$ 求解 y

$Ux=y$ 求解 x

需要注意的是，对于非奇异矩阵 A，其三角分解的形式并不唯一。把 A 分解成一个单位下三角矩阵 L 和一个上三角矩阵 U 的乘积称为杜利特尔（Doolittle）分解；把 A 分解成一个下三角矩阵 L 和一个单位上三角矩阵 U 的乘积称为克洛特（Crout）分解。这里以杜利特尔三角分解法为例介绍，其矩阵形式为

$$\begin{bmatrix} a_{11} & a_{12} & \cdots & a_{1n} \\ a_{21} & a_{22} & \cdots & a_{2n} \\ \vdots & \vdots & & \vdots \\ a_{n1} & a_{n2} & \cdots & a_{nn} \end{bmatrix} = \begin{bmatrix} 1 & & & \\ l_{21} & 1 & & \\ \vdots & \vdots & \ddots & \\ l_{n1} & l_{n2} & \cdots & 1 \end{bmatrix} \begin{bmatrix} u_{11} & u_{12} & \cdots & u_{1n} \\ & u_{22} & \cdots & u_{2n} \\ & & \ddots & \vdots \\ & & & u_{nn} \end{bmatrix} \tag{4.18}$$

杜利特尔三角分解法的主要算法步骤如下。

（1）由矩阵乘法规则可知：

$$a_{1i} = u_{1i} \quad i = 1, 2, \cdots, n$$
$$a_{i1} = l_{i1} u_{11} \quad i = 2, 3, \cdots, n$$

由此可得 U 的第 1 行元素和 L 的第 1 列元素分别为

$$u_{1i} = a_{1i} \quad i = 1, 2, \cdots, n$$
$$l_{i1} = \frac{a_{i1}}{u_{11}} \quad i = 2, 3, \cdots, n$$

（2）再确定 U 的第 k 行元素与 L 的第 k 列元素，对于 $k=2,3,\cdots,n$ 分别计算：

$$u_{kj} = a_{kj} - \sum_{r=1}^{k-1} l_{kr} u_{rj} \quad j = k, k+1, \cdots, n$$

$$l_{ik} = \frac{a_{ik} - \sum_{r=1}^{k-1} l_{ir} u_{rk}}{u_{kk}} \quad i = k, k+1, \cdots, n$$

（3）求解 $Ly=b$，即计算：

$$\begin{cases} y_1 = b_1 \\ y_i = b_i - \sum_{k=1}^{i-1} l_{ik} y_k \quad i = 2, 3, \cdots, n \end{cases} \quad (4.19)$$

（4）求解 $Ux=y$，即计算：

$$\begin{cases} x_n = \dfrac{y_n}{u_{nn}} \\ x_i = \dfrac{y_i - \sum_{k=i+1}^{n} u_{ik} x_k}{u_{ii}} \quad i = n-1, \cdots, 2, 1 \end{cases} \quad (4.20)$$

显然，当 $u_{kk} \neq 0 (k=1,2,\cdots,n)$ 时，使用矩阵三角分解法才能完成计算。设 A 为非奇异矩阵，当 $u_{kk} = 0$ 时计算中断；或者当 u_{kk} 绝对值很小时，按矩阵三角分解法计算可能会引起舍入误差的积累。因此，可采用与主元素高斯消去法类似的方法，对矩阵进行行交换，再实现矩阵的三角分解。

4.1.3 三对角矩阵追赶法

当求解微分方程数值解以及三次样条函数等问题时，会经常涉及一类三对角矩阵形式的线性方程组，其形式为

$$\begin{bmatrix} a_1 & c_1 & & & \\ d_2 & a_2 & c_2 & & \\ & \ddots & \ddots & \ddots & \\ & & \ddots & \ddots & c_{n-1} \\ & & & d_n & a_n \end{bmatrix} \begin{bmatrix} x_1 \\ x_2 \\ x_3 \\ \vdots \\ x_n \end{bmatrix} = \begin{bmatrix} b_1 \\ b_2 \\ b_3 \\ \vdots \\ b_n \end{bmatrix} \quad （4.21）$$

其中，对于系数矩阵 A 仍要求满足非奇异的条件。若 A 的前 $n-1$ 个顺序主子式都不为零，则 A 有唯一的 LU 分解，并且 A 的 LU 分解有如下特殊形式：

$$A = LU = \begin{bmatrix} 1 & & & & \\ l_2 & 1 & & & \\ & \ddots & \ddots & & \\ & & \ddots & \ddots & \\ & & & l_n & 1 \end{bmatrix} \begin{bmatrix} u_1 & v_1 & & & \\ & u_2 & v_2 & & \\ & & \ddots & \ddots & \\ & & & \ddots & v_{n-1} \\ & & & & u_n \end{bmatrix} \quad （4.22）$$

其中，矩阵元素满足以下公式：

$$\begin{cases} u_1 = a_1 \\ v_i = c_i & i = 1, 2, \cdots, n-1 \\ u_i = a_i - l_i v_{i-1}, l_i = d_i / u_{i-1} & i = 2, 3, \cdots, n \end{cases} \quad （4.23）$$

"追赶法"是指在求解三对角线性方程组时，根据递推公式首先计算 $i=1 \sim n$ 的 y_i 值，然后反向计算 $i=n \sim 1$ 的 x_i 值。将式（4.22）和式（4.23）代入式（4.19）和式（4.20）中，可得到三对角矩阵追赶法的主要算法步骤及其递推公式。

1）向前"追"的过程

（1）初始设置 $u_1 = a_1$，$v_1 = c_1$，$y_1 = b_1$；

（2）对 $i = 2, 3, \cdots, n$，计算：

$$\begin{cases} l_i = \dfrac{d_i}{u_{i-1}} & u_i = a_i - l_i v_{i-1} \\ v_i = c_i & y_i = b_i - l_i y_{i-1} \end{cases} \quad （4.24）$$

2）往回"赶"的过程
（1）对 $i=n$，计算：

$$x_n = \frac{y_n}{u_n} \tag{4.25}$$

（2）对 $i=n-1, n-2, \cdots, 1$，计算：

$$x_i = \frac{y_i - c_i x_{i+1}}{u_i} \tag{4.26}$$

4.2 线性方程组的迭代法求解

线性方程组的直接解法能够保证计算结果的精确性，比较适用于中小型线性方程组；而对于高阶线性方程组，即使系数矩阵是稀疏的，在运算中仍需要进行多步初等变换，很难保持其稀疏性。因此，通过线性方程组直接解法求解高阶线性方程组有运算量大、存储量大、程序复杂等缺点。对于高阶复杂的线性方程组，一般采用迭代法进行求解。迭代法是指从解的某个近似值出发，通过构造一个无穷序列去逼近解析解的数值计算方法，显然一般有限步内是得不到解析解的。迭代法由于不需要对矩阵本身进行初等变换，能保持矩阵的稀疏性，具有计算简单、编程容易等优点，且在许多情况下收敛速度较快，故能有效地求解一些高阶线性方程组。

迭代法的基本思想是将线性方程组转化为便于迭代的等价同解方程组，对选定一组初始值，按某种计算规则，不断地对所得到的解进行修正，最终获得满足精度要求的方程组的近似解。假设 $A \in R^{n \times n}$ 且非奇异，$b \in R^n$，则线性方程组 $Ax = b$ 有唯一解 $x = A^{-1}b$，经过初等变换构造出一个等价同解方程组 $x = Gx + d$，可将 $x = Gx + d$ 改写成迭代式

$$x^{(k+1)} = Gx^{(k)} + d \quad k = 0, 1, \cdots \tag{4.27}$$

选定初始向量 $x^{(0)} = \left(x_1^{(0)}, x_2^{(0)}, \cdots, x_n^{(0)} \right)^T$，反复不断地使用迭代公式逐步逼近方程组的解析解，直到满足精度要求为止，此为迭代法求解线性方程组问题的一般思路。迭代法求解线性方程组时，迭代公式的选择对于求解收敛性以及计算精度至关重要。

4.2.1 雅可比迭代法

雅可比迭代（Jacobi iteration）法是最基本的迭代方法，是线性方程组求解中出现较早且较为简单的一种求解方法，以德国数学家雅可比（Jacobi）命名，其基本思想是对于线性方程组 $Ax = b$，将迭代公式写成等式左边为对角元，右边为其余项的形式，即

$$x_i^{(k+1)} = \frac{1}{a_{ii}}\left(b_i - \sum_{\substack{j=1\\j\neq i}}^{n} a_{ij}x_j^{(k)}\right) \quad i=1,2,\cdots,n; k=0,1,2,\cdots \quad (4.28)$$

从矩阵形式上来看，设方程组 $Ax=b$ 的系数矩阵 A 非奇异，且主对角元素 $a_{ii} \neq 0 (i=1,2,\cdots,n)$，则可将 A 分解为

$$A = D - L - U$$

$$= \begin{bmatrix} a_{11} & & & \\ & a_{22} & & \\ & & \ddots & \\ & & & a_{nn} \end{bmatrix} - \begin{bmatrix} 0 & & & & \\ -a_{21} & 0 & & & \\ -a_{31} & -a_{32} & 0 & & \\ \vdots & \vdots & & \ddots & \\ -a_{n1} & -a_{n2} & \cdots & -a_{n(n-1)} & 0 \end{bmatrix}$$

$$- \begin{bmatrix} 0 & -a_{12} & -a_{13} & \cdots & -a_{1n} \\ & 0 & -a_{23} & \cdots & -a_{2n} \\ & & 0 & & \vdots \\ & & & \ddots & -a_{(n-1)n} \\ & & & & 0 \end{bmatrix} \quad (4.29)$$

则求解 $Ax=b$ 等价于求解 $(D-L-U)x=b$，即 $Dx=(L+U)x+b$，由于这样就可得到 $x = D^{-1}(L+U)x + D^{-1}b$，写成迭代形式即可得到雅可比迭代法的矩阵表示：

$$x^{(k+1)} = Bx^{(k)} + f \quad k=0,1,2,\cdots \quad (4.30)$$

其中，$B = D^{-1}(L+U)$ 称为雅可比迭代矩阵；$f = D^{-1}b$。雅可比迭代法的具体过程通过以下例题进行介绍。

例 4.3 用雅可比迭代法求解线性方程组：

$$\begin{cases} 5x_1 + 3x_2 - x_3 = 10 \\ 3x_1 + 10x_2 - 7x_3 = 16 \\ 4x_1 + 3x_2 + 8x_3 = 18 \end{cases}$$

解：根据雅可比迭代公式（4.28）建立方程组的迭代格式：

$$\begin{cases} x_1^{(k+1)} = -\frac{3}{5}x_2^{(k)} + \frac{1}{5}x_3^{(k)} + 2 \\ x_2^{(k+1)} = -\frac{3}{10}x_1^{(k)} + \frac{7}{10}x_3^{(k)} + \frac{8}{5} \\ x_3^{(k+1)} = -\frac{1}{2}x_1^{(k)} - \frac{3}{8}x_2^{(k)} + \frac{9}{4} \end{cases}$$

取初始向量 $x^{(0)} = (x_1^{(0)}, x_2^{(0)}, x_3^{(0)})^T = (0,0,0)^T$ 进行迭代，可以逐步得出一个近似解的序列 $(x_1^{(k)}, x_2^{(k)}, x_3^{(k)})$ $(k=1,2,\cdots)$，直到求得的近似解能达到预先要求的精度时，

迭代过程终止，以最后得到的近似解作为线性方程组的解。当迭代到第 20 次时有 $x^{(10)} = (1.0002, 1.9998, 1.0006)^T$。结果表明，此迭代过程收敛于方程组的解析解 $x^* = (1, 2, 1)^T$。

例 4.3 简单地展示了雅可比迭代法的求解过程。当线性方程组的阶数较高时，一般采用编程的方式进行迭代求解，雅可比迭代法程序实现的算法流程图如图 4.1 所示。

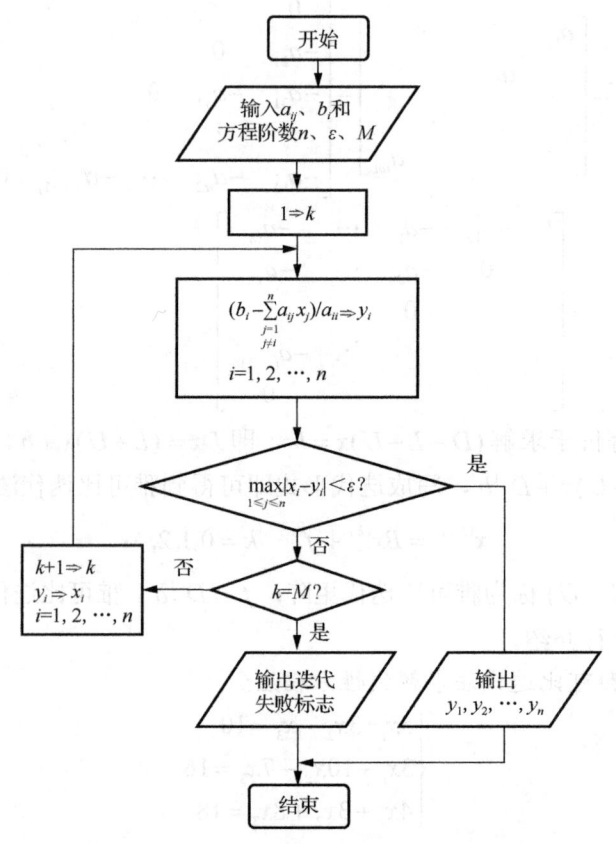

图 4.1 雅可比迭代法程序实现的算法流程图

4.2.2 高斯-赛德尔迭代法

高斯-赛德尔迭代（Gauss-Seidel iteration）法是在雅可比迭代法的基础上改进的一种数值迭代方法，以德国数学家高斯和赛德尔命名。该方法于 1823 年高斯在给他学生的私人通信中首次提出，随后 1874 年由赛德尔公开报道。在雅可比迭代法中，每次迭代只用到前一次的迭代值，若每次迭代充分利用当前最新的迭代值，即在求 $x_i^{(k+1)}$ 时用新分量 $x_1^{(k+1)}, x_2^{(k+1)}, \cdots, x_{i-1}^{(k+1)}$ 代替旧分量 $x_1^{(k)}, x_2^{(k)}, \cdots, x_{i-1}^{(k)}$，就得到高斯-赛德尔迭代法。其迭代法格式为

$$x_i^{(k+1)} = \frac{1}{a_{ii}}\left(b_i - \sum_{j=1}^{i-1} a_{ij} x_j^{(k+1)} - \sum_{j=i+1}^{n} a_{ij} x_j^{(k)}\right) \quad i=1,2,\cdots,n; k=0,1,2,\cdots \quad (4.31)$$

从矩阵形式来看，对于线性方程组 $Ax=b$，系数矩阵 A 写成 $A=D-L-U$，雅可比迭代法要求 D 对应的分量为 $x_i^{(k+1)}$，L 和 U 对应的分量均为 $x_i^{(k)}$，则雅可比迭代法的矩阵形式可写成式（4.30）；而高斯-赛德尔迭代法要求系数矩阵 D 和 L 对应的分量均为 $x_i^{(k+1)}$，U 对应的分量为 $x_i^{(k)}$，即迭代形式可写成 $(D-L)x = Ux+b$，这样就可以得到高斯-赛德尔迭代法矩阵形式：

$$x^{(k+1)} = (D-L)^{-1} U x^{(k)} + (D-L)^{-1} b \quad k=0,1,2,\cdots \quad (4.32)$$

虽然高斯-赛德尔迭代法与雅可比迭代法的矩阵形式有所区别，但是在实际的程序运算中，其计算流程基本一致，仅仅在数据存储上有所区别：雅可比迭代法要求完全利用第 k 步的解向量来计算第 $k+1$ 步的解向量，因此至少需要两个数组变量分别对 $x_1^{(k)}, x_2^{(k)}, \cdots, x_n^{(k)}$ 和 $x_1^{(k+1)}, x_2^{(k+1)}, \cdots, x_n^{(k+1)}$ 进行存储，然后随迭代次数逐步更新；而高斯-赛德尔迭代法只需要定义一个数组变量存储 $x_1^{(k)}, x_2^{(k)}, \cdots, x_n^{(k)}$，当通过迭代公式计算得到 $x_i^{(k+1)}$ 时，只需要将其直接覆盖在对应 $x_i^{(k)}$ 位置的数据上即可，后续涉及 $x_i^{(k)}$ 项的计算均使用 $x_i^{(k+1)}$ 项代替。高斯-赛德尔迭代法相比于雅可比迭代法具有更快的收敛速度和更高的计算精度。可以证明的是，当系数矩阵 A 严格对角占优或对称正定时，高斯-赛德尔迭代法计算得到的解必定收敛。

4.2.3 逐次超松弛迭代法

使用迭代法求解线性方程组时，主要的困难在于难以估测其计算量。有时迭代过程虽然理论上可以收敛，但由于收敛速度缓慢，计算量巨大而失去实用价值。因此，迭代过程的加速具有重要意义。高斯-赛德尔迭代法实际上就是对一般迭代方法的一种加速。20 世纪 70 年代由美国哈佛大学 David Young 提出的逐次超松弛（successive over relaxation, SOR）迭代法，可以看作是带参数的高斯-赛德尔迭代法，实质上是高斯-赛德尔迭代法的一种加速方法。

构建逐次超松弛迭代法的目的是提高迭代法的收敛速度，这种方法是将前一步的结果 $x_i^{(k)}$ 与高斯-赛德尔迭代法的迭代值 $x_i^{(k+1)}$ 进行适当加权平均，期望获得更好的近似值 $x_i^{(k+1)}$。逐次超松弛迭代法的迭代格式为

$$x_i^{(k+1)} = (1-\omega)x_i^{(k)} + \frac{\omega}{a_{ii}}\left(b_i - \sum_{j=1}^{i-1} a_{ij} x_j^{(k+1)} - \sum_{j=i+1}^{n} a_{ij} x_j^{(k)}\right) \quad (4.33)$$

其中，系数 ω 为松弛因子。为了保证迭代过程收敛，一般要求 $0<\omega<2$。当 $0<\omega<1$ 时，该方法称为低松弛迭代法；当 $\omega=1$ 时，该方法便为高斯-赛德尔迭代法；当 $1<\omega<2$ 时，该方法称为逐次超松弛迭代法。但通常将满足式（4.33）的一类方法

统称为逐次超松弛迭代法，由此可见高斯-赛德尔迭代法也是逐次超松弛迭代法的一种特例。逐次超松弛迭代法是求解大型稀疏矩阵方程组的有效方法之一，有着广泛的应用价值。

逐次超松弛迭代公式也可用矩阵形式表示：

$$x^{(k+1)} = (1-\omega)x^{(k)} + \omega D^{-1}(b + Lx^{(k+1)} + Ux^{(k)}) \tag{4.34}$$

通过简单变换可以得到

$$(D-\omega L)x^{(k+1)} = [(1-\omega)D + \omega U]x^{(k)} + \omega b \tag{4.35}$$

假设 $a_{ii} \neq 0$，$i=1,2,\cdots,n$，则对任何一个 ω 值，矩阵 $(D-\omega L)$ 非奇异，则逐次超松弛迭代法的矩阵形式可写成：

$$x^{(k+1)} = L_\omega x^{(k)} + f_\omega \tag{4.36}$$

其中，$L_\omega = (D-\omega L)^{-1}[(1-\omega)D + \omega U]$；$f_\omega = \omega(D-\omega L)^{-1}b$。

下面通过一个具体的例子说明不同迭代方法的特点。

例 4.4 利用高斯-赛德尔迭代法和 SOR 迭代法求解下列方程，并输出结果。

$$\begin{cases} 2x_1 - x_2 + x_3 = 11 \\ 3x_2 - x_3 = 5 \\ x_1 + 3x_2 - 2x_3 = 2 \end{cases}$$

解：该方程组的高斯-赛德尔迭代格式为

$$\begin{cases} x_1^{(k+1)} = \frac{1}{2}\left(x_2^{(k)} - x_3^{(k)} + 1\right) \\ x_2^{(k+1)} = \frac{1}{3}\left(x_3^{(k)} + 5\right) \\ x_3^{(k+1)} = -\frac{1}{2}\left(-x_1^{(k+1)} - 3x_2^{(k+1)} + 2\right) \end{cases}$$

取 $x^{(0)} = (0,0,0)^T$，程序（C语言编写）实现见附录，计算结果如下：

k	$x_1^{(k)}$	$x_2^{(k)}$	$x_3^{(k)}$
1	5.5000	1.6666	4.2500
2	4.2083	3.0833	5.7292
3	4.1771	3.5764	6.4531
4	4.0616	3.8177	6.7574
5	4.0302	3.9191	6.8938
6	4.0127	3.9646	6.9532
7	4.0057	3.9844	6.9785

k	$x_1^{(k)}$	$x_2^{(k)}$	$x_3^{(k)}$
8	4.0025	3.9932	6.9910
9	4.0011	3.9977	6.9960
10	4.0005	3.9987	6.9983

该方程组的逐次超松弛迭代格式为

$$\begin{cases} x_1^{(k+1)} = (1-\omega)x_1^k + \dfrac{\omega}{2}\left(x_2^{(k)} - x_3^{(k)} + 11\right) \\ x_2^{(k+1)} = (1-\omega)x_2^{(k)} + \dfrac{\omega}{3}\left(x_3^{(k)} + 5\right) \\ x_3^{(k+1)} = (1-\omega)x_3^{(k)} - \dfrac{\omega}{2}\left(-x_1^{(k+1)} - 3x_2^{(k+1)} + 2\right) \end{cases}$$

取 $\omega=1.025$，$x^{(0)} = (0,0,0)^{\mathrm{T}}$，程序（C语言编写）实现见附录，计算结果如下：

k	$x_1^{(k)}$	$x_2^{(k)}$	$x_3^{(k)}$
1	5.6375	1.7083	4.4907
2	4.0706	3.2000	5.8689
3	4.1679	3.6335	6.5509
4	4.0382	3.8557	6.8089
5	4.0230	3.9383	6.9218
6	4.0079	3.9748	6.9673
7	4.0037	3.9895	6.9865
8	4.0014	3.9956	6.9944
9	4.0006	3.9982	6.9977
10	4.0003	3.9992	6.9990

习　　题

4.1 使用高斯消去法求解方程组：

$$\begin{cases} x_1 + 5x_2 - 2x_3 = 2 \\ 4x_2 + 3x_3 = 26 \\ -x_1 + 3x_3 = 3 \end{cases}$$

4.2 使用矩阵三角分解法求解方程组：

$$\begin{cases} 2x_1+x_2+x_3=2 \\ 6x_1-x_2+6x_3=2 \\ 10x_1+2x_2+7x_3=4 \end{cases}$$

4.3 已知方程组：

$$\begin{cases} 3x_1-x_2+2x_3=1 \\ 2x_1-4x_2+3x_3=-11 \\ 5x_1+3x_3=7 \end{cases}$$

（1）写出此方程组的雅可比迭代公式；
（2）编程输出该迭代公式的运算结果。

4.4 已知方程组：

$$\begin{cases} 5x_1+7x_2+8x_3=9 \\ 3x_1+2x_2+x_3=6 \\ 2x_2+3x_3=-1 \end{cases}$$

（1）写出此方程组的高斯-赛德尔迭代法的迭代公式；
（2）编程输出该迭代公式的运算结果；
（3）写出 SOR 迭代法的迭代公式，并用程序和绘图综合分析 ω 取何值时，SOR 迭代法的收敛性最好。

参 考 文 献

[1] 杨振宁, 汪忠. 麦克斯韦方程和规范理论的观念起源[J]. 物理, 2014, 43(12): 780-786.
[2] 曾清红, 卢德唐. 基于移动最小二乘法的曲线曲面拟合[J]. 工程图学学报, 2004, 25(1): 84-89.
[3] 许小勇, 钟太勇. 三次样条插值函数的构造与 Matlab 实现[J]. 兵工自动化, 2006, 25(11): 76-78.

第5章 非线性方程的数值解法

非线性方程是比线性方程更为一般的方程形式，其求解问题在科学研究与工程设计中具有重要的应用[1-2]，但单纯解析求解往往比较困难，尤其是高阶非线性方程和超越方程，难以通过数学解析的方式构建其通解形式。因此，必须通过数值方法求得满足一定精度要求根的近似解。本章主要介绍非线性方程的数值解法。

5.1 非线性方程的直接解法

在科学研究和工程设计中，经常会遇到的一大类问题是非线性方程 $f(x)=0$ 的求解问题，其中 $f(x)$ 为非线性函数。如果 $f(x)$ 是多项式函数，则称为代数方程，否则称为超越方程（三角方程，指数、对数方程等）。如果 $f(x)$ 的自变量和因变量均为多元形式，则称为非线性方程组。非线性方程组的一般形式为

$$\begin{cases} f_1(x_1,x_2,\cdots,x_n)=0 \\ f_2(x_1,x_2,\cdots,x_n)=0 \\ \cdots\cdots \\ f_n(x_1,x_2,\cdots,x_n)=0 \end{cases} \quad (5.1)$$

本节首先介绍非线性方程的直接求解方法。

对于非线性方程 $f(x)=0$ 的求解问题，如果 $f(x)$ 可以分解成 $f(x)=(x-x^*)^m g(x)$，其中 m 为正整数且 $g(x^*)\neq 0$，则称 x^* 是 $f(x)$ 的 m 重零点，或称方程 $f(x)=0$ 的 m 重根。当 $m=1$ 时，称 x^* 为单根。非线性方程直接求解即为寻找方程根的过程，通常，方程根的数值解法大致分为三个步骤进行：

（1）判定根的存在性，即判断方程有没有根，有几个根；

（2）确定根的分布区间，即将每个根用区间隔离开来，这个过程实际上是获得方程各根的初始近似值；

（3）根的精确化，即将根的初始近似值按某种方法逐步精确化，直到满足预先要求的精度为止。

求根的分布区间是非线性方程数值解法的首要问题，基本原理是基于连续函数的介值定理：若$f(x)\in C[a, b]$且$f(a)f(b)<0$，则$f(x)=0$在(a, b)内至少有一个实根，那么称$[a, b]$为方程的有根区间；若$f(x)$在$[a, b]$内严格单调，则$f(x)=0$在$[a, b]$内有且只有一个实根。一般可采用画图法和逐次搜索法求得根的分布区间。其中，画图法是指画出$y=f(x)$的曲线轮廓图，由$f(x)$与横轴交点的大概位置确定根的分布区间；或者利用导函数$f'(x)$的正、负与函数$f(x)$单调性的关系确定根的大概位置；若$f(x)$比较复杂，还可将方程$f(x)=0$化为一个等价方程$\varphi(x)=\psi(x)$，则曲线$y=\varphi(x)$与$y=\psi(x)$交点的横坐标即为原方程的根，据此也可求得根的分布区间。逐次搜索法是指对于给定的$f(x)$，设有区间$[a, b]$，从$x_0=a$出发，以步长$h=(b-a)/n$（n是正整数），在$[a, b]$内取定节点$x_i=x_0+ih$（$i=0, 1, 2, \cdots, n$），从左至右检查$f(x_i)\cdot f(x_{i+1})$的符号，如发现$f(x_i)\cdot f(x_{i+1})<0$，则根据连续函数的介值定理，区间$[x_0+ih, x_0+(i+1)h]$内必有根。通过从a到b逐次搜索可获得每个根的分布区间，同时，通过不断改变步长可获得不同精度的根的分布区间，进而确定符合精度要求的根的近似值。

二分法是在逐次搜索法的基础上发展而来的一种直接求解非线性方程的数值方法，它的基本思想是首先通过逐次搜索法确定有根区间，然后将每个区间二等分，通过判断区间中点和两端点对应$f(x)$的符号，逐步将有根区间缩小为原来的一半，直至有根区间足够小，便可求出满足精度要求的近似根。二分法的基本步骤如下：

（1）设$f(x)$在区间$[a, b]$上连续，$f(a)\cdot f(b)<0$，那么在$[a, b]$内有方程的根，取$[a, b]$的中点$x_0=(a+b)/2$将区间一分为二。若$f(x_0)=0$，则x_0就是方程的根，否则判别根x^*在x_0的左侧还是右侧。

（2）若$f(a)\cdot f(x_0)<0$，则方程的根$x^*\in(a, x_0)$，令$a_1=a$，$b_1=x_0$；若$f(x_0)\cdot f(b)<0$，那么方程的根$x^*\in(x_0, b)$，令$a_1=x_0$，$b_1=b$。不论出现哪种情况，(a_1, b_1)均为新的有根区间，它的长度只有原有根区间长度的一半，达到了压缩有根区间的目的。

（3）对压缩的有根区间$[a_1, b_1]$，可实行同样的步骤，即取中点$x_1=(a_1+b_1)/2$，将区间再分为两半，然后确定有根区间$[a_2, b_2]$，其长度是$[a_1, b_1]$的一半。

（4）如此反复进行，可得到有根区间序列$[a_k, b_k]$（$k=1, 2, \cdots$），压缩区间$[a_k, b_k]$的长度为$b_k-a_k=(a+b)/2^k$，取其中点$x_k=(a_k+b_k)/2$，可得到一个近似根序列x_0，$x_1, \cdots, x_k, \cdots$。当$k\to\infty$时，区间$[a_k, b_k]$将最终收敛为一点，$x_k\to x^*$，则x^*就是所求方程的根。对于有限k步的近似值$x_k=(a_k+b_k)/2$，有以下误差估计式：

$$\left|x^* - x_k\right| \leqslant \frac{1}{2}(b_k - a_k) = \frac{1}{2^{k+1}}(b-a) \qquad k = 0,1,2,\cdots \tag{5.2}$$

需要注意的是，二分法实施的条件是前期需要通过画图法或逐次搜索法大致确定单根存在的近似区间，以保证二分法实施的每个子区间内函数连续且单调。否则对于存在复根或者偶重根的区间，其两端函数值往往同号，二分法难以适用。下面通过具体实例来说明。

例 5.1　求解方程 $f(x) = x^3 + x - 1 = 0$ 的实根，要求误差小于 0.005。

解：首先寻找方程根的分布区间。

可采用画图法，将方程改写为 $x^3 = -x + 1$，由 $y = x^3$ 和 $y = -x + 1$ 的曲线图可知，方程有且仅有一个根 $x^* \in [0.5, 1]$；也可采用逐次搜索法，首先不难发现 $f(0)<0$，$f(2)>0$，则方程在区间[0,2]内至少有一个实根；然后从 $x=0$ 出发，以步长 $h=0.5$ 向右进行根的逐次搜索，列表如下：

x	0	0.5	1	1.5	2
$f(x)$	−	−	+	+	+

根据表格可以得到，方程在区间[0.5, 1]内必有一根。结合 $f(x)$ 的导数 $f'(x)$ 进行单调性分析可知，方程有且仅有一个实根并在[0.5, 1]的区间内。设置初始区间为[0.5, 1]，对方程进行二分法求解，根据式（5.2）可知

$$\left|x^* - x_k\right| \leqslant \frac{1}{2^{k+1}}(b-a) = \frac{1}{2^{k+2}} \leqslant 0.005$$

由此可解得 $k \approx 5.6$，取 $k=6$，按二分法计算过程见下表：

k	a_k	b_k	x_k
0	0.5	1	0.7500
1	0.5	0.7500	0.6250
2	0.6250	0.7500	0.6875
3	0.6250	0.6875	0.6563
4	0.6563	0.6875	0.6719
5	0.6719	0.6875	0.6797
6	0.6797	0.6875	0.6836

由表可知 $x_6 = 0.6836$ 为所求方程的近似根。程序（C 语言编写）实现见附录，二分法数值计算的算法流程如图 5.1 所示。

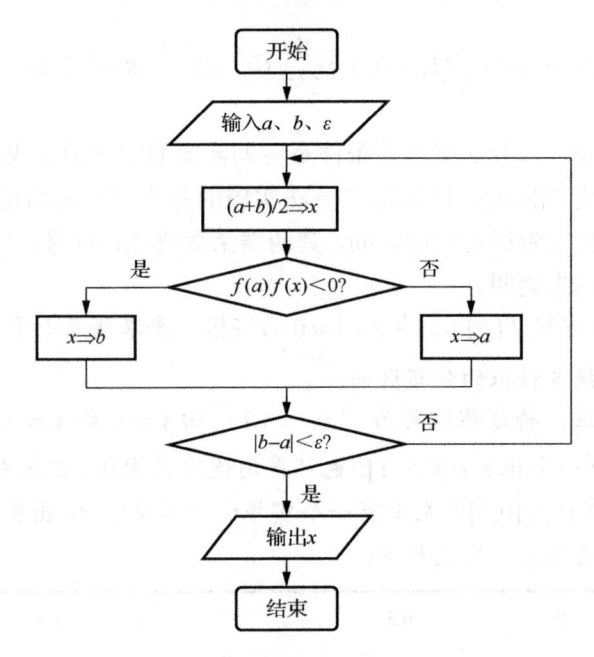

图 5.1　二分法数值计算的算法流程图

5.2　非线性方程的迭代法求解

二分法直接求解非线性方程时，算法简单且总是收敛，但缺点是收敛速度太慢，为保证计算结果的精确性，往往需要较大的运算量，故一般不单独将其用于求根，只是用其为根求得一个较好的近似值，随后作为初始值代入迭代法的计算公式中进行精确计算。非线性方程的迭代法求解，就是为了解决一般的非线性方程中解析法无通用求解公式、直接法收敛速度太慢的问题而提出的。它是一种逐次逼近的方法，用某个固定公式反复校正根的近似值，使之逐步精确化，最后得到满足精度要求的结果。迭代法求解非线性方程时，迭代公式与初始值的选择对于求解结果的收敛性和收敛速度具有显著的影响。

5.2.1　不动点迭代法

不动点迭代法是最基本的迭代方法，也称为简单迭代法，其基本思想是对于非线性方程 $f(x)=0$ 的求根问题，将其写成便于迭代的等价方程形式：

$$x = \varphi(x) \tag{5.3}$$

其中，$\varphi(x)$ 称为不动点迭代函数，要求为 x 的连续函数。若有 x^* 满足 $f(x^*)=0$，则 $x^*=\varphi(x^*)$，反之亦然，也称方程的根 x^* 为函数 $\varphi(x)$ 的一个不动点，因此求 $f(x)$ 的零

点问题就等价于求$\varphi(x)$的不动点问题。选择一个初始近似值x_0，将其代入式（5.3）右端，即可求得

$$x_1 = \varphi(x_0) \tag{5.4}$$

可以如此反复迭代计算：

$$x_{k+1} = \varphi(x_k) \quad k = 0, 1, 2, \cdots \tag{5.5}$$

由式（5.5）可以得到关于$\{x_k\}$的迭代序列，如果迭代序列存在极限：

$$x^* = \lim_{k \to \infty} x_k \tag{5.6}$$

则称迭代方程（5.3）收敛，x_k为对应于不动点x^*通过第k步迭代得到的近似解。需要说明的是，$\{x_k\}$的极限并非一定存在，如果极限不存在，则称不动点迭代公式发散。不动点迭代函数的选取往往并不唯一，而对应于不同的迭代函数，迭代公式的收敛性和收敛速度更不相同，下面以一个具体的例子进行说明。

例 5.2 用不动点迭代法求解方程$f(x) = x^3 - x - 3 = 0$在区间[1.5, 2]内的实根，要求误差小于0.00002。

解：可将方程改写成如下两种等价形式：

（1） $x = \varphi_1(x) = \sqrt[3]{x+3}$

（2） $x = \varphi_2(x) = x^3 - 3$

可以得到相应的迭代公式：

（1） $x_{k+1} = \varphi_1(x_k) = \sqrt[3]{x_k + 3}$

（2） $x_k = \varphi_2(x_k) = x_k^3 - 3$

选取初始值$x_0 = 1.5$，分别代入以上两个迭代公式进行求解。

（1）利用迭代公式（1）计算，结果如下：

k	x_k
0	1.5
1	1.650964
2	1.669223
3	1.671404
4	1.671665
5	1.671696
6	1.671699

因此，$x_6 = 1.671699$为满足计算精度要求的解。

（2）利用迭代公式（2）计算，结果为$x_0 = 0.3750$, $x_1 = -2.9473$, $x_2 = -28.6011, \cdots$，迭代公式发散。

由以上结果可知，需要选取合适的不动点函数以保证迭代公式收敛，因此有必要对不动点迭代法的收敛条件进行进一步分析。对于迭代方程$x = \varphi(x)$，如

果满足 $x \in C[a, b]$ 时，$\varphi(x) \in C[a, b]$，则可定义函数 $\psi(x) = \varphi(x)-x$，且满足 $\psi(a)=\varphi(a)-a \geq 0$，$\psi(b)=\varphi(b)-b \leq 0$。根据连续函数的介值定理可知，必有 $x^* \in [a, b]$，使 $\psi(x^*) = \varphi(x^*)-x^* = 0$，则迭代方程 $x = \varphi(x)$ 必然存在至少一个解 x^*。如果存在 $0 < L < 1$，对任意的 $x \in [a, b]$ 都有

$$|\varphi'(x)| \leq L < 1 \tag{5.7}$$

可以证明，x^* 为方程 $x = \varphi(x)$ 存在且唯一的解。对于任意的 $x_0 \in [a, b]$，由式（5.5）得到迭代序列 $\{x_k\}$，则根据微分中值定理可得

$$|x^* - x_k| = |\varphi(x^*) - \varphi(x_{k-1})|$$
$$= |\varphi'(\xi)(x^* - x_{k-1})| \leq L|x^* - x_{k-1}| \leq \cdots \leq L^k |x^* - x_0| \tag{5.8}$$

由于 $0 < L < 1$，当 $k \to \infty$ 时，迭代序列 $\{x_k\}$ 收敛到 x^*。这说明，任意区间 $[a, b]$ 内的初始值均可保证 x_k 收敛至不动点 x^*。式（5.7）也称为不动点迭代法收敛的一个充分条件。若定义迭代误差 $e_k = x_k - x^*$，可根据式（5.8）推得误差估计式为

$$|e_k| \leq \frac{L^k}{1-L} |x_1 - x_0| \tag{5.9}$$

$$|e_k| \leq \frac{L}{1-L} |x_{k+1} - x_k| \tag{5.10}$$

上面给出了迭代序列 $\{x_k\}$ 在区间 $[a, b]$ 上的收敛性，通常称为全局收敛性。全局收敛性条件比较复杂，往往难以有效使用，在实际数值计算时，通常可以确定不动点 x^* 的近似取值，这样只需在不动点 x^* 的邻域考察其收敛性，即局部收敛性。严格地讲，设 $\varphi(x)$ 有不动点 x^*，如果存在 x^* 的某个邻域 $R: |x - x^*| \leq \delta$，对任意 $x_0 \in R$，迭代公式产生的序列 $\{x_k\} \in R$，且收敛到 x^*，则称迭代公式局部收敛。这里给出局部收敛的一个充分条件：如果 $\varphi(x)$ 的导数 $\varphi'(x)$ 在 x^* 的某个邻域内连续，且满足：

$$|\varphi'(x^*)| < 1 \tag{5.11}$$

则迭代过程 $x_{k+1} = \varphi(x_k)$ 具有局部收敛性。

例 5.3 假设有不动点迭代函数为 $\varphi(x) = x + \alpha(x^2 - 9)$，若使迭代过程 $x_{k+1} = \varphi(x_k)$ 局部收敛至 $x^* = 3$，求参数 α 的取值范围。

解： 根据 $\varphi(x) = x + \alpha(x^2 - 9)$ 可知

$$\varphi'(x) = 1 + 2\alpha x$$

若要根 $x^* = 3$ 的邻域内具有局部收敛性，则迭代函数需满足式（5.11）的收敛条件：

$$|\varphi'(x^*)| = |1 + 6\alpha| < 1$$

因此，当 $-1/3 < \alpha < 0$ 时，可使迭代过程局部收敛。

假设迭代过程 $x_{k+1}=\varphi(x_k)$ 收敛于方程 $x=\varphi(x)$ 的根 x^*。如果迭代误差 $e_k=x_k-x^*$ 在 $k\to\infty$ 时满足以下渐进关系式：

$$\frac{e_{k+1}}{e_k^p} \to C \quad C\neq 0 \tag{5.12}$$

则称该迭代方法是 p 阶收敛。特别地，当 $p=1$ 时，称线性收敛；当 $p>1$ 时，称超线性收敛；当 $p=2$ 时，称平方收敛。收敛阶数越高，代表该迭代方法的收敛速度越快。

不动点迭代法数值计算的算法流程图如图 5.2 所示。

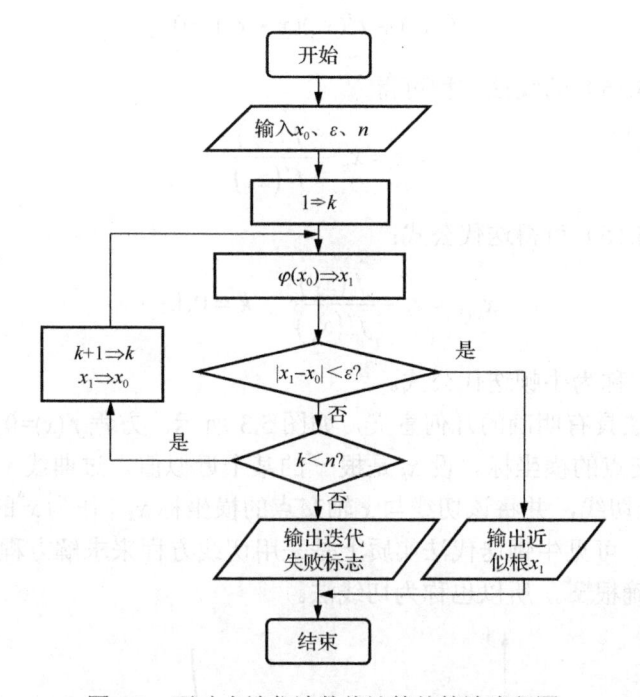

图 5.2 不动点迭代法数值计算的算法流程图

例 5.4 针对例 5.2 进行编程求解。

解：程序（C 语言编写）实现见附录。

5.2.2 牛顿迭代法

采用简单格式的不动点迭代法可逐步精确方程的近似解，但必须找到合适的等价方程 $x=\varphi(x)$，如果 $\varphi(x)$ 选择不合适，不仅影响收敛速度，而且有可能造成迭代公式发散。因此，需要找到一种迭代方法，同时满足迭代公式简单并且收敛速度较快的条件，牛顿迭代法就是基于这个问题产生的。牛顿迭代法是一种线性化的方法，其基本思想是将非线性方程 $f(x)=0$ 近似地转化为某种线性方程来求解。

设已知方程 $f(x)=0$ 有近似根 x_k，则 $f(x)$ 在 x_k 附近可用泰勒公式展开，表示为

$$f(x) = f(x_k) + f'(x_k)(x-x_k) + \frac{1}{2}f''(x_k)(x-x_k)^2 + \cdots \tag{5.13}$$

若忽略高次项，用其线性部分作为函数 $f(x)$ 的近似，则有

$$f(x) \approx f(x_k) + f'(x_k)(x-x_k) \tag{5.14}$$

当 $f'(x_k) \neq 0$ 时，方程 $f(x)=0$ 可用线性方程近似代替，即

$$f(x_k) + f'(x_k)(x-x_k) = 0 \tag{5.15}$$

求解式（5.15）的线性方程可得

$$x = x_k - \frac{f(x_k)}{f'(x_k)} \tag{5.16}$$

根据式（5.16）可得迭代公式：

$$x_{k+1} = x_k - \frac{f(x_k)}{f'(x_k)} \quad k=0,1,\cdots \tag{5.17}$$

式（5.17）称为牛顿迭代公式。

牛顿迭代法具有明确的几何意义，如图 5.3 所示。方程 $f(x)=0$ 的根 x^* 为曲线 $y=f(x)$ 与 x 轴交点的横坐标。设 x_k 是根 x^* 的某个近似值，过曲线 $y=f(x)$ 上横坐标为 x_k 的点 P_k 引切线，并将该切线与 x 轴交点的横坐标 x_{k+1} 作为 x^* 的新的近似值。重复上述过程，可见牛顿迭代法实质上是采用切线方程来求解方程 $f(x)=0$，逐渐逼近方程的精确根 x^*，所以也称为切线法。

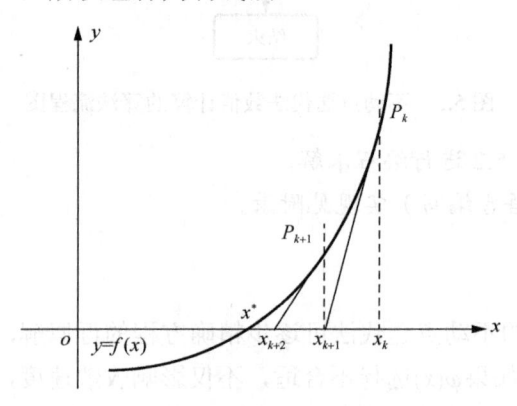

图 5.3　牛顿迭代法的几何意义示意图

可以证明，对于方程$f(x)=0$，当x^*为单根时，牛顿迭代法在根x^*的邻域附近二阶（平方）收敛。牛顿迭代法程序实现的算法流程如图 5.4 所示。

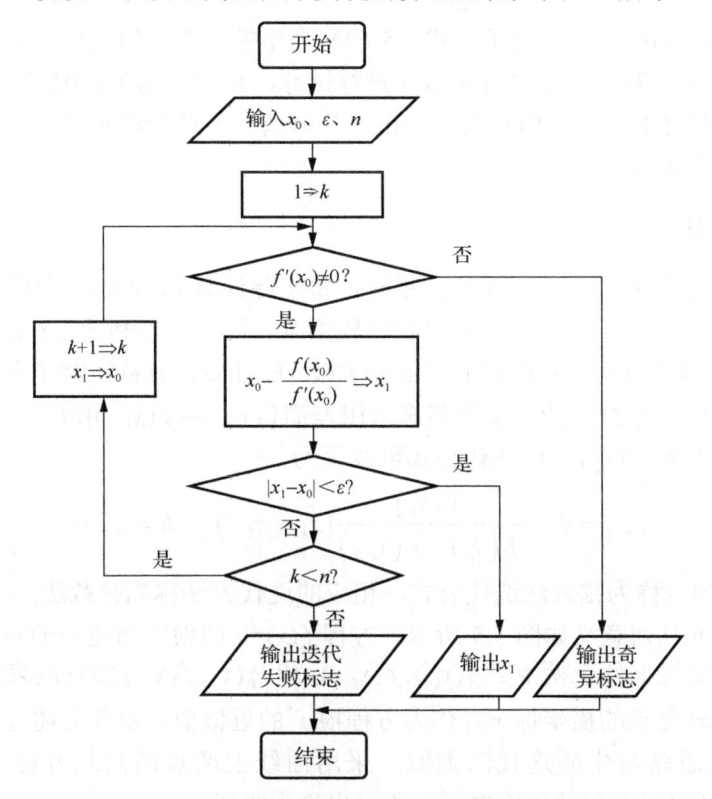

图 5.4 牛顿迭代法程序实现的算法流程图

例 5.5 用牛顿迭代法编程求解非线性方程$x=-e^{-x}+2$的根（$\varepsilon=10^{-6}$）。

解：程序（C 语言编写）实现见附录，由此得到结果为 1.841406。

5.2.3 牛顿下山法

牛顿迭代法虽然收敛速度较快，但其收敛性依赖于初始值x_0的选取，初始值x_0只在根x^*附近才能保证收敛，如x_0取值离x^*较远，则牛顿迭代法可能发散。为了防止迭代过程发散，可在牛顿迭代法的迭代过程再附加一项要求，即具有单调性：

$$|f(x_{k+1})|<|f(x_k)| \tag{5.18}$$

满足式（5.18）要求的算法称为下山法。牛顿下山法为牛顿迭代法与下山法的有效结合，即在下山法保证函数值下降的前提下，用牛顿迭代法加快收敛速度。为此，将牛顿迭代公式（5.17）中第$k+1$步的近似值x_{k+1}与前一步的近似值x_k进行加权平均，得到新的迭代公式如下：

$$x_{k+1} = \lambda \left[x_k - \frac{f(x_k)}{f'(x_k)} \right] + (1-\lambda)x_k = x_k - \lambda \frac{f(x_k)}{f'(x_k)} \quad k=0,1,\cdots \quad (5.19)$$

其中，$\lambda(0<\lambda\leqslant 1)$ 称为下山因子。式（5.19）为牛顿下山法的迭代公式。选择下山因子时，从 $\lambda=1$ 开始，逐次将 λ 减半进行试算，从中挑选下山因子，直到某个 λ 值能使单调性条件式（5.18）成立为止。若单调性条件始终不成立，则需另选初始值进行重新试算。

5.2.4 弦截法

用牛顿迭代法求方程 $f(x)=0$ 的根时，每步除计算 $f(x_k)$ 外，还要算 $f'(x)$。当函数 $f(x)$ 比较复杂时，计算 $f'(x)$ 往往比较困难，为此可以利用已知函数值 $f(x_k)$、$f(x_{k-1})$ 等来构造迭代函数以回避导数值 $f'(x_k)$ 的计算，弦截法就是其中具有代表性的一种方法。弦截法的主要思路是采用差商 $[f(x_k)-f(x_{k-1})]/(x_k-x_{k-1})$ 代替牛顿迭代公式中的 $f'(x_k)$，则迭代公式可改写为

$$x_{k+1} = x_k - \frac{f(x_k)}{f(x_k)-f(x_{k-1})}(x_k - x_{k-1}) \quad k=1,2,\cdots \quad (5.20)$$

式（5.20）称为弦截法迭代公式，相应的迭代方法称为弦截法。

弦截法的几何意义如图 5.5 所示。方程 $f(x)=0$ 的根为曲线 $y=f(x)$ 与 x 轴交点的横坐标，用过曲线上两点 $P_{k-1}(x_{k-1}, f(x_{k-1}))$ 和 $P_k(x_k, f(x_k))$ 的弦线来代替曲线，用弦线与 x 轴交点的横坐标 x_{k+1} 作为方程根 x^* 的近似值。重复上述过程，可见弦截法的迭代思路与牛顿迭代法类似，采用曲线上两点的割线方程来求解方程 $f(x)=0$，逐渐逼近方程的精确根 x^*，所以也称为割线法。

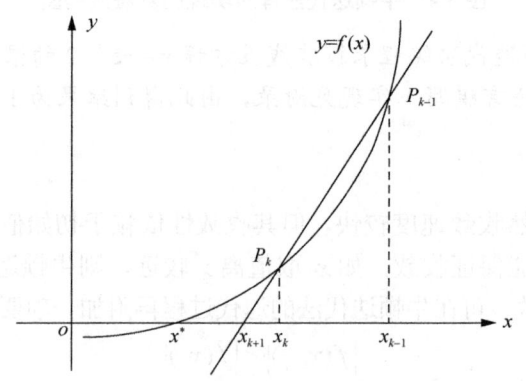

图 5.5 弦截法的几何意义示意图

可以证明，弦截法具有超线性收敛性，收敛阶数约为 1.618，与前面介绍的牛顿迭代法都属于线性化方法，但两者有本质的区别。牛顿迭代法在计算 x_{k+1} 时只用到前一步的值 x_k，而弦截法要用到前面两步的结果 x_{k-1} 和 x_k，因此使用弦

截法时必须先给出两个初始值 x_0 和 x_1，这种需要代入多步结果的方法也称为多点迭代法。有时为进一步简化计算，可将式（5.20）中的 x_{k-1} 改为 x_0，则得到迭代公式为

$$x_{k+1} = x_k - \frac{f(x_k)}{f(x_k)-f(x_0)}(x_k - x_0) \quad k=1,2,\cdots \tag{5.21}$$

这样每步只需要 x_k 的值即可进行迭代计算，这种方法也称为单点弦截法或单点割线法。

弦截法程序实现的算法流程图如图 5.6 所示。

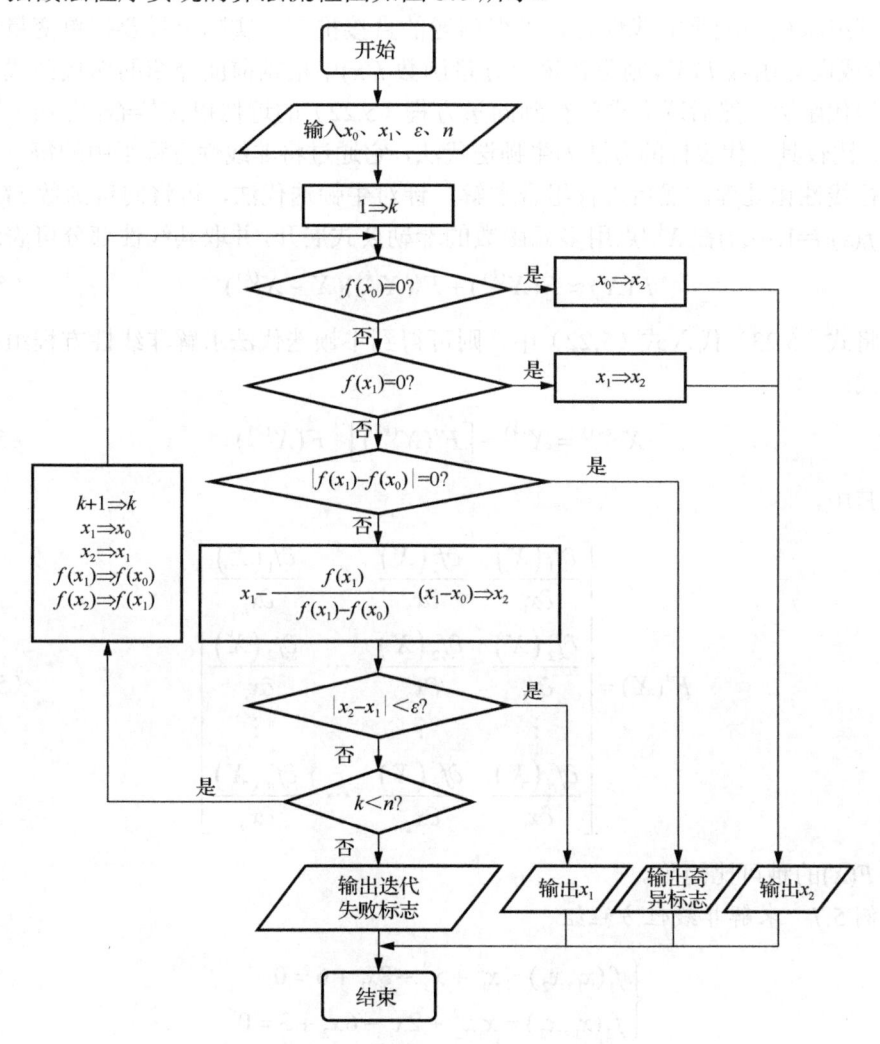

图 5.6 弦截法程序实现的算法流程图

例 5.6　利用弦截法求解方程 $f(x)=x^4+x^2-2x-3=0$ 在区间[1, 1.5]的根（ε 为 10^{-6}）。

解：程序（C 语言编写）实现见附录，由此得到解为 1.399864。

5.2.5　非线性方程组的牛顿迭代法

考察式（5.1）中的非线性方程组，若用向量的形式记 $X=(x_1,\cdots,x_n)^{\mathrm{T}}\in D\subset R^n$，$F=(f_1,\cdots,f_n)^{\mathrm{T}}$，则式（5.1）可写成向量的形式：

$$F(X) = O \tag{5.22}$$

若存在解向量 $X^*\in D$，使得 $F(X^*)=O$，则称 X^* 为非线性方程组的解。非线性方程组求根问题是非线性方程求根问题的直接推广，实际上只要把单变量函数 $f(x)$ 看成向量函数 $F(X)$，则可在每个分量函数 $f_i(x)$ 中根据前面介绍的迭代公式分别求得迭代函数，然后联立求解得到向量方程（5.22）的近似根 $X^{(k)}=(x_1^{(k)},\cdots,x_n^{(k)})^{\mathrm{T}}$，其中，比较具有代表性的方法为牛顿迭代法，它通过将非线性方程组中的每一个函数进行线性化处理，然后进行组合求解。针对牛顿迭代法，可将向量函数 $F(X)$ 的分量 $f_i(x)(i=1,\cdots,n)$ 在 $X^{(k)}$ 点用多元函数的泰勒公式展开，并取其线性部分可表示为

$$F(X) \approx F(X^{(k)}) + F'(X^{(k)})(X - X^{(k)}) \tag{5.23}$$

将式（5.23）代入式（5.22）中，则可得到牛顿迭代法求解非线性方程组的迭代公式：

$$X^{(k+1)} = X^{(k)} - \left[F'(X^{(k)})\right]^{-1} F(X^{(k)}) \tag{5.24}$$

其中，

$$F'(X) = \begin{bmatrix} \dfrac{\partial f_1(X)}{\partial x_1} & \dfrac{\partial f_1(X)}{\partial x_2} & \cdots & \dfrac{\partial f_1(X)}{\partial x_n} \\ \dfrac{\partial f_2(X)}{\partial x_1} & \dfrac{\partial f_2(X)}{\partial x_2} & \cdots & \dfrac{\partial f_2(X)}{\partial x_n} \\ \vdots & \vdots & & \vdots \\ \dfrac{\partial f_n(X)}{\partial x_1} & \dfrac{\partial f_n(X)}{\partial x_2} & \cdots & \dfrac{\partial f_n(X)}{\partial x_n} \end{bmatrix} \tag{5.25}$$

称为 $F(X)$ 的雅可比矩阵。

例 5.7　求解非线性方程组

$$\begin{cases} f_1(x_1,x_2) = x_1^2 + x_2^2 - 8x_1 + 6 = 0 \\ f_2(x_1,x_2) = x_1 x_2^2 + 2x_1 - 6x_2 + 3 = 0 \end{cases}$$

给定初始值$(x_1, x_2)^T = (0, 0)^T$，采用牛顿迭代法求解。

解：根据非线性方程组的形式求其雅可比矩阵如下：

$$F'(X) = \begin{bmatrix} 2x_1 - 8 & 2x_2 \\ x_2^2 + 2 & 2x_1 x_2 + 3 \end{bmatrix}$$

$$[F'(X)]^{-1} = \frac{1}{4x_1^2 x_2 - 2x_2^3 - 16x_1 x_2 + 6x_1 - 4x_2 - 24} \begin{bmatrix} 2x_1 x_2 + 3 & -x_2^2 - 2 \\ -2x_2 & 2x_1 - 8 \end{bmatrix}$$

将以上矩阵结果代入牛顿迭代公式（5.24）中，可得计算结果如下表所示。最终可得，非线性方程组的解为$(1, 1)^T$。

k	x_1 / x_2	$F'(X)$		f_1 / f_2
0	0.0000	-8.0000	0.0000	6.0000
	0.0000	2.0000	-6.0000	3.0000
1	0.7500	-6.5000	1.5000	1.1250
	0.7500	2.5625	-4.8750	0.4219
2	0.9697	-6.0606	1.9040	0.0891
	0.9520	2.9063	-4.1537	0.1062
3	0.9988	-6.0023	1.9959	0.0030
	0.9979	2.9959	-4.0064	0.0047
4	0.9999	-6.0000	2.0000	0.5520×10^{-7}
	0.9999	3.0000	-4.0000	0.8910×10^{-7}
5	1.0000	-6.0000	2.0000	0.2005×10^{-12}
	1.0000	3.0000	-4.0000	0.3238×10^{-12}

习　　题

5.1 分别采用画图法和逐次搜索法确定方程$x = \cos(2x)$的有根区间。

5.2 针对5.1的方程进行二分法求解时，若要求误差小于0.0001，编程计算并输出结果。

5.3 给定非线性方程$x^3 - 2x - 5 = 0$，

（1）求该方程包含一个正根的区间；

（2）采用不动点迭代法构造迭代公式，并分析其在有根区间内的收敛性；

（3）采用不动点迭代法编程计算并输出结果（$\varepsilon < 0.0001$）。

5.4 给定非线性方程$f(x) = e^{-x} + x - 3 = 0$，

（1）分析该方程根的存在性及其分布区间；

（2）采用不动点迭代法构建迭代公式，使其在有根区间内收敛；

（3）分别采用不动点迭代法、牛顿迭代法、牛顿下山法以及弦截法计算根的近似值，并作图分析不同方法之间收敛速度的差异。

5.5 给定非线性方程组的形式为

$$\begin{cases} x_1^2 + x_2^2 - 6x_1 = -4 \\ x_1 x_2^2 + 2x_1 - 7x_2 = -4 \end{cases}$$

（1）写出该方程组的雅可比矩阵；
（2）采用牛顿迭代法编程计算并输出结果（$\varepsilon < 0.0001$）。

参 考 文 献

[1] 封建湖, 车刚明, 聂玉峰. 数值分析原理[M]. 1版. 北京: 科学出版社, 2001.
[2] 吕同富, 康兆敏, 方秀男. 数值计算方法[M]. 2版. 北京: 清华大学出版社, 2013.

第6章 常微分方程的数值解法

微分方程是指含有未知函数及其导数（微分或偏微分）的方程。牛顿在创建微积分的同时，就开始利用级数的方法对简单的微分方程进行求解，随后，伯努利（Bernoulli）、欧拉（Euler）、达朗贝尔（D'Alembert）、拉格朗日（Lagrange）等不断研究并丰富了微分方程理论。19世纪下半叶，微分方程逐渐从微积分学中独立出来，发展为常微分方程与偏微分方程两个现代数学的重要分支，并形成了系统且严密的理论体系。微分方程的应用十分广泛，可以解决许多与微分有关的问题。未知函数是一元函数的微分方程，称为常微分方程；未知函数是多元函数的微分方程，称为偏微分方程。微分方程中出现的未知函数最高阶导数的阶数或偏导数的最高阶数，称为微分方程的阶数。本章将从常微分方程的初值问题和边值问题两方面介绍常微分方程的数值解法[1-2]，第7章将继续讨论典型的偏微分方程的数值解法。

6.1 常微分方程概述

常微分方程伴随着经典动力学理论而产生，在其后的三百多年中，促进了力学、天文学、物理学及其他工程技术学科的进步和发展，特别是近半个世纪以来计算机技术的长足发展更是为常微分方程的发展注入了新的动力。如今，常微分方程在自动控制、电子设计、弹道计算、飞行器稳定性、化学反应过程等方面有着重要的应用。在高等数学等基础课程中，常用解析的方法求解常微分方程，典型的求解方法如分离变量法、常系数齐次线性方程法、常系数非齐次线性方程法等。但解析方法所能求解的常微分方程十分有限，多数常微分方程是无法给出解析解的。很多常微分方程本身形式并不复杂但却无法求出其解析表达式，如

$$y' = x^2 + y^2 \tag{6.1}$$

这个形式简单的一阶微分方程就无法用初等函数及其积分的形式将它的解表示出来。又如

$$\begin{cases} y' = y \\ y(0) = 1 \end{cases} \tag{6.2}$$

的解是 $y = e^x$，虽然通过函数表可以查出特定点的函数值，但是对于在函数表上没有的点，则需要利用插值法计算才能得到。

在很多具体的物理问题中所涉及的常微分方程相当复杂，一般是得不到解析表达式的。例如，理论力学中常见的多体运动学问题，假设有 n 个物体（粒子）在静电场或引力场中运动，每个物体（粒子）都具有位置和动量 2 个未知量，当 $n \geqslant 3$ 时，就很难得到解析解。同样地，在利用薛定谔方程研究原子结构时，只有其势场接近于氢原子势的结构形式时，才能利用贝塞尔函数表示其解析解，而在其他更普遍的情况下，是得不到解析解的。因此，利用数值解法求解常微分方程是尤为重要的。作为数值计算中非常基础的内容，常微分方程的数值解法从理论到实用上均已发展得相当成熟，人们已经建立了各类具有实用价值的计算方法。利用数值解法求解常微分方程的基本思路也可用于偏微分方程的求解中。

根据常微分方程定解条件的不同，常微分方程可以分为初值问题和边值问题。如果定解条件是描述函数在初始点处的状态，则称为常微分方程的初值问题。一阶常微分方程初值问题的一般形式为

$$\begin{cases} y' = f(x, y) & x \in [a, b] \\ y(a) = y_0 \end{cases} \tag{6.3}$$

如果定解条件描述了常微分方程在边界上至少两个点处的状态，则称为边值问题，如

$$\begin{cases} y' = f(x, y, y') & x \in [a, b] \\ y(a) = y_a \\ y(b) = y_b \end{cases} \tag{6.4}$$

本章将分别对常微分方程初值问题和边值问题的数值解法进行具体讨论。

6.2 常微分方程初值问题的数值解法

常微分方程的初值问题是物理学研究中经常遇到的基本问题，常微分方程初值问题，即式（6.3）的数值解法，实质上就是要计算出精确解 $y(x)$ 在区间 $[a, b]$ 上一系列离散点 $a = x_0 < x_1 < x_2 < \cdots < x_{n-1} < x_n = b$ 处函数值所对应的近似值 y_i ($i = 0, 1, \cdots, n$)。定义相邻两个节点之间的间距 $h = x_{i+1} - x_i$ 为步长，在实际应用中，步长可以是相等的，也可以是不相等的，这里如果没有特殊说明，假设步长 h 为常数，即定步长，因此节点可以表示为 $x_i = x_0 + ih$ ($i = 0, 1, \cdots, n$)。这样就完成了常微分方程定值连续性问题的离散化，连续方程的离散化是常微分方程初值问题数值解法的基本出发点。

常微分方程初值问题的数值解法采用递进式，即顺着节点排列的顺序依次向前推进求解，建立这类递推公式的基本方法是在这些节点上利用数值积分、数值微分、泰勒级数展开等离散方法，对初值问题中的核心 y' 进行不同的离散化处理。递推公式通常有两类，一类是计算 y_{i+1} 时只用到了前一步 y_i 的值，因此只要有了初始值，就可以进行递推计算，这种方法称为单步法；另一类是计算 y_{i+1} 时不只用到前一步 y_i 的值，还用到前 $k-1$ 步 $y_{i-1}, y_{i-2}, \cdots, y_{i-k}$ 的值，即前 k 步的值，这种方法称为多步法。需要注意的是，在本节的讨论中，x_i、$y(x_i)$ 表示精确解，y_i 表示数值解。

6.2.1 欧拉法

欧拉法（Euler method）是求解常微分方程初值问题最简单、最直观的数值解法。常微分方程初值问题，即式（6.3）的解，事实上就是通过点 (x_0, y_0) 的一条积分曲线，积分曲线上每一点 (x, y) 的切线斜率 y' 等于函数 $f(x, y)$ 在该点的值。常微分方程的初值问题是以 (x_0, y_0) 为计算起点，计算后续 n 个节点处常微分方程的近似值。因此，首先需要将区间 $[a, b]$ 均匀细分为 n 份，而欧拉法的具体计算公式可以由以下两种方法得到。

1. 数值微分近似法

对于常微分方程初值问题式（6.3），将节点 x_i 处的导数 y' 用一阶向前差分公式代替，即

$$y'(x_i) \approx \frac{f(x_{i+1}) - f(x_i)}{h} \tag{6.5}$$

则式（6.3）可以近似为

$$y_{i+1} \approx y_i + hf(x_i, y_i) \tag{6.6}$$

由已知的初值 $y(x_0) = y_0$ 开始，逐步计算得到近似值 y_i（$i = 0, 1, \cdots, n$），这个计算公式被称为显式欧拉法（explicit Euler method）。显式欧拉法实质上就是利用一条折线来近似表达曲线 $f(x, y)$。很明显，显式欧拉公式是一种比较粗糙的计算公式，如果曲线的斜率变化比较快时，这种解法的误差就会比较大。当然，如果对 y' 利用不同的数值微分公式，也将构造出不同的求解公式。如果将节点 x_{i+1} 处的导数值 $y'(x_{i+1})$ 用一阶向后差分公式代替，即

$$y'(x_{i+1}) \approx \frac{f(x_{i+1}) - f(x_i)}{h} \tag{6.7}$$

则可以得到

$$y_{i+1} \approx y_i + hf(x_{i+1}, y_{i+1}) \qquad (6.8)$$

因为式（6.8）是关于 y_{i+1} 的隐式，所以这个计算公式被称为隐式欧拉法（implicit Euler method）。对比可知，显式欧拉法在计算 y_{i+1} 时只用到了前一步的数据，因此该方法也称为单步法，而隐式欧拉法则需要求解非线性方程或方程组，在计算量上大大增加。更进一步，如果将节点 x_{i+1} 处的导数值 $y'(x_{i+1})$ 用中心差分公式代替，即

$$y'(x_{i+1}) \approx \frac{f(x_{i+1}) - f(x_{i-1})}{2h} \qquad (6.9)$$

则可以得到

$$y_{i+1} \approx y_{i-1} + 2hf(x_i, y_i) \qquad (6.10)$$

很明显，在计算 y_{i+1} 时用到了前两步的计算结果，因此隐式欧拉法也称为两步法。

2. 数值积分近似法

事实上，简单欧拉计算公式不仅可以用数值微分推导得到，也可以用数值积分推导。将常微分方程初值问题式（6.3）等号两端在区间 $[x_i, x_{i+1}]$ 上积分，可得

$$\int_{x_i}^{x_{i+1}} y' \mathrm{d}x = \int_{x_i}^{x_{i+1}} f(x, y) \mathrm{d}x \qquad (6.11)$$

通过对等号左边积分，可得

$$y_{i+1} = y_i + \int_{x_i}^{x_{i+1}} f(x, y(x)) \mathrm{d}x \qquad (6.12)$$

因此，选择不同的数值积分公式代替式（6.12）等号右边的积分项，就会获得不同的求解常微分方程初值问题的计算公式。如果使用左矩形公式近似计算式（6.12）等号右边的积分项，则可以得到显式欧拉公式，即式（6.6）；而如果使用右矩形公式近似计算式（6.12）等号右边的积分项，则可以得到隐式欧拉公式，即式（6.8）；如果使用中矩形公式近似计算式（6.12）等号右边的积分项，则可以得到两步欧拉公式，即式（6.10）。因为相关内容都较为简单和直接，所以直接给出结论。很明显，计算公式的精度与数值积分的精度紧密相连，因此，显式欧拉公式、隐式欧拉公式与两步欧拉公式都是十分粗糙的，其数值精度也比较低。使用数值精度更高的数值积分公式，则可以获得精度更高的求解公式。如果改用梯形公式近似计算式（6.12）等号右边的积分项，即

$$\int_{x_i}^{x_{i+1}} f(x,y(x))\mathrm{d}x \approx \frac{x_{i+1}-x_i}{2}\big[f(x_i,y_i)+f(x_{i+1},y_{i+1})\big] \qquad (6.13)$$

将式（6.13）代入式（6.12）中，可以得到梯形公式：

$$y_{i+1} \approx y_i + \frac{h}{2}\big[f(x_i,y_i)+f(x_{i+1},y_{i+1})\big] \qquad (6.14)$$

显然，由于数值积分的梯形公式比矩形公式的数值精度高，因此梯形公式比欧拉公式的精度要高一个数值方法。事实上，梯形公式是显式欧拉公式和隐式欧拉公式的平均。

例 6.1 利用显式欧拉法求解常微分方程。

$y' = \lambda y$，其中 λ 为常数，$y(0)=1$，$\lambda=1$，求 x 在区间 $[0,8]$ 的函数曲线。该方程的解析解为 $y(x)=y(0)\mathrm{e}^{\lambda x}$。

解：程序（C++语言编写）实现见附录，计算结果如图 6.1 所示。

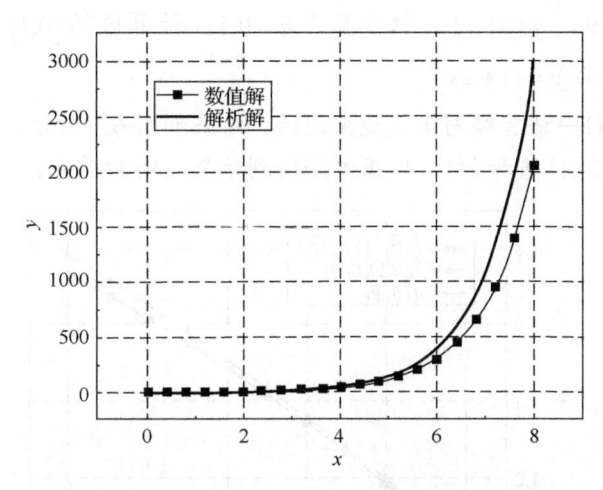

图 6.1 常微分方程 $y'=\lambda y$ 初值问题的计算结果

6.2.2 预估-校正方法

从上述论述中可知，利用显式欧拉公式求解常微分方程计算量较小，但是计算精度较低。梯形公式虽然从数值积分的角度提高了计算精度，但是该公式是一个隐式公式，一般来讲，隐式公式的每一步递推计算都需要进行迭代计算，因此计算量较大。为了兼顾计算精度和计算效率，人们设计出了一种人为控制迭代次数的算法，使每步计算只进行两步迭代就转入下一步的计算。预估-校正方法（predictor-corrector method）也称为改进的欧拉法，其核心在于先利用显式欧拉公式计算得到一个常微分方程的近似值，即预估值。这个预估值精度并不高，然后

再将预估值作为梯形公式的迭代初值，进行一次迭代，将其结果作为常微分方程的解，这一结果称为校正值。该方法用递推公式表示为

$$\bar{y}_{i+1} \approx y_i + hf(x_i, y_i) \quad （预估） \tag{6.15}$$

$$y_{i+1} = y_i + \frac{h}{2}\left[f(x_i, y_i) + f(x_i, \bar{y}_i)\right] \quad （校正） \tag{6.16}$$

式（6.16）中 $\bar{y}_i$ 表示预估值，该递推公式也可以表示为嵌套格式：

$$y_{i+1} = y_i + \frac{h}{2}\left[f(x_i, y_i) + f(x_i, y_i + hf(x_i, y_i))\right] \tag{6.17}$$

可以证明，预估-校正公式的精度为二阶，与梯形公式一致，这种方法也可以看作是一种一步显式格式，其计算量远小于梯形公式。预估-校正方法的计算思路是求解常微分方程数值解的常用思路，在多步法中有很重要的应用。

例 6.2 利用显式欧拉法和预估-校正方法求解常微分方程。
$y' = y - 2x/y$，$y(0) = 1$，取步长为 $h = 0.1$，计算区间 $[0,1]$ 内的函数曲线。该方程的解析解为 $y = (1+2x)^{1/2}$。

解：程序（C++语言编写）实现见附录。结果如图 6.2 所示，读者可以自行比较解析解、显式欧拉法和预估-校正方法得到结果之间的差异。

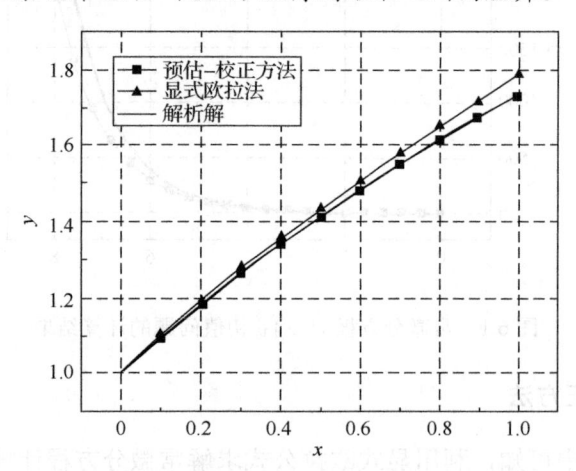

图 6.2 常微分方程 $y' = y - 2x/y$ 初值问题的解

6.2.3 欧拉法的局部截断误差

求解公式的精度高低是衡量求解公式好坏的一个重要指标，局部截断误差和阶数能够反映求解公式的精度。在 y_i 准确的前提下，即 $y_i = y(x_i)$ 时，用数值方法计算的 y_{i+1} 误差为 $R_i = y(x_{i+1}) - y_{i+1}$，称为该数值方法计算时 y_{i+1} 的局部截断误差。

如果数值方法的局部截断误差为$O(h^{p+1})$，则称这种数值方法的阶数是p。因此，步长越小、阶数越高，计算精度越高。对于显式欧拉法，假定$y_i = y(x_i)$，则有

$$y_{i+1} = y(x_i) + h\left[f(x_i, y(x_i))\right] = y(x_i) + hy'(x_i) \tag{6.18}$$

而将准确值$y(x_{i+1})$在x_i处进行泰勒级数展开，可以得到

$$y(x_{i+1}) = y(x_i) + hy'(x_i) + \frac{h^2}{2!}y''(x_i) + O(h^3) \tag{6.19}$$

式（6.19）与式（6.18）相减，可得

$$y(x_{i+1}) - y_{i+1} = \frac{h^2}{2!}y''(x_i) + O(h^3) = O(h^2) \tag{6.20}$$

因此，显式欧拉法的局部截断误差为$O(h^2)$，这是一个一阶方法。对于两步法，可以将$y(x_{i-1})$在x_i处进行泰勒级数展开，可得

$$y(x_{i-1}) = y(x_i) - hy'(x_i) + \frac{h^2}{2!}y''(x_i) + O(h^3) \tag{6.21}$$

设$y_{i-1} = y(x_{i-1})$，并将式（6.21）和式（6.10）结合可得

$$\begin{aligned} y_{i+1} &= y(x_{i-1}) + 2hf(x_i, y_i) \\ &= y(x_i) - hy'(x_i) + \frac{h^2}{2!}y''(x_i) + O(h^3) + 2hf(x_i, y_i) \\ &= y(x_i) + hy'(x_i) + \frac{h^2}{2!}y''(x_i) + O(h^3) \end{aligned} \tag{6.22}$$

随后，将$y(x_{i+1})$在x_i处进行泰勒级数展开，可得

$$y(x_{i+1}) = y(x_i) + hy'(x_i) + \frac{h^2}{2!}y''(x_i) + O(h^3) \tag{6.23}$$

式（6.22）和式（6.23）相减，可得

$$y(x_{i+1}) - y_{i+1} = O(h^3) \tag{6.24}$$

即两步法的局部截断误差为$O(h^3)$，因此这是一个二阶方法。对于梯形公式，可得

$$y_{i+1} \approx y(x_i) + \frac{h}{2}\left[f(x_i, y_i) + f(x_{i+1}, y_{i+1})\right] \tag{6.25}$$

由梯形公式可知

$$\begin{aligned}y_i(x_{i+1}) &= y(x_i) + \int_{x_i}^{x_{i+1}} f(x,y)\mathrm{d}x \\ &= y(x_i) + \frac{h}{2}\left[f(x_i,y_i) + f(x_{i+1},y_{i+1})\right] + O(h^3)\end{aligned} \quad (6.26)$$

式（6.25）和式（6.26）相减，可得

$$y_i(x_{i+1}) - y_{i+1} = O(h^3) \quad (6.27)$$

这说明梯形公式的局部截断误差为 $O(h^3)$，这是一个二阶方法。对于预估-校正方法，可以将其写成平均化的形式：

$$\begin{cases} y_\mathrm{p} = y_i + hf(x_i, y_i) \\ y_\mathrm{c} = y_i + hf(x_{i+1}, y_\mathrm{p}) \\ y_{i+1} = (y_\mathrm{p} + y_\mathrm{c})/2 \end{cases} \quad (6.28)$$

对于预估项 y_p 和校正项 y_c 可得

$$\begin{cases} y_\mathrm{p} = y_i + hf(x_i, y_i) = y_i + hf(x_i, y(x_i)) = y_i + hf'(x_i) \\ y_\mathrm{c} = y_i + hf(x_{i+1}, y_\mathrm{p}) = y_i + f(x_i + h, y(x_i) + hf'(x_i)) \\ \quad = y_i + hf'(x_i) + h^2\left[\dfrac{\partial f(x_i, y(x_i))}{\partial x} + y'(x_i)\dfrac{\partial f(x_i, y(x_i))}{\partial y}\right] \\ \quad = y_i + hf'(x_i) + h^2 f''(x_i) \end{cases} \quad (6.29)$$

将式（6.29）代入式（6.28）可得

$$y_{i+1} = \frac{1}{2}(y_\mathrm{p} + y_\mathrm{c}) = y(x_i) + hy'(x_i) + \frac{h^2}{2!}y''(x_i) + O(h^3) \quad (6.30)$$

将泰勒展开式（6.19）与式（6.30）相减可得

$$y_i(x_{i+1}) - y_{i+1} = O(h^3) \quad (6.31)$$

这说明预估-校正方法的局部截断误差为 $O(h^3)$，这也是一个二阶方法。需要说明的是，本节的误差分析是基于点 (x_i, y_i) 是精确点的条件下来讨论 y_{i+1} 与精确解 $y(x_{i+1})$ 之间的局部截断误差，并没有考虑计算过程中的舍入误差和迭代误差。事实上，这两种误差与理论分析中的局部截断误差相比，要复杂得多。

6.2.4 龙格-库塔方法

龙格-库塔方法（Runge-Kutta method）是求解常微分方程中经常用到的一种方法。该方法是由数学家龙格和库塔共同研究提出的，是一种得到广泛应用的高精度单步算法，是对之前所介绍方法的总结和延伸。对于显式欧拉法，其公式可以改写成如下形式：

$$\begin{cases} y_{i+1} \approx y_i + hk_1 \\ k_1 = f(x_i, y_i) \end{cases} \quad (6.32)$$

而预估-校正方法则可以写成：

$$\begin{cases} y_{i+1} = y_i + h(k_1 + k_2)/2 \\ k_1 = f(x_i, y_i) \\ k_2 = f(x_i, y_i + hk_1) \end{cases} \quad (6.33)$$

简单分析即可知道，式（6.32）与式（6.33）的共同点是使用了 $f(x,y)$ 在某些点上斜率的值的线性组合来获得 y_{i+1}，以此增加 $f(x,y)$ 的计算次数，进而提高计算精度，也就是局部截断误差的阶数。例如，显式欧拉法在每个步长需计算一次 $f(x,y)$ 的斜率值，即为一阶方法，而预估-校正方法则需计算两次 $f(x,y)$ 的斜率值，即为二阶方法。因此，用函数 $f(x,y)$ 在若干点上的斜率值的线性组合来构造近似公式，使之在 x_i 处的泰勒级数展开式与解析解 $y(x)$ 在 x_i 处泰勒级数展开式的前几项重合，就能构造出相应阶数的数值计算方法。从另一个角度上讲，求解常微分方程的核心就是如何近似表达 y'，即曲线的局域斜率。如果在一个步长内获得多个点的局域斜率值，将其加权平均获得平均斜率，一样可以构造出具有更高计算精度的数值计算方法，这就是龙格-库塔方法的基本思想。

1. 二阶龙格-库塔方法

在区间 $[x_i, x_{i+1}]$ 上取两点 x_i 和 $x_{i+s} = x_i + sh$，并利用这两处局域斜率值 k_1 和 k_2 的线性组合得到局域斜率的近似值 $k = \lambda_1 k_1 + \lambda_2 k_2$。其中，$k_1 = f(x_1, y_1) = y'(x_i)$ 是 x_i 处的局域斜率，而如果取 $x_{i+s} = x_{i+1}(s=1)$，则 $k_2 = f(x_i + sh, y_i + shk_1)$。因此，可以将 k 看成 $y(x)$ 在 $[x_i, x_{i+1}]$ 上的平均斜率，可以得到

$$y(x_{i+1}) = y(x_i) + hk = y(x_i) + h(\lambda_1 k_1 + \lambda_2 k_2) \quad (6.34)$$

将 $y(x_{i+1})$ 在 $x = x_i$ 处进行泰勒级数展开，得

$$y(x_{i+1}) = y(x_i) + hy'(x_i) + \frac{h^2}{2!} y''(x_i) + O(h^3) \quad (6.35)$$

将 k_2 在 $x = x_i$ 处进行泰勒级数展开，得

$$\begin{aligned}k_2 &= f(x_i + sh, y_i + shk_1) \\ &= f(x_i, y_i) + sh\left[\frac{\partial f(x_i, y_i)}{\partial x} + f(x_i, y_i)\frac{\partial f(x_i, y_i)}{\partial y}\right] + O(h^2) \\ &= y'(x_i) + shy''(x_i) + O(h^2)\end{aligned} \qquad (6.36)$$

将式（6.36）代入式（6.34），整理得

$$y(x_{i+1}) = y(x_i) + h(\lambda_1 + \lambda_2)y'(x_i) + \lambda_2 sh^2 y''(x_i) + O(h^3) \qquad (6.37)$$

比较式（6.35）和式（6.37）可以知道，只要满足：

$$\begin{cases}\lambda_1 + \lambda_2 = 1 \\ s\lambda_2 = \dfrac{1}{2}\end{cases} \qquad (6.38)$$

式（6.34）的截断误差等于 $O(h^3)$，即可得到一个二阶精度的计算公式。式（6.38）中一共有三个未知数，但是只有两个方程，因此该方程的解有无穷多组。满足式（6.38）的所有公式都称为二阶龙格-库塔公式。如果取 $\lambda_1 = \lambda_2 = 0.5$ 和 $s = 1$，即可得到预估-校正方法的递推公式，因此，预估-校正方法是二阶龙格-库塔方法的一个特殊形式。如果取 $\lambda_1 = 0$、$\lambda_2 = 1$ 和 $s = 0.5$，即得到

$$\begin{cases}y_{i+1} = y_i + hk_2 \\ k_1 = f(x_i, y_i) \\ k_2 = f\left(x_{i+1/2}, y_i + \dfrac{h}{2}k_1\right)\end{cases} \qquad (6.39)$$

其中，$x_{i+1/2}$ 是区间 $[x_i, x_{i+1}]$ 的中点，式（6.39）也称为二阶龙格-库塔公式。

2. 三阶和四阶龙格-库塔方法

如果希望在二阶龙格-库塔方法的基础上，进一步提高计算精度，则可以再增加一个点 $x_{i+p} = x_i + ph$，利用三个点 x_i、x_{i+s} 和 x_{i+p} 上局域斜率值 k_1、k_2 和 k_3 的线性组合计算平均斜率。该计算公式的通式可以写为

$$\begin{cases}y_{i+1} = y_i + h(\lambda_1 k_1 + \lambda_2 k_2 + \lambda_3 k_3) \\ k_1 = f(x_i, y_i) \\ k_2 = f(x_i + sh, y_i + shk_1)\end{cases} \qquad (6.40)$$

为了获得点 x_{i+p} 上的局域斜率值 k_3，将 k_1、k_2 线性组合以计算 $[x_i, x_{i+p}]$ 上的平均斜率：

$$y_{i+p} = y_i + ph(\alpha_1 k_1 + \alpha_2 k_2) \tag{6.41}$$

由此可以得到 $k_3 = f(x_{i+p}, y_{i+p})$。运用泰勒级数展开的方法确定未知参数，可使式（6.40）计算结果的截断误差为 $O(h^4)$，即得到了一个三阶精度的计算公式。这类方法统称为三阶龙格-库塔方法，取 $s = 0.5$、$p = 1$、$\lambda_1 = 1/6$、$\lambda_2 = 2/3$、$\lambda_3 = 1/6$、$\alpha_1 = -1$ 和 $\alpha_2 = 2$，可以得到三阶龙格-库塔公式的一个特殊形式，即

$$\begin{cases} k_1 = f(x_i, y_i) \\ k_2 = f\left(x_{i+1/2}, y_i + \dfrac{h}{2} k_1\right) \\ k_3 = f(x_{i+1}, y_i + h(-k_1 + 2k_2)) \\ y_{i+1} = y_i + \dfrac{h}{6}(k_1 + 4k_2 + k_3) \end{cases} \tag{6.42}$$

如果需要继续提高计算精度，利用类似的方法在区间 $[x_i, x_{i+1}]$ 上，利用四个点处局域斜率值的线性组合作为平均斜率，由此即可构造出一系列的四阶龙格-库塔公式，该公式具有四阶精度，截断误差为 $O(h^5)$。四阶龙格-库塔公式推导较为复杂，但究其根源，仍旧是利用泰勒级数展开公式，在这里不做详细论述，仅给出最为常用的经典四阶龙格-库塔公式，即

$$\begin{cases} k_1 = f(x_i, y_i) \\ k_2 = f\left(x_{i+1/2}, y_i + \dfrac{h}{2} k_1\right) \\ k_3 = f\left(x_{i+1/2}, y_i + \dfrac{h}{2} k_2\right) \\ k_4 = f(x_{i+1}, y_i + hk_3) \\ y_{i+1} = y_i + \dfrac{h}{6}(k_1 + 2k_2 + 2k_3 + k_4) \end{cases} \tag{6.43}$$

需要注意的是，龙格-库塔方法的推演是基于泰勒级数展开的，因此这种方法的基本要求是方程的解要具有良好的光滑性。如果方程的解光滑性较差，则利用四阶龙格-库塔公式所求出的常微分方程数值解的精度可能反而不如改进的欧拉法所得到的数值解的精度。

例 6.3 利用四阶龙格-库塔公式求解常微分方程。

$$y' = xy^{1/2}, \quad y(2) = 4, \quad x \in [2,3]$$

解：程序（C++语言编写）实现见附录，计算结果见图 6.3。

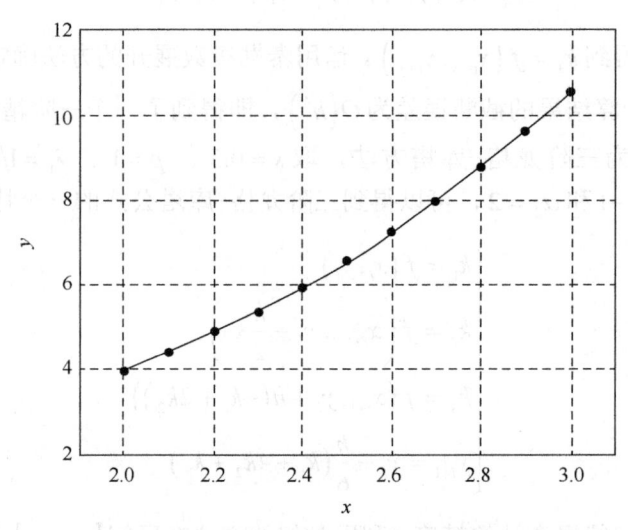

图 6.3 四阶龙格-库塔公式求解 $y' = xy^{1/2}$ 的初值问题

3. 一阶常微分方程组的龙格-库塔方法

在实际问题的求解中，常常遇到求解常微分方程组的问题，其实常微分方程组的初值问题和单变量常微分方程的初值问题求解方法类似，依旧使用四阶龙格-库塔方法进行计算。由 n 个方程组成的一阶 n 维常微分方程组的初值问题可以表示为

$$\begin{cases} \dfrac{\mathrm{d}y_i}{\mathrm{d}x} = f_i(x, y_1, y_2, \cdots, y_{n-1}, y_n) & i = 1, 2, \cdots, n-1, n \\ y_i(x_0) = y_{i0} \end{cases} \quad (6.44)$$

可将其写成矩阵形式，设 $Y = (y_1, y_2, \cdots, y_n)$，$F = (f_1, f_2, \cdots, f_n)$，$Y_0 = (y_{10}, y_{20}, \cdots, y_{n0})$，则式（6.44）可表示为

$$\begin{cases} \dfrac{\mathrm{d}Y}{\mathrm{d}x} = F(x, Y) \\ Y(x_0) = Y_0 \end{cases} \quad (6.45)$$

4. 高阶常微分方程组

高阶常微分方程组的求解方法与一阶常微分方程组的求解方法基本相同，通

常是将高阶常微分方程组化为一阶常微分方程组来求解。例如，对于高阶常微分方程组

$$\begin{cases} \dfrac{d^n y}{dx^n} = f_i\left(x, \dfrac{dy}{dx}, \cdots, \dfrac{d^{n-1} y}{dx^{n-1}}\right) \\ y(x_0) = a_1, \dfrac{dy(x_0)}{dx} = a_2, \cdots, \dfrac{d^{n-1} y(x_0)}{dx^{n-1}} = a_n \end{cases} \quad (6.46)$$

引入新的变量 $y = y_1$，$dy/dx = y_2, \cdots, d^{n-1}y/dx^{n-1} = y_n$，将方程组化简为

$$\begin{cases} y = y_1, \dfrac{dy_1}{dx} = y_2, \dfrac{dy_2}{dx} = y_3, \cdots, \dfrac{dy_{n-1}}{dx} = y_n, \dfrac{dy_n}{dx} = f_i(x, y_1, \cdots, y_n) \\ y_1 = a_1, y_2 = a_2, \cdots, y_n = a_n \end{cases} \quad (6.47)$$

例 6.4 计算下列方程的数值解。

$$y'' - 2y' + 2y = e^{2x} \sin x, \; y(0) = -0.4, \; y'(0) = -0.6$$

解：程序（C++语言编写）实现见附录，计算结果如图 6.4 所示。

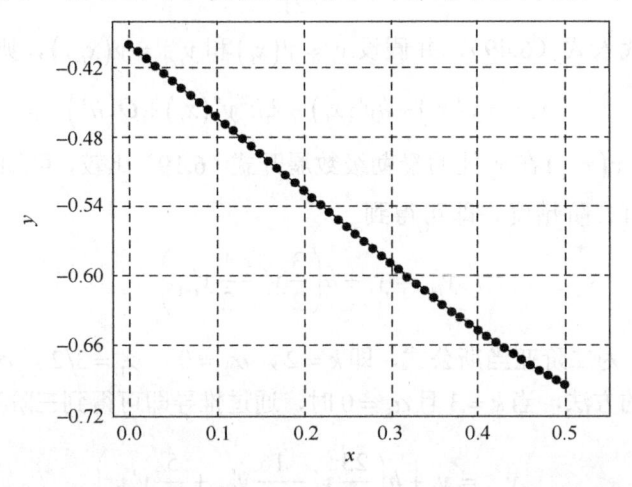

图 6.4 高阶常微分方程 $y'' - 2y' + 2y = e^{2x} \sin x$ 初值问题的数值解

6.2.5 多步亚当斯方法

以上介绍的龙格-库塔方法是单步法求解常微分方程初值问题的经典方法，但是龙格-库塔方法在每一个步长的计算中都需要预先计算几个点上的局域斜率值，由此产生了较大的计算量。多步法求解常微分方程的亚当斯方法（Adams method）则充分利用已知节点 x_{i+1}，x_i，x_{i-1}，$\cdots$，x_1 上的局域斜率值计算得到 y_{i+1}，以此减小计算量。该方法以英国著名数学家、天文学家、海王星发现者之一的亚当斯的名字命名，多步亚当斯方法计算公式的标准形式为

$$y_{i+1} = y_i + h\sum_{j=0}^{k}\alpha_j y'_{i-j} \tag{6.48}$$

其中，k 为多步法的步数，$\alpha_k = 0$ 时为显式多步亚当斯方法，而 $\alpha_k \neq 0$ 时为隐式多步亚当斯方法。对于式（6.3）所给出的常微分方程初值问题，利用 x_{i-1}、x_i 两点上的局域斜率值进行一定加权平均作为区间 $[x_i, x_{i+1}]$ 上的平均斜率，则可以得到如下计算公式：

$$\begin{cases} y_{i+1} = y_i + h\left[(1-\lambda_1)y'_i + \lambda_1 y'_{i-1}\right] \\ y'_i = f(x_i, y_i) \\ y'_{i-1} = f(x_{i-1}, y_{i-1}) \end{cases} \tag{6.49}$$

其中，λ_1 是一个常数，选定该常数，即可进行计算。将 y'_{i-1} 在 x_i 处进行泰勒级数展开，可得

$$y'_{i-1} = y'_i + y''_i(x_i) + \frac{1}{2!}y'''(x_i)^2 + O(h^3) \tag{6.50}$$

将式（6.50）代入式（6.49），并假设 $y_i = y(x_i)$ 和 $y_{i-1} = y(x_{i-1})$，则可得

$$y_{i+1} = y(x_i) + hy'(x_i) - \lambda_1 h^2 y''(x_i) + O(h^3) \tag{6.51}$$

将式（6.50）与 $y(x_{i+1})$ 在 x_i 处的泰勒级数展开式（6.19）比较，可知当 $\lambda_1 = -0.5$ 时，式（6.21）具有二阶精度，即可得到

$$y_{i+1} = y_i + h\left(\frac{3}{2}y'_i - \frac{1}{2}y'_{i-1}\right) \tag{6.52}$$

式（6.51）为二阶亚当斯公式，即 $k = 2$，$\alpha_2 = 0$，$\alpha_1 = 3/2$，$\alpha_0 = -1/2$。相应地，利用相近的方法，当 $k = 3$ 且 $\alpha_3 = 0$ 时，通过推导即可得到三阶亚当斯公式，即

$$y_{i+1} = y_i + h\left(\frac{23}{12}y'_i - \frac{16}{12}y'_{i-1} + \frac{5}{12}y'_{i-2}\right) \tag{6.53}$$

当 $k = 4$ 且 $\alpha_3 = 0$ 时，通过推导即可得到四阶亚当斯公式，即

$$y_{i+1} = y_i + h\left(\frac{55}{24}y'_i - \frac{59}{24}y'_{i-1} + \frac{37}{24}y'_{i-2} - \frac{59}{9}y'_{i-3}\right) \tag{6.54}$$

以上介绍的显式多步亚当斯公式形式简单，计算便捷，但是需用到节点 x_i、x_{i-1}、$\cdots$ 的局域斜率值来估计区间 $[x_i, x_{i+1}]$ 的平均斜率，由于未考虑点 x_{i+1} 对平均斜率的贡献，导致计算精度不够理想。因此，如果期望进一步提高计算精度，则需要考虑增加点 x_{i+1} 的局域斜率值来计算区间 $[x_i, x_{i+1}]$ 上的平均斜率，即式（6.47）中

$\alpha_k \neq 0 (k=3)$，由此得到隐式多步亚当斯公式。隐式亚当斯公式的推导方法与显式类似，三阶与四阶隐式亚当斯公式分别为

$$y_{i+1} = y_i + h\left(\frac{5}{12}y'_{i+1} + \frac{8}{12}y'_i - y'_{i-1}\right) \tag{6.55}$$

$$y_{i+1} = y_i + h\left(\frac{9}{24}y'_{i+1} + \frac{19}{24}y'_i - \frac{5}{24}y'_{i-1} + \frac{1}{24}y'_{i-2}\right) \tag{6.56}$$

需要注意的是，三阶与四阶隐式亚当斯公式的步数分别为 $k=2$ 与 $k=3$，这与显式亚当斯公式有所不同。同阶的多步亚当斯公式，隐式比显式方法的数值精度高，但是与所有的隐式方法一样，隐式方法求解过程中需要进行迭代计算，计算量比显式方法显著提高。

为了在保证数值精度的同时，又避免迭代计算，利用类似改进的欧拉公式，可以构造多步亚当斯预估-校正公式。以四阶亚当斯公式为例，说明这一公式的构造方式。一般来讲，在预估-校正公式中，显式和隐式公式分别取同阶的显式公式与隐式公式。对于四阶多步亚当斯预估-校正公式，利用式（6.53）给出预估值，再利用式（6.56）对预估值进行校正，具体公式为

$$\begin{cases} \bar{y}_{i+1} = y_i + h\left(\frac{23}{12}y'_i - \frac{16}{12}y'_{i-1} + \frac{5}{12}y'_{i-2}\right) \\ \bar{y}'_{i+1} = f(x_{i+1}, \bar{y}_{i+1}) \end{cases} \text{（预估）} \tag{6.57}$$

$$\begin{cases} y_{i+1} = y_i + h\left(\frac{9}{24}\bar{y}'_{i+1} + \frac{19}{24}y'_i - \frac{5}{24}y'_{i-1} + \frac{1}{24}y'_{i-2}\right) \\ y'_{i+1} = f(x_{i+1}, y_{i+1}) \end{cases} \text{（校正）} \tag{6.58}$$

很明显，四阶多步亚当斯预估-校正公式在计算 y_{i+1} 的过程中，用到了前四步的信息，即 x_{i+1}、y_i、y'_i、y'_{i-1}、y'_{i-2}。因此，需要预先提供计算的初值，在实际计算中，一般用某种单步法提供计算前置初值。例如，对于一般的方程，可以利用四阶龙格-库塔方法提供初值启动计算。

6.3 常微分方程边值问题的数值解法

求解常微分方程边值问题最简单，也最常用的方法是有限差分法。由于有限差分法的内容较多，本章仅做简单介绍，在本书中与数值微分、常微分方程、偏微分方程以及后续的计算材料学相关内容中均有涉及，更加详细的有关限差分法的内容，有兴趣的读者可以参考相关专业书籍和教材。本节仅以简单的二阶常

微分方程为例，简要介绍有限差分法求解常微分方程的相关问题。设二阶常微分方程定义于区间 $[a,b]$ 上：

$$\begin{cases} u(x)y'' + v(x)y' + w(x)y = f(x) \\ y(a) = y_0, \quad y(b) = y_1 \end{cases} \quad (6.59)$$

设点 $x_i \in [a,b]$，步长为 h，利用一阶和二阶中心差分公式可得

$$y'(x_i) = \frac{y_{i+1} - y_{i-1}}{2h}, \quad y''(x_i) = \frac{y_{i+1} - 2y_i + y_{i-1}}{h^2} \quad (6.60)$$

由式（6.60）可得

$$\frac{y_{i+1} - 2y_i + y_{i-1}}{h^2} = f\left(x_i, y_j, \frac{y_{i+1} - y_{i-1}}{2h}\right) \quad (6.61)$$

将式（6.61）代入式（6.59），可得

$$\begin{cases} \alpha_i y_{i-1} + \beta_i y_i + \gamma_i y_{i+1} = \eta_i \quad i = 2, 3, \cdots, n-1 \\ y_1 = a, \quad y_2 = b \end{cases} \quad (6.62)$$

其中，$\alpha_i = u(x_i) - h/2 v(x_i)$；$\beta_i = h^2 w(x_i) - 2u(x_i)$；$\gamma_i = u(x_i) + h/2 v(x_i)$；$\eta_i = h^2 f(x_i)$。该方程可利用求解线性方程组的方法求解。

例 6.5 利用有限差分法和追赶法求解下列方程，求解区间为 $[2, 3]$，$h=0.1$。

$$-y'' + \frac{2}{x^2}y = \frac{1}{x}, \quad y(2) = 0, \quad y(3) = 0$$

解：程序（C++语言编写）实现见附录，计算结果见图 6.5。

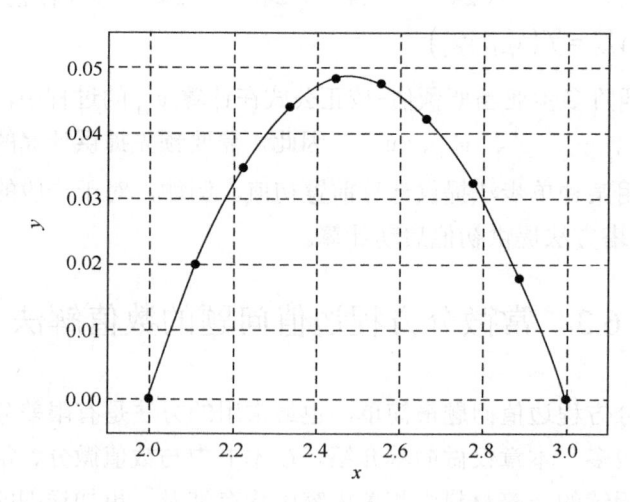

图 6.5　高阶常微分方程 $-y'' + 2y/x^2 = 1/x$ 边值问题的数值解

习　题

6.1 利用显式欧拉法计算下列常微分方程，求解区间为$[0,1]$，$h=0.1$。

$$\begin{cases} y' = y - \dfrac{3x}{y} \\ y(0) = 1 \end{cases}$$

6.2 利用预估-校正方法求解下列常微分方程，求解区间为$[0,1]$，$h=0.1$。

$$\begin{cases} y' = 4x^2 - y^2 \\ y(0) = 1 \end{cases}$$

6.3 利用四阶龙格-库塔方法求解下列常微分方程，求解区间为$[0,1]$，$h=0.1$。

$$\begin{cases} y' = 2 + x^2 + y^2 \\ y(0) = 1 \end{cases}$$

6.4 求下列常微分方程组的数值解，求解区间为$[0,1]$，$h=0.1$。

$$\begin{cases} x' = x - y + 2t - t^2 - t^3 \\ y' = x + y - 4t^2 + t^3 \\ y(0) = 0,\ x(0) = 1 \end{cases}$$

参 考 文 献

[1] 刘金远, 段萍, 鄂鹏. 计算物理学[M]. 1 版. 北京: 科学出版社, 2012.
[2] 李庆扬, 王能超, 易大义. 数值分析[M]. 5 版.北京: 清华大学出版社, 2008.

第7章 偏微分方程的数值解法

著名数学家欧拉最早提出了弦振动的二阶方程，随后，法国数学家达朗贝尔也在其论文中证明无穷多种和正弦曲线不同的曲线是振动的模式，由此开创了偏微分方程。随后，在物理学[1-4]、力学[5-8]、工程技术和其他自然科学[9-11]的蓬勃发展中，研究者提出了大量偏微分方程的问题，从而促进了偏微分方程理论的发展，使之成为一门内容十分丰富的学科。偏微分方程及偏微分方程组常用于描述和解释各种自然现象、社会现象和科学工程问题背后的规律，在气象预报、油田开发、洋流预测、天体运行、机械制造、航空航天、水利建设、生物科学、材料设计等诸多领域[12-15]有着广泛的应用。然而，多数情况下，是无法利用解析方法求解偏微分方程的，而本章将介绍偏微分方程的数值解法。

7.1 偏微分方程概述

在偏微分方程中，所出现未知函数偏导数的最高阶数，称为该偏微分方程的阶数。在数学、物理和工程技术中应用最广泛的是二阶偏微分方程。通常情况下，二阶线性与非线性偏微分方程在科学与工程中的应用最为广泛。这类偏微分方程可分为椭圆型、双曲型与抛物型三类。下面首先介绍这三类中一些常见的偏微分方程。

（1）在传热学领域，热传导方程是一种典型的抛物型偏微分方程，用于描述热量的扩散和衰减过程：

$$\frac{\partial u}{\partial t} = \alpha \Delta u \tag{7.1}$$

其中，α 为热扩散系数；Δ 为拉普拉斯算子，$\Delta \equiv \nabla^2$。

（2）流体力学理论包含大量的双曲型偏微分方程，对流方程就是其中一种：

$$\frac{\partial u}{\partial t} + a\nabla u = 0 \tag{7.2}$$

其中，a 为流场速度。此外，还有声波方程：

$$\frac{\partial^2 u}{\partial t^2} = a^2 \Delta u \tag{7.3}$$

其中，a 为常数。

（3）二阶泊松方程（Poisson equation）是静力学领域典型的椭圆型偏微分方程，形式为

$$-\Delta u = f \tag{7.4}$$

其中，f为已知的外力；u为相对平衡位置的位移。当$f=0$时，该方程退化为拉普拉斯方程（Laplace's equation），也称为调和方程。

偏微分方程的广泛应用使其求解方法备受关注，人们可以通过解析解法和数值解法求解偏微分方程。然而，只有很少一部分偏微分方程能求得解析解。只有当偏微分方程具有某些特定结构时，才能利用相应的求解方法精确地解析表达问题的通解或特解。因为解析求解过程往往比较繁琐，而且解析表达式易于呈现出级数或者积分形式，所以解析求解方法并不是偏微分方程高效的求解方法。事实上，大多物理问题偏微分方程的真解不具备解析表达式。因此，数值计算成为求解偏微分方程的必然选择。在实际应用中，人们多采用数值解法求得偏微分方程的解。随着计算机技术的迅速发展，各种偏微分方程均可采用数值求解，并且广泛应用于揭示物理规律和内在机制的研究。

然而，数值求解偏微分方程常常会得到意料之外的数值现象。这是因为数值计算结果受方法误差和舍入误差的双重影响。数值计算结果的可靠性、稳定性与准确度是偏微分方程数值解法中不得不讨论的问题。这不仅需要精心设计数值解法，还需要严密论证检验数值计算结果，更需要应对计算效率和数据处理带来的严峻挑战。因此，在计算机硬件性能提高的同时，人们也要投入巨大的精力构造同当前计算环境相匹配的高效算法，以获得更精确、更稳定、更高效的数值解法，才能真正有效地解决实际应用中各种复杂多变的问题。最常见的数值解法主要有三种：有限差分法、有限体积法、有限元法。此外，还有谱方法、变分法、格子玻尔兹曼方法等。本章介绍如何利用有限差分法求偏微分方程的数值解。

7.2 抛物型偏微分方程的数值解法

自然界和工业过程中许多现象的发生、发展都与时空密切相关，如热传导、溶质扩散和波的传播等现象，这些问题通常可用抛物型偏微分方程描述。例如，一维热传导问题的控制方程可写为

$$\frac{\partial u}{\partial t} = a\frac{\partial^2 u}{\partial x^2} + f(x,t) \quad a > 0 \tag{7.5}$$

其中，u为温度；扩散系数a为常数；$f(x,t)$为已知源项。给定初值：

$$u(x,0) = u_0(x) \quad x \in [0,1] \tag{7.6}$$

和边值：
$$u(0,t) = \varphi_0(t), u(1,t) = \varphi_1(t) \quad t \in (0,T) \tag{7.7}$$

其中，T 为给定的终止时刻；$u_0(x)$、$\varphi_0(t)$ 和 $\varphi_1(t)$ 都为已知函数。显然，这里设定的边界条件为狄利克雷（Dirichlet）边界条件，所以可称一维热传导问题为狄利克雷边值问题。描述这些过程的偏微分方程具有这样的性质，若初始时刻 $t = t_0$ 的解已给定，则 $t > t_0$ 时刻的解完全取决于初始条件和边界条件。求解这类问题，就是从初始值出发，通过一定的数值格式沿时间增加的方向，逐步求解偏微分方程。

7.2.1 一维热传导方程古典格式的构造与实现

本章将利用有限差分方法构造求解一维热传导偏微分方程的格式。有限差分方法具有简单、灵活、通用性强、易于编程实现等特点。在有限差分方法中，全显格式和全隐格式是最简单的格式，可统称为古典格式，这两种格式的构造思路非常简单，核心是利用有限差分离散方程中的导数和偏导数。

1. 古典格式的构造过程

偏微分方程数值计算公式的构造通常包括计算区域的离散、方程导数的离散和初始与边界条件的离散三个步骤。在这三个步骤中，方程导数的离散最为关键，直接影响乃至决定了所构造公式的数值表现。

1）计算区域的离散

数值计算过程中的具体操作均基于某种结构的离散网格。因此，数值计算的第一步就是计算区域的离散，即将空间上的计算区域划分为许多离散的区域并确定每个区域的节点，由离散区域的集合来代替原来的连续空间。对于本章所设定的一维热传导问题，图 7.1 给出了一维热传导问题的时空离散网格。其对应的数学表达式为

$$T_{\Delta x, \Delta t} = \left\{ (x_j, t^n) : x_j = j\Delta x, t^n = n\Delta t \right\} \quad n = 0,1,\cdots,N; j = 0,1,\cdots,J \tag{7.8}$$

其中，$\Delta x = 1/J$，为空间步长；$\Delta t = T/N$，为时间步长，N 和 J 为给定的正整数。离散网格由分别平行于空间轴和时间轴的两个直线（段）族交叉而成，具有笛卡儿乘积型结构。平行于坐标轴的直线（段）称为网格线，网格线的交点称为网格点。

一维热传导问题的矩形网格计算区域离散完成结果如图 7.1 所示，可以得到以下 4 种几何因素：节点，未知物理量所在的几何位置；控制体，应用控制方程的最小几何单位；界面，与各节点相对应控制体的分界面位置；网格线，沿坐标轴方向联结相邻节点而形成的直线。

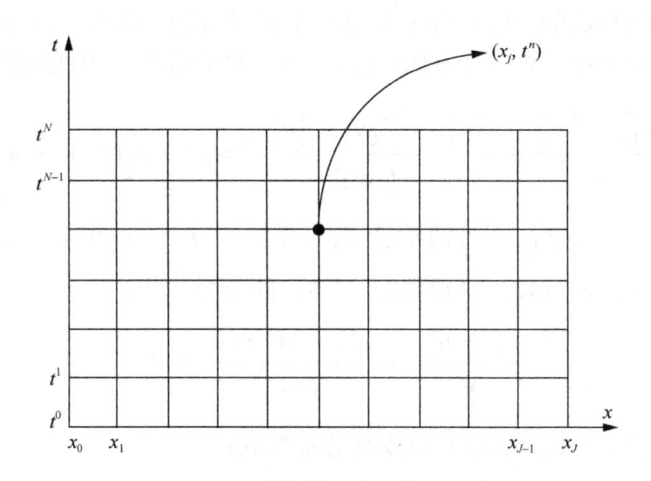

图 7.1 一维热传导问题的时空离散网格

为了简化问题,采用了等距时空网格获得离散的计算区域。等距时空网格是指同族平行的网格线具有相同的间隔。一般情况下,网格线 $x=x_j$ 和 $t=t^n$ 可以疏密相间。相邻空间控制体之间网格线(竖直线)的间距称为局部空间步长,即 $\Delta x_j = x_j - x_{j-1}$,$j=1,2,\cdots,J$,相应的最大值称为空间步长,记为 $\Delta x = \max(\Delta x_j)$。类似地,相邻时间控制体之间的网格线(水平线)间距称为局部时间步长,即 $\Delta t = t^n - t^{n-1}$,相应的最大值称为时间步长,记为 $\Delta t = \max(\Delta t^n)$。基于非等距时空网格的数值公式和这里的设计思路和实现过程相类似,但是最终所得的有限差分离散方程及相应的理论分析都将变得更加复杂。

2)方程导数的离散

数值解法的目标是用计算区域内节点上的变量值代替方程精确解所对应的连续数据值。因此,方程导数的离散是获得离散化方程的关键。离散化方程是联系离散节点变量值的核心代数关系式,它应该描述与偏微分方程相同的物理规律。

对于一维热传导问题的控制方程(7.5),可利用牛顿差商理论或者泰勒级数展开公式进行离散:

$$\left[\frac{\partial u}{\partial t}\right]_j^n = \frac{[u]_j^{n+1} - [u]_j^n}{\Delta t} + o(\Delta t) \tag{7.9}$$

$$\left[\frac{\partial^2 u}{\partial x^2}\right]_j^n = \frac{[u]_{j+1}^n - 2[u]_j^n + [u]_{j-1}^n}{(\Delta x)^2} + o\left((\Delta x)^2\right) \tag{7.10}$$

这里给出了时间导数的一阶向前差分以及空间导数的二阶中心差分。由于一维热传导问题的控制方程（7.5）在网格点 (x_j, t^n) 上精确成立，因此可得

$$\frac{[u]_j^{n+1} - [u]_j^n}{\Delta t} - a \frac{[u]_{j+1}^n - 2[u]_j^n + [u]_{j-1}^n}{(\Delta x)^2} = f_j^n + o\left[(\Delta x)^2 + \Delta t\right] \quad (7.11)$$

其中，方程源项 $f_j^n = f(x_j, t^n)$ 通常已知；$j=1,2,\cdots,J-1$；$n=0,1,\cdots,N-1$。略去无穷小量，用数值解替换真解，可得方程（7.5）的差分方程：

$$\frac{u_j^{n+1} - u_j^n}{\Delta t} - a \frac{u_{j+1}^n - 2u_j^n + u_{j-1}^n}{(\Delta x)^2} = f_j^n \quad (7.12)$$

此外，还可将差分方程（7.12）写成其等价形式：

$$\Delta t u_j^n = \mu a \delta_x^2 u_j^n + \Delta t f_j^n \quad (7.13)$$

其中，$\Delta t u_j^n = u_j^{n+1} - u_j^n$，为时间方向的一阶向前差分公式；$\mu = \Delta t/(\Delta x)^2$，为网比；$\delta_x^2 u_j^n = u_{j+1}^n - 2u_j^n + u_{j-1}^n$，为空间方向的二阶中心差分公式。

将时间导数离散为一阶向后差分、空间导数依旧离散为二阶中心差分，可得

$$\left[\frac{\partial u}{\partial t}\right]_j^{n+1} = \frac{[u]_j^{n+1} - [u]_j^n}{\Delta t} + o(\Delta t) \quad (7.14)$$

$$\left[\frac{\partial^2 u}{\partial x^2}\right]_j^{n+1} = \frac{[u]_{j+1}^{n+1} - 2[u]_j^{n+1} + [u]_{j-1}^{n+1}}{(\Delta x)^2} + o\left((\Delta x)^2\right) \quad (7.15)$$

由于一维热传导问题的控制方程（7.5）在网格点 (x_j, t^{n+1}) 处精确成立，可得差分方程为

$$\frac{u_j^{n+1} - u_j^n}{\Delta t} - a \frac{u_{j+1}^{n+1} - 2u_j^{n+1} + u_{j-1}^{n+1}}{(\Delta x)^2} = f_j^{n+1} \quad (7.16)$$

及其等价形式为

$$\Delta t u_j^n = \mu a \delta_x^2 u_j^{n+1} + \Delta t f_j^{n+1} \quad (7.17)$$

在差分方程中出现的网格点集，称为离散模板。差分方程（7.12）和差分方程（7.16）的离散模板具有不同的结构，如图 7.2 所示。通常称前者为显式离散格式或显式格式，称后者为隐式离散格式或隐式格式。显式格式离散模板的顶端只含一个网格点值，所以可以直接解出未知节点的值。隐式格式离散模板的顶端同时含有三个网格点值，必须要将多个差分方程结合起来才能解出其未知节点的值。

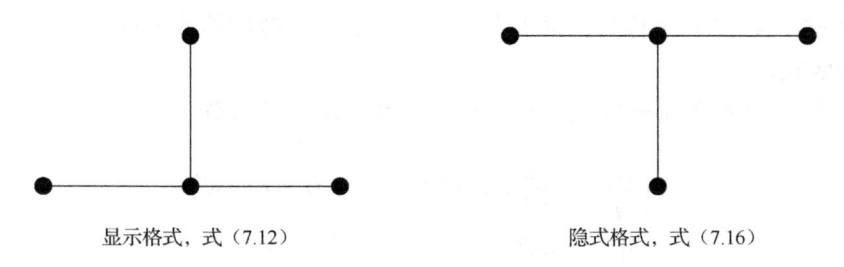

显示格式，式（7.12）   隐式格式，式（7.16）

图7.2　显示格式和隐式格式的离散模板

3）初始与边界条件的离散

对于本章所设定的一维热传导问题，其真解 $u=(x,t)$ 被限制在离散网格 $T_{\Delta x,\Delta t}$ 上。因此，在离散网格上真解的数据集合是数值计算逼近的目标，即通过构造合适的数值格式，在每个网格点 (x_j,t^n) 上给出 $[u]_j^n$ 的近似值 u_j^n。为实现上述目标，需要在完成偏微分方程导数的离散之后，还要离散相应的初始与边界条件。最后，在已经离散的时空网格 $T_{\Delta x,\Delta t}$ 上，构造出适当的数值公式，把连续的偏微分方程定解问题转化为相应的代数问题。

对于本章所设定的一维热传导问题，由于设定的边界条件为狄利克雷边界条件，因此其定解条件的离散只需在相应网格点上直接赋值即可。具体来说，其初始条件可表示为

$$u_i^0 = u_0(x_j) \quad j=0,1,\cdots,J \tag{7.18}$$

离散后的边界条件可表示为

$$u_i^0 = \varphi_0(t^n), u_i^n = \varphi_1(t^n) \quad n=1,2,\cdots,N \tag{7.19}$$

2. 全显格式和全隐格式

将差分方程（7.12）与差分方程（7.16）汇总起来，即可建立一维热传导问题的两个古典格式。基于等距时空网格（7.8）的全显格式为

$$\Delta u_j^0 = \mu a \delta_x^2 u_j^n + \Delta t f_j^n \quad j=1,2,\cdots,J-1; n=0,1,\cdots,N-1 \tag{7.20}$$

全隐格式为

$$\Delta u u_j^n = \mu a \delta_x^2 u_j^{n+1} + \Delta t f_j^{n+1} \quad j=1,2,\cdots,J-1; n=0,1,\cdots,N-1 \tag{7.21}$$

相应的数值初值和数值边值均由式（7.18）和式（7.19）定义，它们的主要差异是一维热传导控制方程的离散方式。全显格式基于显式离散的差分方程（7.12），而全隐格式基于隐式离散的差分方程（7.16）。一般地，由于偏微分方程的离散是差分格式的核心，因此相应的差分方程常常被称为某某差分格式。例如，显式离

散的差分方程（7.12）称为全显差分格式，而隐式离散的差分方程（7.16）称为全隐差分格式。

例 7.1 离散如下一维偏微分方程，编程实现对其求解。

$$\begin{cases} \dfrac{\partial u}{\partial t} - a\dfrac{\partial^2 u}{\partial x^2} = 0 & (0 \leqslant x \leqslant J, 0 \leqslant t \leqslant N) \\ u|_{t=0} = 36.8 & (0 \leqslant x \leqslant J) \\ u|_{x=0} = 0, \dfrac{\partial u}{\partial x}\Big|_{x=N} = 0 & (0 \leqslant t \leqslant N) \end{cases}$$

解：程序（C++编写）实现见附录。一维热传导控制方程程序循环 60000 次后的解分布如图 7.3 所示。

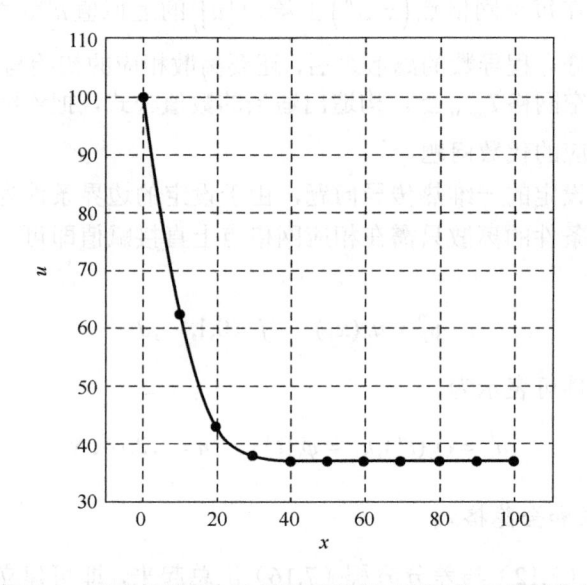

图 7.3 一维热传导控制方程程序循环 60000 次后的解分布

7.2.2 二维热传导方程的离散格式

对于二维热传导方程：

$$\dfrac{\partial u}{\partial t} = \dfrac{\partial^2 u}{\partial x^2} + \dfrac{\partial^2 u}{\partial y^2} \quad (0 \leqslant x \leqslant J, 0 \leqslant y \leqslant N) \quad (7.22)$$

还需初始条件和边界条件才可对其求解。为了便于计算，在 x 和 y 方向上取等长步长，$\Delta x = \Delta y = h$。由于古典格式的数值精度不高，仅仅是空间二阶精度、时间一阶精度，因此需要足够密集的时空网格才能达到指定的数值精度。特别是全显格式，其时间步长还需要处于空间步长的平方量级，这就限制了古典格式计算效率的提升。因此，为提高数值格式的相容阶，并利用较粗的网格和较少的工作量获得满意的数值结果，就需要构造其他形式的数值格式。

1. 加权差分格式

关于 $\dfrac{\partial^2 u}{\partial x^2}$ 和 $\dfrac{\partial^2 u}{\partial y^2}$ 的显式近似和隐式近似有多种表达式，它们都可以通过加权隐式公式得到。例如，

$$\frac{u_{i,j}^{k+1}-u_{i,j}^{k}}{\Delta t}=\frac{\theta_1}{h^2}(u_{i+1,j}^{k+1}-2u_{i-1,j}^{k+1}+u_{i-1,j}^{k+1})+\frac{1-\theta_1}{h^2}(u_{i+1,j}^{k}-2u_{i-1,j}^{k}+u_{i-1,j}^{k}) \\ +\frac{\theta_2}{h^2}(u_{i,j+1}^{k+1}-2u_{i,j}^{k+1}+u_{i,j-1}^{k+1})+\frac{1-\theta_2}{h^2}(u_{i,j+1}^{k}-2u_{i,j}^{k}+u_{i,j-1}^{k}) \tag{7.23}$$

其中，$0 \leqslant \theta_1 \leqslant 1$；$0 \leqslant \theta_2 \leqslant 1$。若取 $\theta_1=\theta_2=0$ 即可得显式差分格式：

$$u_{i,j}^{k+1}=u_{i,j}^{k}+r(u_{i+1,j}^{k}+u_{i-1,j}^{k}+u_{i,j+1}^{k}+u_{i,j-1}^{k}-4u_{i,j}^{k}) \tag{7.24}$$

其中，$r=\Delta t/h^2$。不难发现，显式差分格式（7.24）的局部截断误差为 $O(\Delta t+h^2)$。

2. 三层格式

为提高和改善差分格式的相容性，通常采用如下两种方法：第一种是直接提高各个导数的离散相容阶；第二种是综合考虑多个导数离散的相互影响。第一种方法的设计思路直接且相对简单，第二种方法的典型代表是克兰克-尼科尔森（Crank-Nicolson）格式和道格拉斯（Douglas）格式。理论上讲，只要扩张离散模板，即可提高导数离散的相容阶。对于空间导数，易于实现离散模板的扩张。然而，时间导数离散模板的扩张将导致多个时间层出现在差分格式中，即使得到了新的差分格式也会产生新的数值问题。

1）Richardson 格式

最简单的多层格式是三层格式。对于一维热传导方程（7.20），利用一阶中心差分公式离散时间导数，二阶中心差分公式离散空间导数，可得 Richardson 格式：

$$u_j^{n+1}=u_j^{n-1}+2\mu a\delta_x^2 u_j^n \tag{7.25}$$

显然，式（7.25）是一种具有二阶局部截断误差的显式格式，其离散模板如图 7.4 所示，因此也称为实心十字架格式。Richardson 格式是高阶相容的，但无法用于大规模的数值计算。因为数值格式不能一味追求高阶相容性，同时还应兼顾数值稳定性。这让数值研究工作者充分意识到数值稳定性的重要作用。

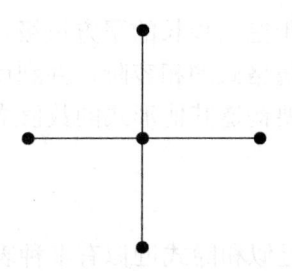

图 7.4 Richardson 格式的离散模板

2) Du Fort-Frankel 格式

最著名的三层格式是 Du Fort-Frankel 格式。该格式虚化 Richardson 格式的中心点值 u_j^n，将其替换为相邻时刻网格点值的算术平均值 $(u_j^{n+1}+u_j^{n-1})/2$，即

$$u_j^{n+1} = u_j^{n-1} + 2\mu a(u_{j-1}^n - u_j^{n+1} - u_j^{n-1} + u_{j+1}^n) \tag{7.26}$$

根据离散模板的形状，式（7.26）也称为空心十字架格式。

现在考虑一下 Du Fort-Frankel 格式的局部截断误差，由于 Du Fort-Frankel 格式是 Richardson 格式的修正：

$$\frac{u_j^{n+1}-u_j^{n-1}}{2\Delta t} = a\frac{\delta_x^2 u_j^n}{(\Delta x)^2} - \frac{a(\Delta t)^2}{(\Delta x)^2}\frac{\delta_t^2 u_j^n}{(\Delta t)^2} \tag{7.27}$$

利用 Richardson 格式的相容性结果可知，Du Fort-Frankel 格式的局部截断误差为

$$\tau_j^n = O\left((\Delta x)^2 + (\Delta t)^2 + \frac{(\Delta t)^2}{(\Delta x)^2}\right) \tag{7.28}$$

当 $\Delta t/(\Delta x)^2$ 固定时，局部截断误差是 $O((\Delta x)^2)$。当 $\Delta t/\Delta x$ 固定时，局部截断误差是 $O(1)$。换言之，相容性结论依赖于加密路径，即 Du Fort-Frankel 格式是有条件的相容。

例 7.2 利用有限差分法求解下列二维热传导方程：

$$\begin{cases} \dfrac{\partial u}{\partial t} = \dfrac{\partial^2 u}{\partial x^2} + \dfrac{\partial^2 u}{\partial y^2} & (0 \leqslant x \leqslant J, 0 \leqslant y \leqslant N) \\ u|_{x=0} = u|_{x=J} & (0 \leqslant x \leqslant J) \\ u|_{y=0} = 100, \dfrac{\partial u}{\partial y}\big|_{y=N} = 0 & (0 \leqslant y \leqslant N) \end{cases}$$

解：程序（C++语言编写）实现见附录。循环 600 次和 60000 次后的二维热传导计算结果如图 7.5 所示。

(a) 循环600次　　　　　　(b) 循环60000次

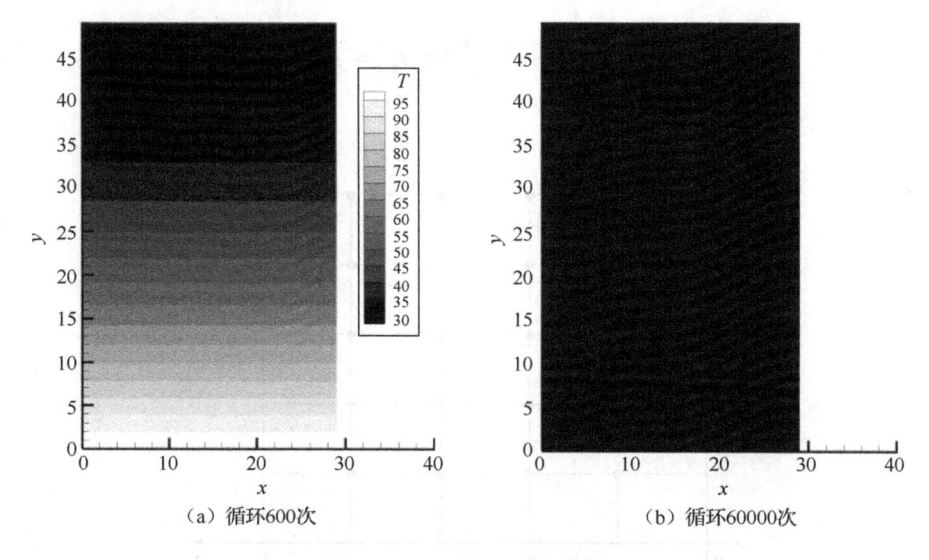

图 7.5　二维热传导计算结果

7.3　双曲型偏微分方程的数值解法

双曲型偏微分方程是除了抛物型偏微分方程之外的另一类偏微分方程。就数值方法而言，抛物型偏微分方程的离散和分析方法也适用于双曲型偏微分方程。然而，由于双曲型偏微分方程较之抛物型偏微分方程缺乏耗散机制，离散过程中所表现出的数值求解困难更为明显。

下面以波动方程为例，讨论双曲型偏微分方程的离散格式及相关问题[16]。波动方程混合初边值问题如下（定解问题）：

$$\begin{cases} \dfrac{\partial^2 u}{\partial t^2} - a^2 \dfrac{\partial^2 u}{\partial x^2} = f(x,t) & (0<x<l, 0<t<T) & (7.29.1) \\ u(x,0) = \phi(x), \ u_t(x,0) = \varphi(x) & (0<x<l) & (7.29.2) \\ u(0,t) = \alpha(t), \ u(l,t) = \beta(t) & (0 \leqslant t \leqslant T) & (7.29.3) \end{cases}$$

其中，a 为正常数。取空间步长 $h = \dfrac{l}{M}$，时间步长 $\tau = \dfrac{T}{N}$。用两簇平行直线：

$$x = x_i = ih \quad (0 \leqslant i \leqslant M)$$
$$t = t_k = k\tau \quad (0 \leqslant k \leqslant N)$$

将求解区域 $D \equiv \{(x,t) | 0 \leq x \leq l, \ 0 \leq t \leq T\}$，划分成矩形网格，如图 7.6 所示。在节点 (x_i, t_k) 考虑双曲型偏微分方程：

$$\frac{\partial^2 u}{\partial t^2}(x_i, t_k) - a^2 \frac{\partial^2 u}{\partial x^2}(x_i, t_k) = f(x_i, t_k) \qquad (7.30)$$

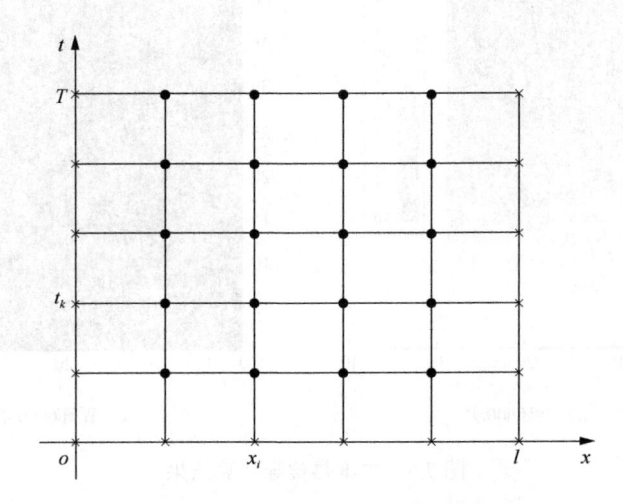

图 7.6 求解双曲型偏微分方程的矩形网格

7.3.1 显格式

根据泰勒级数展开，可得

$$\frac{\partial^2 u}{\partial t^2}(x_i, t_k) = \frac{1}{\tau^2}\left[u(x_i, t_{k+1}) - 2u(x_i, t_k) + u(x_i, t_{k-1})\right]$$

$$- \frac{\tau^2}{12} \frac{\partial^4 u}{\partial t^4}(x_i, \eta_i^k) \quad (t_{i-1} < \eta_i^k < t_{i+1})$$

$$\frac{\partial^2 u}{\partial x^2}(x_i, t_k) = \frac{1}{h^2}\left[u(x_{i+1}, t_k) - 2u(x_i, t_k) + u(x_{i-1}, t_k)\right]$$

$$- \frac{h^2}{12} \frac{\partial^4 u}{\partial x^4}(\xi_i^k, t_k) \quad (x_{i-1} < \xi_i^k < x_{i+1})$$

将上述两式代入式（7.30），则有

$$\frac{1}{\tau^2}\left[u(x_i, t_{k+1}) - 2u(x_i, t_k) + u(x_i, t_{k-1})\right] - \frac{a^2}{h^2}\left[u(x_{i+1}, t_k) - 2u(x_i, t_k) + u(x_{i-1}, t_k)\right]$$

$$= f(x_i, t_k) + \frac{\tau^2}{12} \frac{\partial^4 u}{\partial t^4}(x_i, \eta_i^k) - \frac{a^2 h^2}{12} \frac{\partial^4 u}{\partial x^4}(\xi_i^k, t_k) \quad (1 \leq i \leq M-1, \ 1 \leq k \leq N-1)$$

$$(7.31)$$

由初值条件（7.29.2），可得

$$\begin{cases} u(x_i,t_0)=\varphi(x_i) \\ u(x_i,t_1)=u(x_i,t_0)+\tau\dfrac{\partial u}{\partial t}(x_i,t_0)+\dfrac{\tau^2}{2}\dfrac{\partial^2 u}{\partial t^2}(x_i,t_0)+\dfrac{\tau^3}{6}\dfrac{\partial^3 u}{\partial t^3}(x_i,\eta_i) \\ \qquad =\varphi(x_i)+\tau\varphi(x_i)+\dfrac{\tau^2}{2}\left(a^2\dfrac{d^2\varphi(x_i)}{dx^2}+f(x_i,t_0)\right)+\dfrac{\tau^3}{6}\dfrac{\partial^3 u}{\partial t^3}(x_i,\eta_i) \end{cases} \quad (7.32)$$

由边值条件（7.29.3），得

$$u(x_i,t_k)=\alpha(t_k),\ u(x_M,t_k)=\beta(t_k) \qquad (0\leqslant k\leqslant N) \quad (7.33)$$

略去式（7.31）～式（7.33）中的高阶小量，同时将 $u(x_i,t_k)$ 替换为 u_i^k，可得如下形式的差分格式：

$$\begin{cases} \dfrac{1}{\tau^2}\left[u(x_i,t_{k+1})-2u(x_i,t_k)+u(x_i,t_{k-1})\right]-\dfrac{a^2}{h^2}\left[u(x_{i+1},t_k)-2u(x_i,t_k)+u(x_{i-1},t_k)\right] \\ =f(x_i,t_k) \qquad\qquad (1\leqslant i\leqslant M-1,\ 1\leqslant k\leqslant N-1) \\ u_i^0=\varphi(x_i),\ u_i^1=\psi(x_i) \qquad (1\leqslant i\leqslant M-1) \\ u_0^k=\alpha(t_k),\ u_M^k=\beta(t_k) \qquad (1\leqslant k\leqslant N-1) \end{cases}$$

$$(7.34)$$

其中，

$$\psi(x_i)=\varphi(x_i)+\tau\varphi(x_i)+\dfrac{\tau^2}{2}\left[a^2\dfrac{d^2\varphi(x_i)}{dx^2}+f(x_i,t_0)\right]$$

记 $s=\dfrac{a\tau}{h}$ 为步长比，则式（7.34）可重新表示为

$$u_i^{k+1}=s^2\left(u_{i+1}^k+u_{i-1}^k\right)+2(1-s^2)u_i^k-u_i^{k-1}+\tau^2 f(x_i,t_k) \quad (7.35)$$

由于第 $k+1$ 层的值可以由第 k 层和第 $k-1$ 层的值显式表示，故称此格式为显格式。

例 7.3　利用有限差分方法求解下列双曲型偏微分方程：

$$\begin{cases} \dfrac{\partial^2 u}{\partial t^2}-\dfrac{\partial^2 u}{\partial x^2}=0 & (0<x<1,\ 0<t\leqslant 1) \\ u(x,0)=\exp(x),\ \dfrac{\partial u(x,0)}{\partial t}=\exp(x) & (0<x<1) \\ u(0,t)=\exp(t),\ u(1,t)=\exp(1+t) & (0<t\leqslant 1) \end{cases}$$

精确解为 $u(x,t)=\exp(x+t)$。

解：求解该问题的 C++程序见附录。程序运行所得数值解和精确解见表 7.1。

表 7.1 双曲型偏微分方程显格式算例(h=1/100, τ=1/100)

k	(x,t)	数值解	精确解	|精确解-数值解|
0	(0.5,0.0)	1.648721	1.648721	0.000000
10	(0.5,0.1)	1.822116	1.822119	0.000003
20	(0.5,0.2)	2.013747	2.013753	0.000006
30	(0.5,0.3)	2.225533	2.225541	0.000008
40	(0.5,0.4)	2.459592	2.459603	0.000011
50	(0.5,0.5)	2.718268	2.718282	0.000014
60	(0.5,0.6)	3.004155	3.004166	0.000011
70	(0.5,0.7)	3.320109	3.320117	0.000008
80	(0.5,0.8)	3.669291	3.669297	0.000006
90	(0.5,0.9)	4.055197	4.055200	0.000003
100	(0.5,1.0)	4.481689	4.481689	0.000000

7.3.2 隐格式

在 (x_i, t_k) 处对式（7.29.2）做如下处理：

$$\frac{\partial^2 u}{\partial t^2}(x_i, t_k) - \frac{a^2}{2}\left[\frac{\partial^2 u}{\partial x^2}(x_i, t_{k+1}) + \frac{\partial^2 u}{\partial x^2}(x_i, t_{k-1})\right]$$
$$= f(x_i, t_k) - \frac{1}{2}a^2\tau^2 \frac{\partial^4 u}{\partial x^2 \partial t^2}(x, \overline{\eta}_i^k) \quad (t_{k-1} < \overline{\eta}_i^k < t_{k+1}) \tag{7.36}$$

利用泰勒级数展开有

$$\frac{\partial^2 u}{\partial t^2}(x_i, t_k) = \frac{1}{\tau^2}\left[u(x_i, t_{k+1}) - 2u(x_i, t_k) + u(x_i, t_{k-1})\right] - \frac{\tau^2}{12}\frac{\partial^4 u}{\partial t^4}(x_i, \eta_i^k)$$
$$(t_{k-1} < \eta_i^k < t_{k+1})$$

$$\frac{\partial^2 u}{\partial x^2}(x_i, t_{k+1}) = \frac{1}{h^2}\left[u(x_{i+1}, t_{k+1}) - 2u(x_i, t_{k+1}) + u(x_{i-1}, t_{k+1})\right] - \frac{h^2}{12}\frac{\partial^4 u}{\partial x^4}(\xi_i^{k+1}, t_{k+1})$$
$$(x_{i-1} < \xi_i^{k+1} < x_{i+1})$$

$$\frac{\partial^2 u}{\partial x^2}(x_i, t_{k-1}) = \frac{1}{h^2}\left[u(x_{i+1}, t_{k-1}) - 2u(x_i, t_{k-1}) + u(x_{i-1}, t_{k-1})\right] - \frac{h^2}{12}\frac{\partial^4 u}{\partial x^4}(\xi_i^{k-1}, t_{k-1})$$
$$(x_{i-1} < \xi_i^{k-1} < x_{i+1})$$

将上述三式代入式（7.36）得

$$\frac{1}{\tau^2}\left[u(x_i,t_{k+1}) - 2u(x_i,t_k) + u(x_i,t_{k-1})\right]$$
$$-\frac{a^2}{2}\left\{\begin{array}{l}\frac{1}{h^2}\left[u(x_{i+1},t_{k+1}) - 2u(x_i,t_{k+1}) + u(x_{i-1},t_{k+1})\right]\\+\frac{1}{h^2}\left[u(x_{i+1},t_{k-1}) - 2u(x_i,t_{k-1}) + u(x_{i-1},t_{k-1})\right]\end{array}\right\}$$
$$= f(x_i,t_k) - \frac{1}{2}a^2\tau^2\frac{\partial^4 u}{\partial x^2 \partial t^2}(x_i,\overline{\eta}_i^k) + \frac{\tau^2}{12}\frac{\partial^4 u}{\partial t^4}(x_i,\eta_i^k)$$
$$-\frac{a^2 h^2}{24}\left[\frac{\partial^4 u}{\partial x^4}(\xi_i^{k+1},t_{k+1}) + \frac{\partial^4 u}{\partial x^4}(\xi_i^{k-1},t_{k-1})\right]$$
$$(1 \leq i \leq M-1,\ 1 \leq k \leq N-1)$$

(7.37)

由初值条件和边值条件，得到

$$u(x_i,t_0) = \varphi(x_i),\ u(x_i,t_1) = \psi(x_i) + \frac{\tau^3}{6}\frac{\partial^3 u}{\partial t^3}(x_i,\eta_i) \quad (1 \leq i \leq M) \quad (7.38)$$

$$u(x_0,t_k) = \alpha(t_k),\ u(x_M,t_k) = \beta(t_k) \quad (0 \leq k \leq N) \quad (7.39)$$

略去式（7.37）和式（7.38）中的高阶小量，将 $u(x_i,t_k)$ 替换为 u_i^k，可得如下形式的差分方程：

$$\begin{cases}\frac{1}{\tau^2}\left[u_i^{k+1} - 2u_i^k + u_i^{k-1}\right] - \frac{a^2}{2}\left[\frac{1}{h^2}\left(u_{i+1}^{k+1} - 2u_i^{k+1} + u_{i-1}^{k+1}\right) + \frac{1}{h^2}\left(u_{i+1}^{k-1} - 2u_i^{k-1} + u_{i-1}^{k-1}\right)\right]\\= f(x_i,t_k) \quad (1 \leq i \leq M-1,\ 1 \leq k \leq N-1)\\u_i^0 = \phi(x_i),\quad u_i^1 = \psi(x_i) \quad (1 \leq i \leq M-1)\\u_0^k = \alpha(t_k),\quad u_M^k = \beta(t_k) \quad (0 \leq k \leq N)\end{cases} \quad (7.40)$$

由于计算每一层都需要解线性方程组，因此该差分格式是一个隐格式。

7.3.3 迎风格式和 Lax-Wendroff 格式

本节将从简单的线性常系数对流方程出发，讨论双曲型偏微分方程的离散格式和相关问题的数值解决方案。线性常系数对流方程可写为

$$\frac{\partial u}{\partial t} + a\frac{\partial u}{\partial x} = 0 \quad (7.41)$$

其中，常数 $a \neq 0$。给定初值条件为 $u(x,0) = u_0(x)$。由特征线理论可知，这一问题的解析解 $u(x,t) = u_0(x-t)$ 具有典型的行波解结构。因此，双曲型偏微分方程的解函数概念可以由连续可微的古典解范畴拓展到间断函数。本节所构造的差分格

式既要能够相对准确地刻画光滑波形，还要能够相对健壮地描述间断界面。迎风格式和Lax-Wendroff（LW）格式是两个非常重要的离散格式，它们在精度性、稳定性和数值振荡方面的表现截然不同，特点非常鲜明。

1. 迎风格式

对于式（7.41），用一阶向前差分公式离散时间导数$\left[\dfrac{\partial u}{\partial t}\right]_j^n$，同时用中心差分公式离散空间导数$\left[\dfrac{\partial u}{\partial x}\right]_j^n$，可得具有中心差分公式显格式的离散方程：

$$u_j^{n+1} = u_j^n - \dfrac{1}{2}va\left(u_{j+1}^n - u_{j-1}^n\right) \tag{7.42}$$

其中，$v = \dfrac{时间步长}{空间步长}$，为网比。

中心差分公式显格式离散方程离散模板如图7.7所示，显然，它属于显格式，具有二阶局部截断误差。

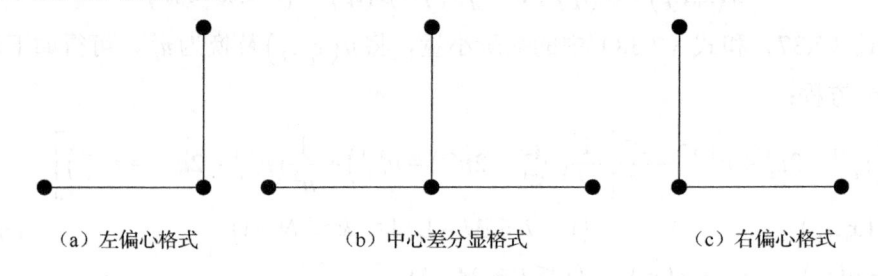

(a) 左偏心格式　　　　(b) 中心差分显格式　　　　(c) 右偏心格式

图7.7　中心差分公式显格式离散方程离散模板

中心差分公式显格式（7.42）是无条件线性L^2模不稳定的。对于任意的网比v，L^2，它都是模不稳定的。放弃高阶相容的中心差分公式离散，采用低阶相容的单侧差分公式离散，可得式（7.41）的偏心格式：

$$u_j^{n+1} = u_j^n - va\Delta_{\pm x}u_j^n \tag{7.43}$$

依据空间离散模板的偏心方向，式（7.43）分别称为左偏心格式和右偏心格式。中心差分公式显格式离散方程的离散模板如图7.7所示。显然，偏心格式包含最少的网格点，仅仅具有一阶局部截断误差。在线性常系数对流方程（7.41）中，a的符号指明流动的方向。若$a>0$，则流动从左到右，左侧是上游方向；若$a<0$，则流动从右到左，右侧是上游方向。因此，下面两种状态的偏心格式

$$u_j^{n+1} = u_j^n - va\Delta_{-x}u_j^n \quad (a>0) \tag{7.44}$$

$$u_j^{n+1} = u_j^n - va\Delta_{+x}u_j^n \quad (a<0) \tag{7.45}$$

称为迎风格式，这是因为空间方向的离散模板均位于上游方向。

2. Lax-Wendroff 格式

基于中心差分公式显格式的离散模板，也可以构造出方程（7.41）的高阶稳定格式。这就是著名的 Lax-Wendroff 格式。其表达式为

$$u_j^{n+1} = u_j^n - \frac{1}{2}va\left(u_{j+1}^n - u_{j-1}^n\right) + \frac{1}{2}v^2a^2\delta_x^2 u_j^n \tag{7.46}$$

Lax-Wendroff 格式可以通过时间泰勒展开方法、待定系数方法、特征线方法和数值黏性修正方法等构建。这一格式的推导过程蕴含了丰富的数值设计思想。

例 7.4 利用时间泰勒展开方法，构建 LW 格式。

解：利用时间方向的泰勒展开公式，有

$$[u]_j^{n+1} = [u]_j^n + \Delta t\left[\frac{\partial u}{\partial t}\right]_j^n + \frac{1}{2}(\Delta t)^2\left[\frac{\partial^2 u}{\partial t^2}\right]_j^n + O\left((\Delta t)^3\right)$$

利用偏微分方程（7.45），将时间导数转化为空间导数：

$$\left[\frac{\partial u}{\partial t}\right]_j^n = -\left[a\frac{\partial u}{\partial x}\right]_j^n = -\frac{a}{2\Delta x}\Delta_{0x}[u]_j^n + O\left((\Delta x)^2\right)$$

$$\left[\frac{\partial^2 u}{\partial t^2}\right]_j^n = a^2\left[\frac{\partial^2 u}{\partial x^2}\right]_j^n = -\frac{a^2}{(\Delta x)^2}\delta_x^2[u]_j^n + O\left((\Delta x)^2\right)$$

其中，空间导数利用中心差分公式进行离散。综合上述差分方程，可得

$$[u]_j^{n+1} = [u]_j^n - \frac{va}{2}\Delta_{0x}[u]_j^n + \frac{(va)^2}{2}\delta_x^2[u]_j^n + O\left((\Delta x)^2\Delta t + (\Delta t)^3\right)$$

略去方程中的无穷小量，并用数值解替换真解，即可得 LW 格式的表达式，即式（7.44）。上述构造过程表明 LW 格式无条件具有三阶局部截断误差。通过分析上述构造过程不难发现，迎风格式和 LW 格式相当于利用二阶相容的中心差分公式离散带有数值黏性的线性常系数对流扩散方程：

$$\frac{\partial u}{\partial t} + a\frac{\partial u}{\partial x} = \frac{1}{2}|a|\Delta x\frac{\partial^2 u}{\partial x^2}, \quad \frac{\partial u}{\partial t} + a\frac{\partial u}{\partial x} = \frac{1}{2}|a|^2\Delta t\frac{\partial^2 u}{\partial x^2}$$

以上给出的分别是迎风格式和 LW 格式的修正方程。数值格式的性质可以用

修正方程的性质来近似描述。由微分方程理论或者 Fourier 理论可知，线性常系数对流扩散方程

$$\frac{\partial u}{\partial t} + a\frac{\partial u}{\partial x} = b\frac{\partial^2 u}{\partial x^2} \quad (b > 0)$$

的扩散系数 b 越大，真解的能量衰减越快，相应的适定性表现更加稳健。

综上所述，若数值黏性系数越大，则数值稳定性表现越好。如当 $|va| \leqslant 1$ 时，LW 格式的数值黏性系数弱于迎风格式，其数值稳定性表现也弱于迎风格式。后面的数值实验表明，LW 格式产生虚假的数值振荡，而迎风格式却没有。需要指出的是，数值黏性的增加可以改善稳定性，但有可能降低相容阶。例如，LW 格式是二阶相容，而迎风格式是一阶相容。

7.3.4 其他格式

除了迎风格式和 LW 格式外，适用于线性常系数对流方程（7.41）的差分格式还有很多，本节重点介绍三种格式。

1. Lax-Friedrichs 格式

Lax-Friedrichs（LF）格式的具体形式为

$$u_j^{n+1} = \frac{1}{2}\left(u_{j-1}^n + u_{j+1}^n\right) - \frac{1}{2}va\left(u_{j+1}^n + u_{j-1}^n\right) \qquad (7.47)$$

利用泰勒展开技术可知，它是有条件的相容。当网比 v 固定时，它具有整体一阶的局部截断误差。如果 LF 格式是稳定的，则它具有整体一阶的数值精度。LF 格式具有两个显著优点：其一，在相应的 Courant-Friedrichs-Lewy 条件（CFL 条件）下，它是单调格式，可以保持数值解的单调性，具有最大模稳定性；其二，它不用判断流动方向，可以轻松地推广到线性变系数双曲型偏微分方程和线性双曲型偏微分方程组。

2. 蛙跳格式

直接利用中心差分公式离散时间导数和空间导数，可得线性常系数对流方程（7.41）的蛙跳格式：

$$\frac{u_j^{n+1} - u_j^{n-1}}{2\Delta t} + a\frac{u_{j+1}^n - u_{j-1}^n}{2\Delta x} = 0 \qquad (7.48)$$

显然，它是显式三层格式，无条件具有二阶局部截断误差。根据离散模板的形状特点，也可称为空心十字架格式。

3. 盒子格式

在时空离散网格中，选取四个紧密相邻的网格点，形成方盒状的离散模板，如图 7.8 所示。

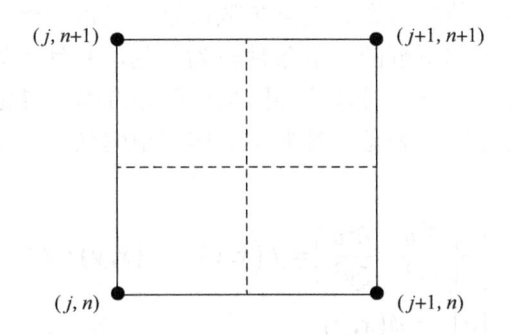

图 7.8　盒子格式的离散模板

在盒子格式离散模板的中心处，利用半步中心差分公式离散线性常系数对流方程（7.41）中的时间导数和空间导数，有

$$\frac{u_{j+1/2}^{n+1} - u_{j+1/2}^{n}}{\Delta t} + a\frac{u_{j+1}^{n+1/2} - u_{j}^{n+1/2}}{\Delta x} = 0 \quad (7.49)$$

利用半点网格的算术平均方法：

$$[u]_{j+1/2}^{n} \approx \frac{[u]_{j+1}^{n} + [u]_{j}^{n}}{2}, [u]_{j}^{n+1/2} \approx \frac{[u]_{j}^{n} + [u]_{j}^{n+1}}{2} \quad (7.50)$$

即可建立著名的盒子格式：

$$\frac{u_{j+1}^{n+1} - u_{j+1}^{n} + u_{j}^{n+1} - u_{j}^{n}}{2\Delta t} + a\frac{u_{j+1}^{n+1} - u_{j}^{n+1} + u_{j+1}^{n} - u_{j}^{n}}{2\Delta x} = 0 \quad (7.51)$$

由于离散方式具有时空方向的对称性，盒子格式无条件具有二阶局部截断误差。盒子格式是隐式的，非常适用于"带有方向性"的数值计算。例如，当 $a > 0$ 时，最左端的边界网格点信息由已知的入流边界条件确定。此时，利用盒子格式的等价表达式：

$$u_{j+1}^{n+1} = u_{j}^{n} + \frac{1-va}{1+va}\left(u_{j+1}^{n} - u_{j}^{n+1}\right) \quad (7.52)$$

从左到右扫描空间网格点，计算过程由隐式变为显式，相应的盒子格式是半隐的。

7.4 椭圆型偏微分方程的数值解法

椭圆型偏微分方程可以用来描述各种物理性质的定常（即物理性质不随时间变化）过程，如定常热传导问题、定常扩散问题、定常静电学和定常静磁学问题等。椭圆型偏微分方程解析解的求解条件较为苛刻，并且有些方程解析解的求解过程十分复杂，因此数值解法对求解椭圆型偏微分方程显得尤为重要。

二维泊松方程的定解问题是一种典型的椭圆型偏微分方程的边值问题。该问题可描述为

$$\begin{cases} -\left(\dfrac{\partial^2 u}{\partial x^2}+\dfrac{\partial^2 u}{\partial y^2}\right)=f(x,y) & (x,y)\in\Omega \\ u\mid_{\partial\Omega}=\phi(x,y) \end{cases} \quad (7.53)$$

其中，Ω 为 R^2 中的一个由光滑分段曲线 $\partial\Omega$ 围成的单连通区域。为了简单起见，设 Ω 为矩形区域

$$\Omega=\{(x,y)\mid a<x<b,\ c<y<d\}$$

其边界 $\partial\Omega$ 是由 4 条直线段组成

$$\partial\Omega=\{(x,y)\mid x=a,x=b,c\leqslant y\leqslant d;y=c,y=d,a\leqslant x\leqslant b\}$$

二维泊松方程定解问题的网格剖分如图 7.9 所示。

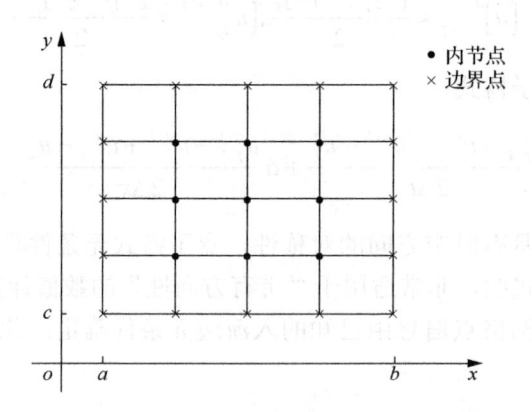

图 7.9 二维泊松方程定解问题的网格剖分

对于上述问题的数值求解，首先使用一系列的离散点代替连通区域。设 x 轴

方向的空间步长 $h_1 = \dfrac{b-a}{I+1}$，y 轴方向的空间步长 $h_2 = \dfrac{d-c}{J+1}$，那么区域 Ω 的内部节点（简称内节点）为

$$\Omega_h = \left\{(x_i, y_j) \mid x_i = a + ih_1, 1 \leqslant i \leqslant I; y_j = c + jh_2, 1 \leqslant j \leqslant J\right\}$$

区域 Ω 的边界点为

$$\partial\Omega_h = \begin{cases} (x_i, y_j) \mid x_i = a + ih_1, y_j = c + jh_2; \\ i = 0, 1, \cdots, I, I+1, j = 0, 1, \cdots, J, J+1; j = 0, 1, \cdots, J, J+1, i = 0, 1, \cdots, I, I+1 \end{cases}$$

在内节点 (x_i, y_j) 处考虑偏微分方程：

$$-\left[\frac{\partial^2 u(x_i, y_j)}{\partial x^2} + \frac{\partial^2 u(x_i, y_j)}{\partial y^2}\right] = f(x_i, y_j) \tag{7.54}$$

利用泰勒级数展开有

$$\begin{aligned}\frac{\partial^2 u(x_i, y_j)}{\partial x^2} &= \frac{1}{h_1^2}\left[u(x_{i-1}, y_j) - 2u(x_i, y_j) + u(x_{i+1}, y_j)\right] \\ &\quad - \frac{h_1^2}{24}\left[\frac{\partial^4 u(\xi_1, y_j)}{\partial x^4} + \frac{\partial^4 u(\xi_2, y_j)}{\partial x^4}\right]\end{aligned} \tag{7.55}$$

其中，$x_{i-1} \leqslant \xi_1; \xi_2 \leqslant x_{i+1}$。同样地，

$$\begin{aligned}\frac{\partial^2 u(x_i, y_j)}{\partial y^2} &= \frac{1}{h_2^2}\left[u(x_i, y_{j-1}) - 2u(x_i, y_j) + u(x_i, y_{j+1})\right] \\ &\quad - \frac{h_2^2}{24}\left[\frac{\partial^4 u(x_i, \eta_1)}{\partial y^4} + \frac{\partial^4 u(x_i, \eta_2)}{\partial y^4}\right]\end{aligned} \tag{7.56}$$

其中，$y_{j-1} \leqslant \eta_1$，$\eta_2 \leqslant y_{j+1}$。略去式（7.55）和式（7.56）中的高阶小量，然后将这两式代入式（7.54），用 $u_{i,j}$ 代替 $u(x_i, y_j)$ 后可得

$$-\left[\frac{1}{h_1^2}(u_{i-1,j} - 2u_{i,j} + u_{i+1,j}) + \frac{1}{h_2^2}(u_{i,j-1} - 2u_{i,j} + u_{i,j+1})\right] = f(x_i, y_j) \tag{7.57}$$

这就是式（7.54）的一种差分形式。显然，差分方程（7.57）为五点差分格式。

由于假设 Ω 为矩形区域，因此其边界条件很容易处理。以二维泊松方程第一边值问题为例，其差分形式逼近为

$$\begin{cases} -\left[\dfrac{1}{h_1^2}(u_{i-1,j}-2u_{i,j}+u_{i+1,j})+\dfrac{1}{h_2^2}(u_{i,j-1}-2u_{i,j}+u_{i,j+1})\right]=f(x_i,y_j), & (x_i,y_j)\in\Omega_h \\ u_{i,j}=\alpha_{i,j}, & (x_i,y_j)\in\partial\Omega_h \end{cases}$$
(7.58)

假设 $u(x,y)=\alpha(x,y)$ 为矩形，当 $(x,y)\in\partial\Omega$ 时，$\alpha_{i,j}=\alpha(x_i,y_j)$。

例 7.5 考虑椭圆型偏微分方程：

$$\begin{cases} -\left(\dfrac{\partial^2 u}{\partial x^2}+\dfrac{\partial^2 u}{\partial y^2}\right)=-2\exp(x+y) \\ u\big|_{\partial\Omega}=\exp(x+y) \end{cases}$$

其中，$\Omega=(0,1)\times(0,1)$，其精确解为 $u(x,y)=\exp(x+y)$。

解：程序（C++语言编写）实现见附录。程序运行后的数值解和精确解见表 7.2。

表 7.2 椭圆型偏微分方程算例计算结果

(x, y)	数值解	精确解	|精确解−数值解|
(0.2,0.2)	1.4918214	1.4918247	0.0000033
(0.2,0.5)	2.0137473	2.0137527	0.0000054
(0.2,0.8)	2.7182791	2.7182818	0.0000027
(0.5,0.2)	2.0137473	2.0137527	0.0000054
(0.5,0.5)	2.7182728	2.7182818	0.0000090
(0.5,0.8)	3.6692921	3.6692967	0.0000046
(0.8,0.2)	2.7182791	2.7182818	0.0000027
(0.8,0.5)	3.6692921	3.6692967	0.0000046
(0.8,0.8)	4.9530305	4.9530324	0.0000019

习 题

7.1 采用全隐格式离散如下方程，并编程求解如下一维热传导问题的控制方程，并将数值解与其解析解对照。该问题的解析解为

$$\begin{cases} \dfrac{\partial u}{\partial t}=\dfrac{\partial^2 u}{\partial x^2} & 0<x\leqslant 1, 0<t\leqslant 1 \\ u(x,0)=\sin(\pi x) & 0\leqslant x\leqslant 1 \\ u(0,t)=u(1,t)=0 & 0\leqslant t\leqslant 1 \end{cases}$$

$$u(x,t) = e^{-\pi^2 t} \sin(\pi x)$$

7.2 采用隐格式编程求解例 7.2，并讨论相应的局部截断误差。

7.3 采用隐格式编程求解例 7.3，并讨论相应的局部截断误差。

参 考 文 献

[1] JAMES R N. Numerical solutions to poisson equations using the finite-difference method[J]. IEEE Antennas and Propagation Magazine, 2014, 56(4): 209-224.

[2] 徐旭光. 基于有限差分法的泊松方程算法研究与软件实现[D]. 成都: 电子科技大学, 2011.

[3] 周莉英. 静电场的计算机模拟[D]. 苏州: 苏州大学, 2004.

[4] 陈丁华. 静电场边值问题的解法探讨[D]. 重庆: 重庆师范大学, 2009.

[5] XUE X, WANG Y P, ZHANG Y B. Numerical simulation of thermal stress and deformation in a casting using finite difference method[J]. Materials Science Forum, 2013, 762: 218-223.

[6] GüRTLER F J, KARG M, LEITZ K H, et al. Simulation of laser beam melting of steel powders using the Three-Dimensional volume of fluid method[J]. Physics Procedia, 2013, 41: 881-886.

[7] CHEN T, LIAO D M, ZHOU J X. Numerical simulation of casting thermal stress and deformation based on finite difference method[J]. Materials Science Forum, 2013, 762: 224-229.

[8] 王跃平. 基于有限差分法的铸造热应力数值模拟[D]. 哈尔滨: 哈尔滨工业大学, 2013.

[9] LIPNIKOV K, MANZINI G, MOULTON J D, et al. The mimetic finite difference method for elliptic and parabolic problems with a staggered discretization of diffusion coefficient[J]. Journal of Computational Physics, 2016, 305: 111-126.

[10] TAO S, XU A, HE Q, et al. A curved lattice Boltzmann boundary scheme for thermal convective flows with Neumann boundary condition[J]. International Journal of Heat and Mass Transfer, 2020, 150: 119345.

[11] CHEN Q, ZHANG X B, ZHANG J F. Numerical simulation of Neumann boundary condition in the thermal lattice Boltzmann model[J]. International Journal of Modern Physics C, 2014, 25: 1450027.

[12] ZHANG C B, WU S C, YAO F, et al. Numerical study on vapor-liquid phase change in an enclosed narrow space[J]. Numerical Heat Transfer, Part A: Applications, 2020, 77(2): 199-214.

[13] ZhANG Q Y, SUN D K, ZHANG S H, et al. Modeling of microporosity formation and hydrogen concentration evolution during solidification of an Al-Si alloy[J]. Chinese Physics B, 2020, 29(7): 648-659.

[14] SUN D K, PAN S Y, HAN Q Y, et al. Numerical simulation of dendritic growth in directional solidification of binary alloys using a lattice Boltzmann scheme[J]. International Journal of Heat and Mass Transfer, 2016, 103: 821-831.

[15] CATTENONE A, MORGANTI S, AURICCHIO F. Basis of the Lattice Boltzmann Method for additive manufacturing[J]. Archives of Computational Methods in Engineering, 2020, 27: 1109-1133.

[16] 孙志忠, 袁慰平, 闻震初. 数值分析[M]. 3 版. 南京: 东南大学出版社, 2011.

第 8 章 蒙特卡罗方法

在物理学中,事物变化的过程可以分为两大类:确定过程和随机过程[1]。其中,确定过程是指事物的变化具有确定的形式,其变化过程可以用一个与时空相关的确定性函数来描述,如卫星绕地运动,电容器充、放电等;而随机过程没有确定的变化形式,这类事物的变化过程不能用与时空相关的确定性函数来描述,如电子的轨道运动、液面质点的布朗运动等。蒙特卡罗方法(Monte Carlo method)[2-7],又称 MC 方法,是针对随机过程而提出的一种数值模拟方法,其基本思想是通过随机抽样来进行计算和模拟,从而得到概率统计数据,并利用随机统计规律来近似估算结果。早在 20 世纪 40 年代,研究者就提出了利用随机抽样统计的方法求解物质裂变时的中子扩散问题,并采用著名赌城——蒙特卡罗来命名这种计算方法。蒙特卡罗方法的理论基础是概率论与数理统计学,其计算结果的精确度很大程度上取决于抽取样本的数量,一般需要大量的样本数据。早期受到计算工具的限制,蒙特卡罗方法并没有受到重视。现在随着计算机科学的发展,蒙特卡罗方法的应用范围日趋广阔,已广泛应用到许多科学研究与工程设计领域,成为计算物理学的一个重要分支。蒙特卡罗方法不仅可用来解决核物理、量子物理、统计物理、凝聚态物理等学科中某些随机过程问题,而且适用于求解多重积分、线性方程组和微积分方程等确定性的数值计算问题。此外,蒙特卡罗方法尤其擅长模拟微观粒子在宏观介质中输运等问题,其作为一种随机模拟方法,与分子动力学方法并驾齐驱,成为多尺度模拟中的重要环节。

8.1 蒙特卡罗方法的理论基础

蒙特卡罗方法的提出来自对随机过程问题的观察与求解。本节首先通过介绍布丰投针试验[8],引出蒙特卡罗方法的初步知识,然后进一步介绍蒙特卡罗方法涉及的数学理论基础。

8.1.1 布丰投针试验

法国数学家德·布丰(De Buffon)最早设计的投针试验用于计算圆周率。这一方法的步骤:①取一张白纸,在上面画上许多条间距为 a 的平行线;②取一根长度为 $l(l \leq a)$ 的针,随机地向画有平行直线的纸上掷 N 次,观察针与直线相交的次数，记为 M；③计算针与直线相交的概率。布丰投针试验示意图如图 8.1 所示。

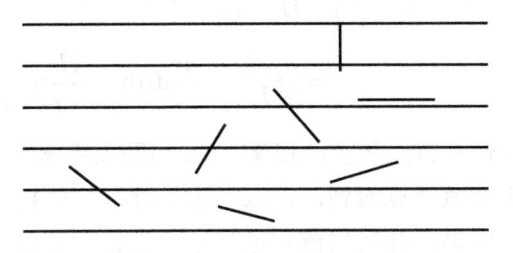

图 8.1 布丰投针试验示意图

为进一步解析投针试验，可用二维随机变量 (X,Y) 来表征投针在桌上的具体位置，其中 X 表示针的中点到平行线的距离，Y 表示针与平行线的夹角，如图 8.2 所示。

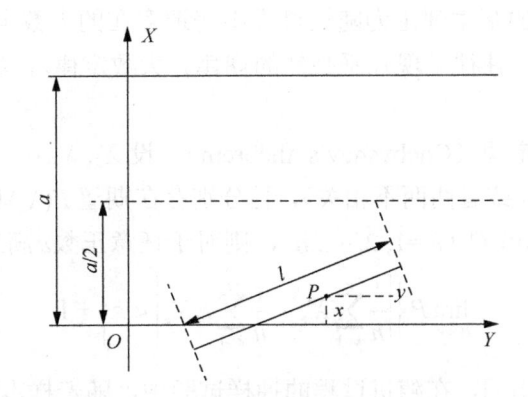

图 8.2 布丰投针试验的数学描述

针与直线相交的条件可用随机变量表示为

$$X \leqslant \frac{l}{2}\sin Y \tag{8.1}$$

X 和 Y 相互独立且均服从均匀分布，$X \sim U(0, a/2)$，$Y \sim U(0, \pi/2)$。由此可以写出 (X, Y) 的概率密度函数为

$$f(x,y) = \begin{cases} \dfrac{4}{\pi a} & 0 < x < \dfrac{a}{2}, 0 < y < \dfrac{\pi}{2} \\ 0 & \text{其他} \end{cases} \tag{8.2}$$

根据式（8.2）可求得针与直线相交的概率为

$$P\left\{X<\frac{l}{2}\sin Y\right\}=\iint_{x<\frac{l}{2}\sin y}f(x,y)\mathrm{d}x\mathrm{d}y$$

$$=\int_0^{\frac{\pi}{2}}\int_0^{\frac{l}{2}\sin y}\frac{4}{\pi a}\mathrm{d}x\mathrm{d}y=\frac{2l}{\pi a}\approx\frac{M}{N} \tag{8.3}$$

式（8.3）建立了针与直线相交的概率 M/N 与圆周率 π 的定量关系。布丰投针试验说明，对于一个数值计算问题，可以通过构建一个随机过程，采用抽样试验的方法得到概率统计结果，并利用概率论与数理统计的基础理论，建立概率统计结果与实际问题之间的定量关系，从而实现对实际问题的近似求解，这就是蒙特卡罗方法的基本内涵。

8.1.2 大数定律

蒙特卡罗方法的基本理论为随机过程中普遍存在的大数定律[9]，即在随机事件大量重复出现时，往往呈现几乎必然的规律。大数定律可以通过以下三个定理进行具体描述。

（1）切比雪夫定理（Chebyshev's theorem）。设 $X_1, X_2, \cdots, X_k, \cdots, X_n$ 是一列相互独立的随机变量（或者两两不相关），且分别存在期望 $E(X_k)$ 和方差 $D(X_k)$，若存在常数 C 使得 $D(X_k) \leqslant C$（$k=1, 2, \cdots, n$），则对于任意正数 ε 满足：

$$\lim_{n\to\infty}P\left\{\left|\frac{1}{n}\sum_{k=1}^n X_k-\frac{1}{n}\sum_{k=1}^n EX_k\right|<\varepsilon\right\}=1 \tag{8.4}$$

切比雪夫定理指明，在随机过程的抽样试验中，随着样本容量 n 的增加，样本平均数将接近于总体平均数，从而为蒙特卡罗方法中依据样本平均数估计总体平均数提供了理论依据。

（2）伯努利大数定理（Bernoulli's theorem of large numbers）。设 μ_n 是 n 次独立试验中事件 A 发生的次数，且事件 A 在每次独立试验中发生的概率为 p，则对于任意正数 ε 满足：

$$\lim_{n\to\infty}P\left\{\left|\frac{\mu_n}{n}-p\right|<\varepsilon\right\}=1 \tag{8.5}$$

式（8.5）是切比雪夫定理的特例。伯努利大数定理说明，当样本容量 n 足够大时，待测事件发生的频率几乎接近其发生的概率，这为蒙特卡罗方法中采用抽样试验中样本频率估计总体概率提供了理论依据。

（3）辛钦大数定理（Wiener-Khinchin law of large numbers）。如果随机变量序列 $X_1, X_2, \cdots, X_n$ 独立且同分布，并存在期望 $E(X_i)=\mu<\infty$，则对于任意正数 ε 满足：

$$\lim_{n\to\infty} P\left(\left|\frac{1}{n}\sum_{i=1}^{n} X_i - \mu\right| < \varepsilon\right) = 1 \tag{8.6}$$

辛钦大数定理同样也是切比雪夫定理的特例，它说明当样本容量 n 足够大时，简单抽样试验中随机变量 X 的算术平均值以概率 1 收敛于它的期望值 $E(X)$。

8.1.3 中心极限定理

大数定律是开展蒙特卡罗方法时验证概率模型收敛性的理论依据，而中心极限定理[10]则给出了蒙特卡罗方法近似解与真解之间的误差。如果随机变量序列 $X_1, X_2, \cdots, X_n$ 独立且同分布，则随机变量序列的均值：

$$\bar{X} = \frac{1}{n}\sum_{i=1}^{n} X_i \quad i=1,2,\cdots,n \tag{8.7}$$

也是一个随机变量。假设具有数学期望和方差 $E(\bar{X})=\mu$，$D(\bar{X})=\sigma^2$，则 $\bar{X}$ 相关的分布函数 $F_n(x)$ 满足：

$$\lim_{n\to\infty} F_n(x) = \lim_{n\to\infty} P\left\{(\bar{X}-\mu) \leqslant \frac{x\sigma}{\sqrt{n}}\right\} = \frac{1}{\sqrt{2\pi}}\int_{-\infty}^{x} e^{-\frac{t^2}{2}} dt \tag{8.8}$$

式（8.8）为中心极限定理的数学表达。中心极限定理说明，当样本容量 n 足够大时，独立同分布随机变量序列的均值 $\bar{X}$ 近似地服从正态分布 $N(\mu, \sigma^2/n)$。根据正态分布密度函数的对称性特点，可将式（8.8）改写为以下形式：

$$P\left(|\bar{X}-\mu| \leqslant \frac{\lambda_\alpha \sigma}{\sqrt{n}}\right) \approx \frac{2}{\sqrt{2\pi}}\int_0^{\lambda_\alpha} e^{-\frac{t^2}{2}} dt = 1-\alpha \tag{8.9}$$

其中，α 为显著性水平；$1-\alpha$ 为置信度或置信水平；不等式

$$|\bar{X}-\mu| \leqslant \frac{\lambda_\alpha \sigma}{\sqrt{n}} = \varepsilon \tag{8.10}$$

描述了简单随机抽样时，置信度为 $1-\alpha$ 的置信区间。在蒙特卡罗方法中，一般也将式（8.10）中的 ε 称为误差。显然，蒙特卡罗方法的误差收敛阶数为 $O(n^{-1/2})$，当给定置信度 $1-\alpha$ 后，误差 ε 由标准差 σ 和样本容量 n 共同决定。在 σ 固定的情况下，要把精度提高一个数量级，样本容量 n 需增加两个数量级，因此，单纯通

过增大样本容量降低计算误差的效率较低。降低 σ 时，误差 ε 随 σ 线性降低，能够有效地提高计算精度，但是降低均方差往往会使得单次试验的复杂程度增加，从而影响单次计算效率。因此在蒙特卡罗方法中，除了关注误差与计算精度以外，数值计算的效率问题也需适当考虑。一般可将蒙特卡罗方法中的计算效率定义为 $\sigma^2 c$，其中 c 为单次试验的耗费（计算机时、CPU 占用率等），显然 $\sigma^2 c$ 越小，模拟方法越高效。需要注意的是，在进行蒙特卡罗计算时，σ 往往是未知的，为获取误差信息，可采用以下公式对标准差进行估计：

$$\sigma = \sqrt{\frac{1}{n}\sum_{i=1}^{n} X_i^2 - \left(\frac{1}{n}\sum_{i=1}^{n} X_i\right)^2} \tag{8.11}$$

例 8.1 射击问题：已知某运动员进行了 100 次射击训练，结果如下表所示。

环数	7	8	9	10
频次	10	10	30	50

根据蒙特卡罗方法的基本思想，预估其射击成绩，并根据标准正态分布表求得置信度为 95%时的计算误差。

解：射击问题是蒙特卡罗方法中的一个经典问题。为求解该问题，假设 r 表示射击运动员弹着点到靶心的距离，$g(r)$ 表示击中 r 处相应的得分，即环数，$f(r)$ 为该运动员弹着点的密度分布函数，则该运动员射击成绩的真解可用随机变量 $g(r)$ 的期望表示：

$$Eg = \int_0^\infty g(r)f(r)\mathrm{d}r$$

为求得 Eg 的近似值，可将运动员进行的射击训练看作采用蒙特卡罗方法实施了 $n=100$ 次独立同分布的简单抽样试验，每次射击的弹着点依次为 $r_1, r_2, \cdots, r_n$，则 n 次得分 $g(r_1), g(r_2), \cdots, g(r_n)$ 的算术平均值为

$$\bar{g}_n = \frac{1}{n}\sum_{i=1}^{n} g(r_i)$$

根据辛钦大数定理可知，当 n 足够大时，$\bar{g}_n$ 以概率 1 收敛于运动员的真实成绩 Eg，通过表格计算可知，$\bar{g}_{100} = 9.2$ 为通过模拟得到运动员射击成绩的近似值。根据中心极限定理，该模拟方法的误差为

$$\varepsilon = \frac{\lambda_\alpha \sigma}{\sqrt{n}}$$

通过查标准正态分布表可知,置信度 $1-\alpha=95\%$ 时,$\lambda_{0.05}=1.96$;通过式(8.11)可知,

$$\sigma = \sqrt{\frac{1}{n}\sum_{i=1}^{n}\left[g(r_i)\right]^2 - \left[\frac{1}{n}\sum_{i=1}^{n}g(r_i)\right]^2}$$

代入表格数据可得,$\sigma=0.97980$,$\varepsilon=0.1920$。

8.2 蒙特卡罗模拟的实施策略

在 8.1 节提到的射击问题中,是采用试验的方式对随机过程进行抽样与评估,从而得到实际问题的近似解。实际上,射击问题也可以采用计算机模拟的方式进行随机试验:首先选取一个随机数 ξ 代表一次射击弹着点的位置,然后按照弹着点位置与环数的对应关系判断得到的成绩,这样就相当于进行了一次随机的射击试验,n 次试验后,可得到该运动员射击成绩的近似解,这就是通过蒙特卡罗方法实施计算机数值模拟的基本思路。

8.2.1 蒙特卡罗模拟的基本步骤

蒙特卡罗模拟通常处理的问题分为以下两类。

(1) 确定性问题:计算多重积分、求解微分方程边值问题、求解积分方程等属于这一类问题。用蒙特卡罗模拟求解这类问题时,首先建立一个与求解问题相关的概率模型,使问题的解与所建立的概率模型对应;其次进行随机抽样试验;最后用抽样结果的统计值作为解的近似估计值。

(2) 随机性问题:微观粒子在介质中的扩散等多数物理学问题属于这一类问题。粒子在介质中运动不仅受到确定性因素的影响,而且与随机性扰动相关。通过蒙特卡罗模拟处理该问题时,采用直接模拟方法,首先建立与随机性扰动相关的概率模型;其次将其耦合到描述物理问题的确定性方程中,通过计算机模拟同步进行抽样试验和数值求解;最后将求解结果与理论、实验结果对照。

整体而言,蒙特卡罗模拟处理问题的基本步骤如下。

(1) 为解决某个确定性或随机性的问题,根据该问题的系统特性,建立能够描述该系统特性的概率模型,导出该模型中随机变量的概率密度函数,即建立待解决问题与随机过程的定量联系。

(2) 从概率密度函数出发进行随机抽样试验,产生已知概率分布的随机变量,根据概率模型得到问题相关特征量的模拟结果。如何生成已知概率分布的随机变量,是实现蒙特卡罗模拟的关键步骤,在计算机数值模拟中一般是通过生成一系

列随机数来实现。例如，对于特征量 Y，假设其满足的概率模型 $Y=g(x_1, x_2, x_3, \cdots, x_m)$，其中 $(x_1, x_2, x_3, \cdots, x_m)$ 为相互独立的多因素随机变量。为从中抽出子样 $Y_1, Y_2, Y_3, \cdots, Y_n$，首先通过计算机生成一系列随机数 $(\xi_1, \xi_2, \xi_3, \cdots, \xi_m)$，其中 m 称为此次算法的结构性维数，也就是完成一次抽样所需随机数的最大数目，经过概率模型计算 $g(\xi_1, \xi_2, \xi_3, \cdots, \xi_m)$ 得到特征量 Y 的一个子样 Y_n。

（3）对模拟结果进行分析总结，预测待解决问题的数值解，并结合模型相关理论和概率论基本原理对模拟结果的收敛性、可靠性和有效性进行检验。

根据不同问题的系统特性构建概率模型，需要较强的理论水平和数学物理基础，这是蒙特卡罗模拟面临的一大难点问题。除此以外，蒙特卡罗模拟还包括了两个核心问题：以概率统计理论为主要理论基础（对大量的随机事件进行统计）；以随机抽样方法为主要手段（按要求产生随机数）。下面主要对随机数与随机抽样方法进行具体介绍。

8.2.2 随机数

由单位矩阵分布中所产生的简单子样称为随机数序列，其中的每一个个体称为随机数[11-12]。简单地说，随机数就是不可预计的数字。例如，基本数字包括 0 到 9 共十个数，如果随机地取一个数，则每个数字出现的概率相同，都是 1/10，而且每个数字的出现，与相邻其他数字的出现都是独立的（相互没有关联），满足这样条件的数字就是随机数。独立性、均匀性是随机数必备的两个特点。随机数在蒙特卡罗模拟中占有极其重要的位置，一般用专门的符号 ξ 表示，用 $\xi_1, \xi_2, \cdots$ 代表相互独立且均匀分布的随机数序列。

随机数被分为真随机数和伪随机数两类。其中，真随机数序列是不可预计的，不可能重复产生。这种随机数序列只能通过某些物理过程来产生，如放射性衰变、电子设备的热噪声等。利用上述物理过程，在计算机上增加某些特殊设备，可以直接产生随机数，这些特殊设备称为随机数生成器（random number generator）。用物理方法产生的随机数序列无法重复实现，不能进行程序复算，给验证结果带来很大困难。此外，需要增加随机数生成器和电路联系等附加设备，费用昂贵，因此，该方法在实际数值模拟中难以适用。实际数值模拟中的随机数一般通过数学方法借助计算机产生，这样的随机数序列从数学上并不是严格随机的，但具有一定与真随机数序列相似的统计学特征，因此在一定条件下可当作随机数使用，这种随机数称为伪随机数。伪随机数序列生成速度快，消耗费用低，可重复强，适合在计算机上应用。产生伪随机数序列的方法很多，如取中法、同余法、移位法等，在具体的模拟中应选择具有良好统计分布，容易实现，生成效率高，生成周期长，可移植性好的随机数生成算法。此外，产生伪随机数序列的方法需要经过统计学检验。

8.2.3 随机抽样方法

随机抽样方法[13-14]是指按照随机原则，利用随机数，从总体中抽取样本，产生具有和总体统计分布特征相同的随机变量序列，通过观察样本的目标特征，依据统计信息对总体统计分布特征得出具有一定可靠性的估计判断，从而获得对总体的认识。在蒙特卡罗模拟中，最基础的抽样问题是已知分布的简单抽样问题，即在已知分布的总体中抽取子样，每个样本单位被抽中的概率相等，样本的每个单位完全独立，彼此间无一定的关联性和排斥性。伪随机数序列的生成实际上属于已知分布的简单抽样问题的特例。随机抽样方法的关键问题是如何通过对均匀分布的伪随机数序列进行适当处理，产生符合概率模型要求分布的随机变量。这里主要介绍以下几种方法。

1. 直接抽样法

直接抽样法也称为反变换方法，其基本思路是设总体分布函数为 $F(x)$，用 X_F 表示由已知总体分布函数 $F(x)$ 中产生简单子样的个体。首先从 $U(0,1)$ 中产生随机数 ξ，然后以 ξ 作为概率值与 $F(x)$ 对比，要求随机变量 X_F 为所有满足 $F(t) \geq \xi$ 的自变量集合下确界，即

$$X_n = \inf_{F(t) \geq \xi_n} t \quad n = 1, 2, 3, \cdots \tag{8.12}$$

可以证明，随机变量序列 $X_1, X_2, \cdots, X_n$ 相互独立且具有相同的总体分布函数 $F(x)$。对于连续型分布，如果总体分布函数 $F(x)$ 的反函数 $F^{-1}(x)$ 存在，则直接抽样法实际上就是根据随机数 ξ 的取值反向求解 $F^{-1}(\xi)$ 的过程，即

$$X_F = F^{-1}(\xi) \tag{8.13}$$

对于离散型分布，假设其总体分布函数为

$$F(x) = \sum_{x_i \leq x} P_i \tag{8.14}$$

其中，$x_1, x_2, \cdots$ 为离散型分布函数的跳跃点；$P_1, P_2, \cdots$ 为相应的概率。根据直接抽样法，离散型分布的直接抽样法如下：

$$X_F = x_I, \quad \sum_{i=1}^{I-1} P_i < \xi \leq \sum_{i=1}^{I} P_i \tag{8.15}$$

例 8.2 掷骰子时，点数 $X=n$ 的概率分布为

$$P(X = n) = \frac{1}{6} \quad n = 1, 2, \cdots, 6$$

通过直接抽样法获取满足其概率分布的随机变量。

解：首先计算掷骰子问题的总体分布函数为

$$F(x) = \frac{n}{6} \quad n = [x]$$

选取随机数 ξ，根据式（8.15），直接抽样法选取的随机变量 X_F 为

$$X_F = n \quad \frac{n-1}{6} < \xi \leqslant \frac{n}{6}$$

由于不同跳跃点对应的概率相同，也可以将上述随机变量等效地写为

$$X_F = [6 \cdot \xi] + 1$$

2. 筛选抽样法

筛选抽样法也称为接受-拒绝抽样法。直接抽样法适用于总体分布函数的反函数存在且容易计算的情况，但是，在某些情况下，总体分布函数及其反函数无法用解析形式给出，或者总体分布函数较为复杂难以计算出反函数，筛选抽样法是为克服这些困难而产生的。筛选抽样法的基本思路：设总体分布密度函数为 $f(x)$，由于总体分布函数及其反函数未知，难以从 $f(x)$ 中进行直接抽样，考虑另外一个容易直接抽样的样本，假设其密度分布函数为 $h(x)$，如果选取 $h(x)$ 与 $f(x)$ 具有一定程度的相似性，满足：

$$\langle f(\vec{r}) \rangle = \int_{-\infty}^{+\infty} f(r,t) p(x,t) \mathrm{d}x \tag{8.16}$$

则可采用以下方法抽取样本：

（1）从 $U(0,1)$ 中产生随机数 ξ_1 和 ξ_2，针对 ξ_1 通过直接抽样法从 $h(x)$ 中抽取 X_h。

（2）计算表达式 $f(X_h)/[M \cdot h(X_h)]$。

（3）判断 ξ_2 与 $f(X_h)/[M \cdot h(X_h)]$ 的大小关系。如果 $\xi_2 \leqslant f(X_h)/[M \cdot h(X_h)]$，则接受 X_h 为 $f(x)$ 的抽样结果，即 $X_f = X_h$；如果 $\xi_2 > f(X_h)/[M \cdot h(X_h)]$，则拒绝抽样结果，回到步骤（1）进行重复抽样，直至满足 $\xi_2 \leqslant f(X_h)/[M \cdot h(X_h)]$ 的要求。

上述方法就是筛选抽样法，可以证明，对于任意的自变量 x：

$$\begin{aligned}P(x \leqslant X_f < x + \mathrm{d}x) &= P\big(x \leqslant X_h < x + \mathrm{d}x \big| \xi_2 \leqslant f(X_h)/[M \cdot h(X_h)]\big) \\ &= f(x)\mathrm{d}x\end{aligned} \tag{8.17}$$

式（8.17）为筛选抽样法的合理性提供了理论依据。使用筛选抽样法时，要注意选取的 $h(x)$ 应容易抽样且 M 的值尽量小。M 为筛选抽样法中满足 $\xi_2 \leqslant f(X_h)/[M \cdot h(X_h)]$ 被选中的概率，也称为抽样效率。当 M 越小时，被选中的概率越大，表明抽样效率越高。

例 8.3 投点问题：假设有一投针垂直投向一个半径为 R_0 的圆内，投针到圆心的距离为 r，投点位置在圆内满足均匀分布，请问如何利用随机数对该问题进行数值模拟？

解： 在投点问题中，投针到圆心的距离 r 满足的分布密度函数为

$$f(r) = \begin{cases} \dfrac{2r}{R_0^2} & 0 \leqslant r \leqslant R_0 \\ 0 & \text{其他} \end{cases}$$

通过积分可得其总体分布函数为

$$F(r) = \frac{r^2}{R_0^2}$$

则通过直接抽样法可得到该分布的抽样随机变量 r_f 为

$$r_f = R_0 \cdot \sqrt{\xi}$$

由于上式中涉及开方运算，在计算机上较费时间，可采用筛选抽样法。

从 $U(0,1)$ 中产生伪随机数 ξ_1 和 ξ_2，同时取

$$h(r) = \frac{1}{R_0}$$

则

$$\frac{f(r)}{h(r)} = \frac{2r}{R_0} \quad M = 2, \quad r_h = R_0 \cdot \xi_1$$

对比 ξ_1 和 ξ_2，如果 $\xi_2 \leqslant \xi_1$，则

$$r_f = r_h = R_0 \cdot \xi_1$$

实际上，当 $\xi_2 > \xi_1$ 时，没有必要完全舍弃 ξ_1 和 ξ_2，可取

$$r_f = R_0 \cdot \max(\xi_1, \xi_2)$$

可以证明，上式中的随机变量具有与筛选抽样法相同的总体分布函数 $F(r)$。

3. 替换抽样法

为了实现某个复杂随机变量 y 的抽样，将其表示成若干个简单的随机变量序列 $x_1, x_2, \cdots, x_m$ 的函数 $y = g(x_1, x_2, \cdots, x_m)$，分别对随机变量序列 $x_1, x_2, \cdots, x_m$ 进行抽样后，即可得到 y 的抽样变量，这种方法称为替换抽样法。

例 8.4 通过替换抽样法求正态分布

$$f(x,y) = \frac{1}{2\pi} e^{-(x^2+y^2)/2}$$

的抽样结果。

解：根据正态分布密度函数的特征可知，随机变量 X 和 Y 相互独立，采用极坐标对 (X, Y) 中的变元进行变换，即

$$x = \rho \cos \phi$$
$$y = \rho \sin \phi$$

则正态分布密度函数可改写为

$$g(\rho, \phi) = \frac{\rho}{2\pi} e^{-\rho^2/2}$$

其中，坐标 ρ 和 ϕ 对应的随机变量分别为 P 和 Φ，由于 P 和 Φ 相互独立，则可得到其分布密度函数分别为

$$g_1(\rho) = \rho \cdot e^{-\rho^2/2}$$
$$g_2(\phi) = \frac{1}{2\pi}$$

分布函数分别为

$$G_1(\rho) = 1 - e^{-\rho^2/2}$$
$$G_2(\phi) = \frac{1}{2\pi} \phi$$

利用直接抽样法分别对 ρ 和 ϕ 进行抽样，可得

$$\rho = \sqrt{-2\ln(1-\xi_1)}$$
$$\phi = 2\pi \xi_2$$

对满足 $U(0,1)$ 分布的伪随机数序列而言，ξ_1 和 $1-\xi_1$ 的分布完全相同，因此在上式中可以用 ξ_1 来取代 $1-\xi_1$，得到

$$\rho = \sqrt{-2\ln \xi_1}$$

则随机变量 X 和 Y 的抽样结果分别为

$$X_f = \sqrt{-2\ln \xi_1} \cdot \cos(2\pi \xi_2)$$
$$Y_f = \sqrt{-2\ln \xi_1} \cdot \sin(2\pi \xi_2)$$

此外，对于一般正态分布 $N(\mu,\sigma^2)$ 的抽样结果为

$$\tilde{X}_f = \mu + \sigma \cdot X_f$$

$$\tilde{Y}_f = \mu + \sigma \cdot Y_f$$

程序（Fortran 语言编写）实现见附录。

8.3 蒙特卡罗模拟的应用

8.3.1 定积分的数值计算

首先考虑一维定积分问题：

$$J = \int_a^b f(x)\mathrm{d}x \tag{8.18}$$

其中，a、b 有限；$0 \leqslant f(x) \leqslant N$。根据定积分的几何意义可知，式（8.18）的值实际上为函数 $f(x)$ 与 x 轴所围成图形的面积，如图 8.3 所示。为求解该问题，可采用与布丰投针试验类似的思路，假设投针均匀垂直地投入 x 和 y 取值范围构成的矩形区域内，区域的集合为 $\Omega=\{(x,y): a \leqslant x \leqslant b, 0 \leqslant y \leqslant N\}$，构造 (X, Y) 为 Ω 上均匀分布的二维随机向量，其联合密度函数为

$$p(x,y) = \begin{cases} \dfrac{1}{N(b-a)} & a \leqslant x \leqslant b, 0 \leqslant y \leqslant N \\ 0 & 其他 \end{cases} \tag{8.19}$$

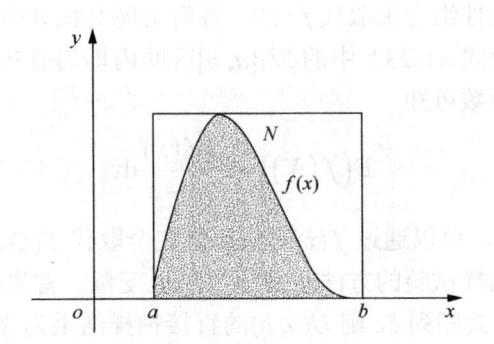

图 8.3 蒙特卡罗模拟计算定积分示意图

根据式（8.19）可知，投针落入图 8.3 阴影部分的概率为

$$P = \frac{1}{N(b-a)} \int_a^b f(x)\mathrm{d}x \tag{8.20}$$

对式（8.20）进行数值模拟，可采用以下步骤进行：

（1）在计算机上生成两个满足 $U(0, 1)$ 分布的伪随机数 ξ_1 和 ξ_2。

（2）通过直接抽样法获得 (X, Y) 的二维样本向量 (X_F, Y_F)，其中 $X_F=a+(b-a)\cdot\xi_1$，$Y_F=N\cdot\xi_2$。

（3）判断 Y_F 与 $f(X_F)$ 的大小关系。若 $Y_F \leq f(X_F)$，表示随机抽样点落入图 8.3 的阴影部分之内；若 $Y_F > f(X_F)$，则表示随机抽样点落至阴影部分之外。

（4）不断重复第（1）～（3）步的抽样过程，通过 $2n$ 个随机数获得 n 个样本向量，统计落入阴影部分的点数为 n_0。根据伯努利大数定理可知，当 n 足够大时，

$$P = \frac{1}{N(b-a)}\int_a^b f(x)\mathrm{d}x \approx \frac{n_0}{n} \tag{8.21}$$

则定积分：

$$J = \int_a^b f(x)\mathrm{d}x = \frac{n_0}{n}N(b-a) \tag{8.22}$$

上述计算定积分的方法也称为随机投点法。

除此以外，也可以采用另外一种蒙特卡罗方法计算定积分。考虑式（8.18），根据积分中值定理可知，如果 $f(x)$ 为连续函数，则必存在一点 ζ，使得

$$J = \int_a^b f(x)\mathrm{d}x = (b-a)f(\zeta) \quad \zeta \in [a,b] \tag{8.23}$$

在数值积分计算确定性方法中，无论是梯形公式、辛普森公式还是复合牛顿-科茨公式，均是将被积区间 $[a, b]$ 划分成等间距的子区间，然后选取一个或多个确定点的函数值或其线性组合来取代 $f(\zeta)$，进而实现对积分的数值近似。在蒙特卡罗模拟中，可以假设式（8.23）中的 ζ 为 $[a, b]$ 区间内均匀分布的随机变量 X，则根据均匀分布的密度函数可知

$$E(f(X)) = \int_a^b \frac{f(x)}{b-a}\mathrm{d}x \tag{8.24}$$

式（8.24）表明，可以通过 $f(x)$ 的期望值完全取代 $f(\zeta)$。对 $f(X)$ 的期望值进行估计，可以采用抽样试验的方法获得样本随机变量。首先在计算机中生成满足 $U(0, 1)$ 分布的伪随机数序列 ξ，则 $U(a, b)$ 的直接抽样结果为 $X=(b-a)\xi$；其次计算 X 对应的函数值 $f(X)$；最后重复 n 次抽样过程，根据辛钦大数定理可知，当样本容量 n 足够大时，

$$J = (b-a)E(f(X)) \approx (b-a)\frac{1}{n}\sum_{i=1}^n f(X_i) \tag{8.25}$$

式（8.25）也称为求解定积分问题的样本均值法。相较于随机投点法，样本

第 8 章 蒙特卡罗方法

均值法不需要明确 $f(x)$ 的取值范围，而且每次抽样仅使用一个伪随机数，在程序计算上更为高效与简便。实际上，样本均值法是通过随机抽样方法对被积区间进行非等间距的网格划分，相当于对复合求积方法的扩展，如图 8.4 所示。根据中心极限定理可知，蒙特卡罗方法的误差 $\varepsilon \sim n^{-1/2}$，其一维定积分的计算精度与收敛速度不如复合梯形公式（$\varepsilon \sim n^{-2}$），但是当计算多重积分时，蒙特卡罗方法的计算精度不变，而复合梯形公式的误差变为 $n^{-2/D}$，其中 D 为被积变量的维度。由此可见，蒙特卡罗方法的优势在于对多重积分的近似求解，如在多体相关动力学和统计力学中所涉及的问题。

（a）等间距复合求积方法　　　　（b）蒙特卡罗随机抽样方法

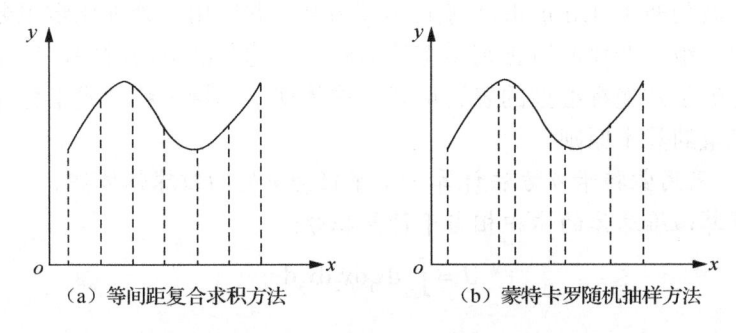

图 8.4　不同数值积分方法之间的对比

样本均值法适用于求解被积函数在区间内变化较为平缓的积分问题，但是在物理学中有很多问题需要求解陡变曲线函数的积分。例如，微正则系综中的相空间密度函数，采用直接抽样法求解时方差较大，计算精度较低，此时可采用筛选抽样法的思路。选取一个变化较为平缓的函数 $h(x)$ 作为 $f(x)$ 的近似函数，$f(x)=g(x) \cdot h(x)$，其中 $g(x)$ 称为权重函数。如果 $g(x) \leqslant M$，则在随机投点法中，随机抽样点落至阴影部分内 $Y_F \leqslant f(X_F)$ 的判定条件可转变为

$$Y_F \leqslant g(X_F) \cdot h(X_F) \leqslant M \cdot h(X_F) \tag{8.26}$$

式（8.26）具有与筛选抽样法类似的判定形式，说明随机投点法计算定积分问题反映了筛选抽样法的实际几何意义。同样也可以将筛选抽样法的基本思路应用于样本均值法中：

$$J = \int_a^b f(x) \mathrm{d}x = \int_a^b h(x) \cdot g(x) \mathrm{d}x \tag{8.27}$$

根据式（8.27），如果随机变量 X 在 $[a, b]$ 区间内的概率密度函数为 $g(x)$，则 $h(X)$ 的期望为所求函数的积分值。按以下方法对 $E(h(X))$ 进行估计：①在计算机中生成满足 $U(0, 1)$ 分布的伪随机数序列 ξ；②根据 $f(x)$ 的曲线特征选择合适的权重函数 $g(x)$，使得 $h(x)=f(x)/g(x)$ 在 $[a, b]$ 区间内平缓变化；③计算 $g(x)$ 对应的分布函数 $G(x)$ 及其反函数 $G^{-1}(x)$，通过直接抽样法获得满足 $g(x)$ 分布的样本变量

$X=G^{-1}(\xi)$；④计算 X 对应的函数值 $h(X)$，重复 n 次抽样过程，根据辛钦大数定理可知，当样本容量 n 足够大时，

$$J = E(h(X)) \approx \frac{1}{n}\sum_{i=1}^{n} h(X_i) \tag{8.28}$$

上述方法也称为数值积分计算中的重要抽样法，其关键因素是选取权重函数 $g(x)$，使得 $h(x)$ 接近 $f(x)$ 的同时平缓变化以尽可能降低误差。重要抽样法不仅应用于数值积分计算，而且在统计物理学中，发展成为以权重函数代替状态函数为基础的梅特罗波利斯（Metropolis）蒙特卡罗方法，并应用于处理化学组分恒定的正则系综和化学组分变化的巨正则系综等问题。在这些经典问题中，通常假定其权重函数具有玻尔兹曼标准型的表达形式，这体现了非量子粒子概率分布的指数性依赖于其能量的基本原则。

例8.5 采用蒙特卡罗方法计算一个半径为 r 的四维球体体积。

解：计算四维球体的体积相当于计算积分：

$$J = \int_\Omega dx_1 dx_2 dx_3 dx_4$$

其中，

$$\Omega: x_1^2 + x_2^2 + x_3^2 + x_4^2 \leqslant r^2$$

考虑被积区间构成的四维超矩形区域：

$$C = \{(x_1, x_2, x_3, x_4): -r \leqslant x_i \leqslant r, i=1,2,3,4\}$$

一般而言，如果被积函数 $f(x_1, x_2, x_3, x_4)$ 满足：

$$0 \leqslant f(x_1, x_2, x_3, x_4) \leqslant N \quad \forall x \in C$$

为计算积分可选择五维随机数序列 $(\xi_1, \xi_2, \xi_3, \xi_4, \xi_5)(\xi_i \sim U(0,1))$，在以下五维空间区域进行随机投点试验：

$$D = \{(x_1, x_2, x_3, x_4, y): (x_1, x_2, x_3, x_4) \in C, 0 \leqslant y \leqslant f(x_1, x_2, x_3, x_4)\}$$

$$G = \{(x_1, x_2, x_3, x_4, y): (x_1, x_2, x_3, x_4) \in C, 0 \leqslant y \leqslant N\}$$

其中，G 为进行投点的超矩形区域；D 为判定投点命中的区域，与图8.3类似。根据伯努利大数定理容易推得

$$P = \frac{1}{N(2r)^4}\int_\Omega f(x_1, x_2, x_3, x_4) dx_1 dx_2 dx_3 dx_4 \approx \frac{n_0}{n}$$

由于本问题中 $f(x_1, x_2, x_3, x_4) \equiv 1$，即 D 和 G 中 y 的定义域完全相同，则可取

$N=1$，同时选择四维空间的投点随机数序列$(\xi_1, \xi_2, \xi_3, \xi_4)$ $(\xi_i \sim U(0,1))$，将五维空间的投点问题简化为四维问题，即采用Ω取代D，C取代G，则

$$P = \frac{1}{(2r)^4} \int_\Omega dx_1 dx_2 dx_3 dx_4 \approx \frac{n_0}{n}$$

即

$$J \approx \frac{n_0}{n}(2r)^4$$

程序（Fortran语言编写）实现见附录，结果见表8.1。精确解为$J=\pi^2 r^4/2$，$r=1$时，$J=4.93480$。

表 8.1 精确解随次数 n 的变化

n	J	n	J
50000	4.976	550000	4.94804
100000	4.95088	600000	4.95035
150000	4.96693	650000	4.95175
200000	4.948	700000	4.95353
250000	4.9561	750000	4.95142
300000	4.95733	800000	4.94902
350000	4.95872	850000	4.95006
400000	4.96036	900000	4.94668
450000	4.95502	950000	4.94905
500000	4.95251	1000000	4.94734

8.3.2 随机游走问题

随机游走（random walk, RW）问题[15-17]，又称为随机行走或随机漫步问题，是指由一连串随机点的随机运动轨迹所形成的随机过程记录。该问题最早由Person在1905年发表于 Nature 上的论文中提出：一个人从原点出发，沿直线走了距离 l，然后转了一个角度后沿第二条直线走了距离 l，他重复了 n 次这样的过程。求出 n 次过程后此人偏离原点位置的概率分布以及偏离原点的平均距离。

对于一维随机行走问题，可以采用以下方法求解：假设从原点开始行走，行进步长为 l，每一步的取向都是随机的，向前行走与向后行走的概率相同，则行进 n 步后偏离原点的坐标位置为

$$x_n = \sum_{i=1}^{n} s_i \tag{8.29}$$

其中，s_i 为独立同分布的随机变量，其概率分布为 $P(s_i=l)=0.5$；$P(s_i=-l)=0.5$。行走 n 次相当于进行了 n 次的简单抽样试验，根据中心极限定理，当 n 足够大时，x_n 满足正态分布，其中，

$$Ex_n = \sum_{i=1}^{n} Es_i = 0 \tag{8.30}$$

$$Dx_n = \sum_{i=1}^{n} Ds_i = \sum_{i=1}^{n} \left[Es_i^2 - (Es_i)^2 \right] = nl^2 \tag{8.31}$$

则距原点坐标位置为 x 到 $x+\mathrm{d}x$ 满足的概率密度函数为

$$p(x) = \frac{1}{\sqrt{2\pi n l}} \mathrm{e}^{-\frac{x^2}{2nl^2}} \tag{8.32}$$

需要注意的是，这里 x 是具有方向性的向量，为将 x 标量化，可选取随机变量 x_n^2 作为衡量偏离原点距离的标准，则平均距离 r_n 可表示为

$$r_n = \sqrt{Ex_n^2} = \sqrt{Dx_n} = \sqrt{n}l \tag{8.33}$$

式（8.33）虽由一维问题推导得到，但在多维问题中也具有普适性，这说明随机游走过程中的平均距离与游走频次 n 和单次游走距离 l 相关。通过求解随机游走问题可获得一个近似满足正态分布的随机变量序列 $\{x_n\}$，在该序列中，每一步游走后的状态仅与当前状态相关，而与前面 n 步的状态无关。将具备这种性质的随机变量集合称为马尔可夫链（Markov chain），求解包含马尔可夫链的随机过程问题称为马尔可夫链蒙特卡罗（Markov chain Monte Carlo, MCMC）[18]问题。

液面颗粒的布朗运动是典型的二维随机游走问题。在该问题中，可将颗粒看成一个大分子，它不停地受到周围环境中液体分子的碰撞，这种碰撞的频率为每秒 10^{19} 次，因此实际观察到的液面颗粒布朗运动是液体分子大量碰撞的统计结果，这是一种完全无规则的随机运动。在描述布朗运动时，将影响质点运动轨迹的随机力引入确定性的运动方程中，即

$$m \frac{\partial^2 \vec{r}}{\partial t^2} = \vec{F}(\vec{r}) - \alpha \vec{v} \tag{8.34}$$

其中，$\vec{r}$ 为布朗颗粒的实时坐标位置；r 为颗粒到原点的距离；$F(\vec{r})$ 为与涨落相关的随机作用力；$f = -\alpha \vec{v}$ 为阻力。将式（8.34）等号两端同乘 $\vec{r}$，同时利用微分变换：

$$\vec{r} \cdot \frac{\partial^2 \vec{r}}{\partial t^2} = \frac{\mathrm{d}}{\mathrm{d}t}(\vec{r} \cdot \vec{v}) - v^2 = \frac{1}{2} \frac{\mathrm{d}^2}{\mathrm{d}t^2} r^2 - v^2 \tag{8.35}$$

则式（8.34）可转换为

$$\frac{1}{2}\frac{\mathrm{d}^2}{\mathrm{d}t^2}(mr^2) - mv^2 = \vec{r} \cdot \vec{F}(\vec{r}) - \frac{1}{2}\alpha \frac{\mathrm{d}}{\mathrm{d}t}r^2 \tag{8.36}$$

其中，向量 $\vec{r}$ 中的坐标 (x, y) 均为满足正态分布 $N(0, nl^2)$ 的随机变量，这里 n 为碰撞频次，l 为单次碰撞的特征长度。对式（8.36）两端取期望可得

$$\frac{1}{2}m\frac{\mathrm{d}^2}{\mathrm{d}t^2}(Er^2) - E(mv^2) = E[\vec{r} \cdot \vec{F}(\vec{r})] - \frac{1}{2}\alpha \frac{\mathrm{d}}{\mathrm{d}t}Er^2 \tag{8.37}$$

式中，$E(mv^2)$ 为碰撞分子的平均动能。根据能量均分定理可知，二维运动中 $E(mv^2) = 2k_\mathrm{B}T$。此外，假设随机作用力 $F(\vec{r})$ 关于坐标位置 $\vec{r} = 0$ 对称，则 $E[\vec{r} \cdot F(\vec{r})] = 0$，式（8.37）可简化为

$$\frac{\mathrm{d}^2}{\mathrm{d}t^2}Er^2 + \frac{\alpha}{m}\frac{\mathrm{d}}{\mathrm{d}t}Er^2 = \frac{4k_\mathrm{B}T}{m} \tag{8.38}$$

求解式（8.38）可得

$$Er^2 = \frac{4k_\mathrm{B}T}{\alpha}t + c_1 \mathrm{e}^{-\alpha t/m} + c_2 \tag{8.39}$$

在式（8.39）中，由于指数项系数 $\alpha/m \approx 10^7 \mathrm{s}^{-1}$，在布朗运动中可忽略该指数项作用，同时选择初始点为坐标原点，即 $c_2 = 0$，则式（8.39）可简化为

$$Er^2 = \frac{4k_\mathrm{B}T}{\alpha}t \tag{8.40}$$

微观粒子的扩散运动也是典型的随机游走问题。扩散是粒子浓度梯度 ∇C 的存在导致粒子由高浓度向低浓度区域迁移的趋势，单位时间内通过某一方向垂直截面的粒子数即为粒子流密度：

$$\vec{J} = -D\nabla C \tag{8.41}$$

扩散过程中粒子数满足守恒的连续性方程：

$$\frac{\partial C}{\partial t} + \nabla \cdot \vec{J} = 0 \tag{8.42}$$

$$\frac{\partial C}{\partial t} = D\nabla^2 C \tag{8.43}$$

以一维扩散为例，设 $p(x,t)\mathrm{d}x$ 为粒子在 t 时刻存在于 $x \sim x+\mathrm{d}x$ 之间的概率：

$$C(x,t) = C_0 p(x,t) \tag{8.44}$$

其中，
$$C_0 = \int_{-\infty}^{+\infty} C(x,t)\mathrm{d}x \tag{8.45}$$

则式（8.43）可转换为
$$\frac{\partial p(x,t)}{\partial t} = D\nabla^2 p(x,t) \tag{8.46}$$

式（8.46）两边乘 x 并作积分可得
$$\int_{-\infty}^{+\infty} x\frac{\partial p(x,t)}{\partial t}\mathrm{d}x = D\int_{-\infty}^{+\infty} x\frac{\partial^2 p(x,t)}{\partial^2 x}\mathrm{d}x \tag{8.47}$$

式（8.47）等号左边可改写为
$$\int_{-\infty}^{+\infty} x\frac{\partial p(x,t)}{\partial t}\mathrm{d}x = \frac{\partial}{\partial t}\left[\int_{-\infty}^{+\infty} xp(x,t)\mathrm{d}x\right] = \frac{\partial}{\partial t}Ex \tag{8.48}$$

假设 $p(x,t)$ 为关于 $x=0$ 对称的偶函数且满足边界条件 $p(\pm\infty,t)=0$，则有 $Ex=0$，同时式（8.47）等号右边可写为
$$D\int_{-\infty}^{+\infty} x\frac{\partial^2 p(x,t)}{\partial^2 x}\mathrm{d}x = Dx\frac{\partial p(x,t)}{\partial x}\bigg|_{-\infty}^{+\infty} - D\int_{-\infty}^{+\infty}\frac{\partial p(x,t)}{\partial x}\mathrm{d}x = Dx\frac{\partial p(x,t)}{\partial x}\bigg|_{-\infty}^{+\infty} = 0 \tag{8.49}$$

对式（8.49）作坐标变换 $u=1/x$ 可得
$$u\frac{\partial p(u,t)}{\partial u}\bigg|_{u=\pm 0} = 0 \tag{8.50}$$

为保证式（8.50）成立，扩散模型往往附加边界条件：
$$\frac{\partial p(u,t)}{\partial u}\bigg|_{u=\pm 0} = 0 \tag{8.51}$$

于是有
$$x^2\frac{\partial p(x,t)}{\partial x}\bigg|_{x=\pm\infty} = 0, \quad xp(x,t)\big|_{x=\pm\infty} = 0 \tag{8.52}$$

式（8.46）两边乘 x^2 并作积分可得
$$\int_{-\infty}^{+\infty} x^2\frac{\partial p(x,t)}{\partial t}\mathrm{d}x = D\int_{-\infty}^{+\infty} x^2\frac{\partial^2 p(x,t)}{\partial^2 x}\mathrm{d}x \tag{8.53}$$

式（8.53）等号左边可写为
$$\int_{-\infty}^{+\infty} x^2\frac{\partial p(x,t)}{\partial t}\mathrm{d}x = \frac{\partial}{\partial t}\left(\int_{-\infty}^{+\infty} x^2 p(x,t)\mathrm{d}x\right) = \frac{\partial}{\partial t}Ex^2 \tag{8.54}$$

式（8.53）等号右边可写为

$$D\int_{-\infty}^{+\infty} x^2 \frac{\partial^2 p(x,t)}{\partial^2 x}dx = Dx^2 \frac{\partial p(x,t)}{\partial x}\bigg|_{-\infty}^{+\infty} - D\int_{-\infty}^{+\infty} 2x \frac{\partial p(x,t)}{\partial x}dx$$

$$= -2D\left[xp(x,t)\big|_{-\infty}^{+\infty} - \int_{-\infty}^{+\infty} p(x,t)dx\right] = 2D \qquad (8.55)$$

最终可得

$$Ex^2 = 2Dt \qquad (8.56)$$

式（8.56）具有与布朗运动中平均距离公式（8.40）一致的形式，表明布朗运动是微观粒子扩散的宏观反映，采用类似的方法也可以对多粒子碰撞以及晶格原子扩散的动力学过程进行求解。由于统计结果可以写成与时间相关的形式，这类蒙特卡罗方法也称为动力学蒙特卡罗（kinetic Monte Carlo，KMC）方法[19-20]。

例 8.6 通过蒙特卡罗方法模拟单粒子布朗运动的二维轨迹。

解： 假设布朗粒子与介质粒子碰撞时为弹性碰撞，具体模拟步骤如下。

（1）设定布朗粒子的初始速度为 0，初始位置为(0, 0)，假设介质粒子的速率为确定值；

（2）随机选择介质粒子的运动方向 $\varphi \sim U[0, 2\pi]$；

（3）从实验室系转换到质心系，描述入射的布朗粒子、介质粒子：

$$\vec{v}_c = (M\vec{V} + m\vec{v})/(M+m)$$

$$\begin{cases} \vec{W} = \vec{V} - \vec{v}_c \\ \vec{w} = \vec{v} - \vec{v}_c \end{cases}$$

（4）质心系中两粒子进行碰撞：$\varphi = 2\pi\xi_1$

$$\begin{pmatrix} W'_x \\ W'_y \end{pmatrix} = \begin{pmatrix} \cos\varphi & -\sin\varphi \\ \sin\varphi & \cos\varphi \end{pmatrix} \begin{pmatrix} W_x \\ W_y \end{pmatrix}$$

（5）从质心系转换到实验室系，描述出射粒子：

$$\vec{V'} = \vec{W'} + \vec{v}_c$$

（6）对布朗粒子的自由飞行时间 t 进行抽样，设 t 服从分布：

$$f(t) = \frac{1}{\tau}e^{-t/\tau}$$

则自由飞行时间的抽样为 $t = -\tau \ln \xi_2$；

（7）计算布朗粒子的位置：

$$\vec{R}_{n+1} = \vec{R}_n + \vec{V'}t$$

（8）重复步骤（2）～（7）若干次后，绘出粒子的运动轨迹。

程序（Fortran 语言编写）实现见附录，结果如图 8.5 所示。

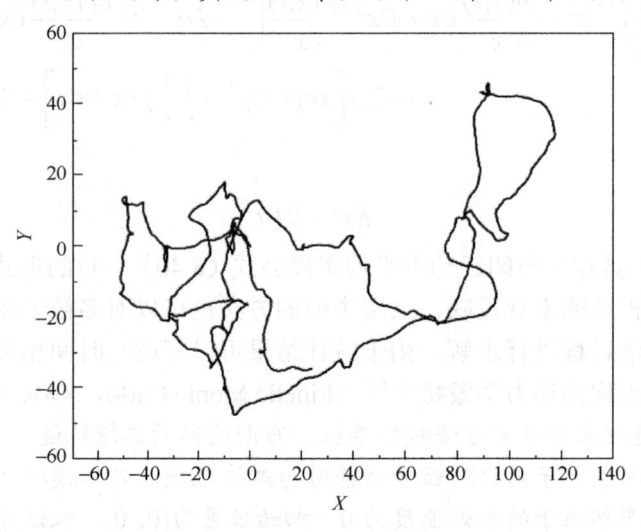

图 8.5　蒙特卡罗方法模拟单粒子布朗运动的游走轨迹

习　题

8.1 已知某指数分布的密度函数为 $f(x) = 2\mathrm{e}^{-2x}$，ξ 为[0,1]均匀分布的伪随机数，求满足该指数分布的随机变量 X 的直接抽样公式。

8.2 编程输出满足二项分布 $B(n, p)$ 的随机变量序列。

8.3 金属铸件在凝固过程中，其液固界面受传热传质作用容易发生柱状晶-等轴晶转变，该转变受形核概率控制：

$$P = \exp(-J \Delta V \Delta t)$$

$$J = v_0 p_c n \exp\left[-\frac{16\pi}{3} \frac{d_f^3 L_f |m|^3 \Delta C_0^3}{k_B T_m T \Delta T^2} f(\theta)\right]$$

其中，原子吸附频率 $v_0 p_c$、颗粒浓度 n、液相线斜率 m、成分区间 ΔC_0、溶质毛细长度 d_0、熔化潜热 L_f、熔点 T_m 和结构因子 $f(\theta)$ 均为与材料体系相关的常量。假设某浓度为 C_0 的液态合金发生凝固时，界面附近的温度梯度 G 和凝固速度 V 恒定，浓度分布为 $C = C_0 + \Delta C_0 \exp(-Vx/D)$，其中 x 为距界面的位置，D 为溶质扩散系数，形核临界尺寸 $r_c = 2|m|\Delta C_0 d_0 / \Delta T$。试通过编程求界面前沿等轴晶核的分布情况，并分析晶粒密度与凝固速度之间的关系。

参 考 文 献

[1] 陆大金, 张颢. 随机过程及其应用[M]. 2 版. 北京: 清华大学出版社, 2012.

[2] METROPOLIS N, ULAM S. The Monte Carlo method[J]. Journal of the American Statistical Association, 1949, 44(247): 335-341.

[3] MCCRACKEN D D. The Monte Carlo method[J]. Scientific American, 1955, 192(5): 90-96.

[4] METROPOLIS N. The beginning of the Monte Carlo method[J]. Los Alamos Science, 1987, 15: 125-130.

[5] AMAR J G. The Monte Carlo method in science and engineering[J]. Computing in Science & Engineering, 2006, 8(2): 9-19.

[6] KROESE D P, BRERETON T, TAIMRE T, et al. Why the Monte Carlo method is so important today[J]. Wiley Interdisciplinary Reviews: Computational Statistics, 2014, 6(6): 386-392.

[7] LIU J, QI Y, MENG Z Y, et al. Self-learning Monte Carlo method[J]. Physical Review B, 2017, 95(4): 041101.

[8] SCHUSTEER E F. Buffon's needle experiment[J]. The American Mathematical Monthly, 1974, 81(1): 26-29.

[9] HSU P L, ROBBINS H. Complete convergence and the law of large numbers[J]. Proceedings of the National Academy of Sciences, 1947, 33(2): 25-31.

[10] LAPLACE P S. Théorie Analytique Des Probabilités[M]. Paris: Courcier, 1820.

[11] MACLAREN M D, MARSAGLIA G. Uniform random number generators[J]. Journal of the ACM, 1965, 12(1): 83-89.

[12] GENTLE J E. Random Number Generation and Monte Carlo Methods[M]. New York: Springer, 2003.

[13] 胡健颖, 孙山泽. 抽样调查的理论、方法和应用[M]. 1 版. 北京: 北京大学出版社, 2000.

[14] 金勇进, 蒋妍, 李序颖. 抽样技术[M]. 2 版. 北京: 中国人民大学出版社, 2002.

[15] PEARSON K. The problem of the random walk[J]. Nature, 1905, 72(1867): 294-342.

[16] HAJI-SHEIKH A, SPARROW E M. The floating random walk and its application to Monte Carlo solutions of heat equations[J]. SIAM Journal on Applied Mathematics, 1966, 14(2): 370-389.

[17] GILLESPIE D T. Monte Carlo simulation of random walks with residence time dependent transition probability rates[J]. Journal of Computational Physics, 1978, 28(3): 395-407.

[18] BROOKS S. Markov chain Monte Carlo method and its application[J]. Journal of the Royal Statistical Society: Series D(the Statistician), 1998, 47(1): 69-100.

[19] BATTAILE C C. The kinetic Monte Carlo method: Foundation, implementation, and application[J]. Computer Methods in Applied Mechanics and Engineering, 2008, 197(41-42): 3386-3398.

[20] CHATTERJEE A, VLACHOS D G. An overview of spatial microscopic and accelerated kinetic Monte Carlo methods[J]. Journal of Computer-Aided Materials Design, 2007, 14(2): 253-308.

第 9 章　分子动力学方法

分子动力学方法（molecular dynamics method）主要用于研究经典的多粒子相互作用体系，是分子模拟中最接近实验条件的模拟方法，能够从原子层面给出体系的微观演变过程，直观地展示实验现象发生的机理与规律。分子动力学主要依靠经典动力学理论来模拟分子体系的运动规律，通过求解所有粒子的运动方程，可以模拟与分子运动路径相关的基本过程。根据各个粒子运动的统计分析，即可推知体系的各种性质，如可能的构型、热力学性质、分子的动态性质、溶液中的行为和各种平衡态性质等。自 20 世纪 50 年代中期开始，随着计算机的迅速发展，分子动力学方法得到广泛应用并取得许多重要成果[1-2]，如气液体系的状态方程、相变过程的演变，以及非平衡过程的研究等，同时计算效果随着超级计算机的发展可以通过大规模并行计算和 GPU 加速的方式大幅提高计算速度[3-4]。分子动力学方法的实施应确定所建立体系的相互作用方式、初始条件，以及解牛顿运动方程的方法等。

9.1　分子动力学模拟的基本原理

分子动力学方法是一种确定性方法，即按着体系内部的动力学规律来计算并确定位置的转变。确定性方法是实现玻尔兹曼统计力学的途径。首先它需要建立一组分子的运动方程，并通过直接对系统中每一个分子的运动方程进行数值求解，得到每个时刻每个分子的坐标与动量，即在相空间的运动轨迹；其次利用统计计算方法得到多体系统的静态和动态特性，从而得到该系统的宏观性质。在这个微观的物理体系中，每个分子都各自服从经典的牛顿力学。分子动力学模拟的计算原理，即为利用牛顿运动定律，解牛顿第二定律的微分方程。对一个质量为 m_i、位置矢量为 X_i 的粒子，其在 t 时刻的加速度为

$$a = \frac{\mathrm{d}^2 X_i}{\mathrm{d}t^2} = \frac{F_{xi}}{m_i} \tag{9.1}$$

粒子受力为势能，对其坐标的偏导数：

$$\mathrm{d}\frac{\mathrm{d}X_i}{\mathrm{d}t} = \frac{1}{m_i} F_{xi} \mathrm{d}t \tag{9.2}$$

由方程（9.1）得

$$\int_{v_{i,0}}^{v_i} \mathrm{d}v = \frac{F_{xi}}{m_i} \int_{t_0}^{t} \mathrm{d}t \tag{9.3}$$

$$v_i - v_{i,0} = \frac{F_{xi}}{m_i}(t - t_0) \tag{9.4}$$

从而得到粒子位置更新后的速度：

$$v_i = \frac{F_{xi}}{m_i}(t - t_0) + v_{i,0} \tag{9.5}$$

因此，

$$\frac{\mathrm{d}X_i}{\mathrm{d}t} = \frac{F_{xi}}{m_i}(t - t_0) + v_{i,0} \tag{9.6}$$

即得

$$\mathrm{d}X_i = \left[\frac{F_{xi}}{m_i}(t - t_0) + v_{i,0}\right]\mathrm{d}t \tag{9.7}$$

积分求解得

$$\int_{X_{i,0}}^{X_i} \mathrm{d}X_i = \frac{F_{xi}}{m_i} \int_{t_0}^{t} (t - t_0)\mathrm{d}t + v_{i,0} \int_{t_0}^{t} \mathrm{d}t \tag{9.8}$$

$$X_i - X_{i,0} = \frac{F_{xi}}{m_i} \cdot \frac{1}{2}(t - t_0)^2 + v_{i,0}(t - t_0) \tag{9.9}$$

最后得到粒子更新后的位置：

$$X_i = \frac{F_{xi}}{2m_i}(t - t_0)^2 + v_{i,0}(t - t_0) + X_{i,0} \tag{9.10}$$

新的力 F_{xi} 被重新计算，如此反复循环，即得到各时刻系统中分子运动的位置、速度和加速度等值，进而可得分子的运动轨迹。式中，下标"0"为各物理量的初始值。一般来说，分子动力学方法所适用的微观物理体系既可以是少体系统，也可以是多体系统；既可以是点粒子体系，也可以是具有内部结构的体系；处理的微观对象既可以是分子，也可以是其他类型的微观粒子。

9.1.1 牛顿运动方程式的数值解法

分子运动计算中必须通过求解方程（9.10）的牛顿运动方程式才可得到粒子的速度和位置。最常用的方法为 Verlet 提出的数值解法。Verlet 算法[5-6]是利用粒

子在 t 时刻的位置和加速度，以及前一时刻的位置，计算 $t+\delta t$ 时刻的新位置。该算法方程以泰勒级数展开，表达式如下：

$$r(t+\delta t) = r(t) + \delta t v(t) + \frac{1}{2}\delta t^2 a(t) + \cdots \qquad (9.11)$$

$$r(t-\delta t) = r(t) - \delta t v(t) + \frac{1}{2}\delta t^2 a(t) + \cdots \qquad (9.12)$$

方程（9.11）和方程（9.12）相加得

$$r(t+\delta t) = 2r(t) - r(t-\delta t) + \delta t^2 a(t) + \cdots \qquad (9.13)$$

方程（9.11）和方程（9.12）相减得

$$v(t) = [r(t+\delta t) - r(t-\delta t)]/2\delta t + \cdots \qquad (9.14)$$

半步计算的速度为

$$v\left(t+\frac{1}{2}\delta t\right) = [r(t+\delta t) - r(t)]/\delta t \qquad (9.15)$$

Verlet 算法是分子动力学中最普遍的算法，如图 9.1 所示。但是 Verlet 算法中不出现速度项，故如有需要，需另外计算速度。Verlet 算法还需要初始条件，如 $t=0$ 时，需用 $r_i(-\Delta t)$。

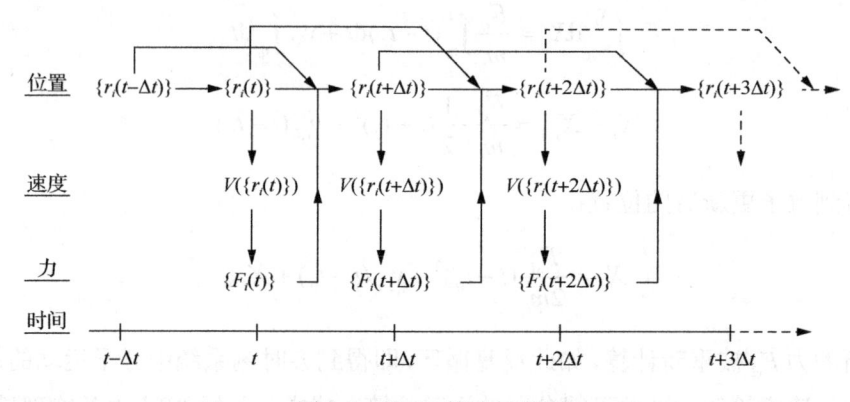

图 9.1 Verlet 算法示意图

为了矫正此缺点，Verlet 提出另一种方法，称为蛙跳方法（leag frog method），如下：

$$r(t+\delta t) = r(t) + \delta t v\left(t+\frac{1}{2}\delta t\right) \qquad (9.16)$$

$$v(t+\delta t) = v(t-\delta t) + \delta t a(t) \qquad (9.17)$$

首先，由 $t-\frac{1}{2}\delta t$ 时刻的速度和 t 时刻的加速度计算速度 $v\left(t+\frac{1}{2}\delta t\right)$；其次，根据方程（9.17）计算所得的速度和 t 时刻的位置推导位置 $r(t+\delta t)$；最后，t 时刻的速度由下式计算：

$$v(t)=\frac{1}{2}\left[v\left(t+\frac{1}{2}\delta t\right)+v\left(t-\frac{1}{2}\delta t\right)\right] \tag{9.18}$$

蛙跳方法的优势在于不要求大量的微分计算，却包含明确的速度值。但它的劣势在于"位置和速度不同步"，即位置被确定时（即势能确定），动能不能同时贡献于总能量。

9.1.2 分子动力学模拟计算流程及条件设置

分子动力学模拟计算的基本流程：选定要研究的系统并根据体系设置合理的边界条件；设置体系内粒子的初始位置以及初始动量；根据所研究体系选取合适的势函数；根据所研究物质的特性，设置模拟算法，计算粒子间作用力及各粒子的速度和位置；当体系达到平衡后，依据相关的统计公式，获得各宏观参数和输运性质，完成计算。如图9.2所示，为分子动力学模拟计算的流程示意图。分子动力学模拟计算中涉及的几项关键问题，如边界条件的选取、相互作用势的选取、模拟系综的选取、积分步长的选取，以下将作简要说明。

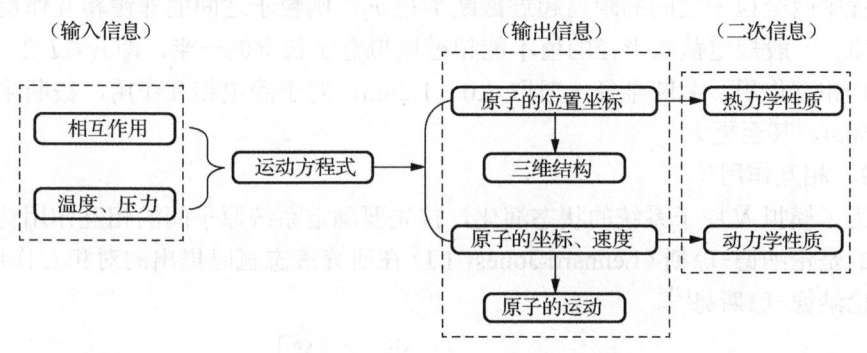

图9.2 分子动力学模拟计算的流程示意图

1）边界条件

执行分子动力学模拟计算通常选取一定数目 N 的分子，将其置于一立方体的盒子中。设盒子的边长为 L，则其体积 $V=L^3$。若分子的质量为 m，则系统的密度为

$$d=\frac{Nm}{L^3} \tag{9.19}$$

计算系统的密度应等于实验所测定的密度。例如，欲执行 1000 个水分子的分子动力学模拟计算，水的密度为 1.00g/cm^3，则有

$$1.00\text{g/cm}^3 = \frac{1000\times(18.0/6.20\times10^{23})\text{g}}{L^3} \tag{9.20}$$

$$L = 31.04\times10^{-8}\text{cm} = 31.04\text{Å} \tag{9.21}$$

由于有限系统和无限系统存在很大差别，对于一个粒子数为 N 的三维有限系统，近边界的粒子数在 $N^{2/3}$ 的量级。如果 $N=1021$，近壁的粒子数大约为 1017；如果 $N=1000$，大约有 500 个粒子在壁面附近，系统密度无法维持恒定，会造成很强的边界效应。为了研究一个系统的性质不被边界效应影响（除非问题本身就是研究边界效应），又要考虑计算机容量而减少模拟粒子数，常采用周期性边界条件。周期性边界条件实际上就是无限多个相同的模拟区域在空间的重复。

周期性边界条件的处理会导致模拟体系中有无限多个镜像，这样在计算粒子受力的过程中会计算所有镜像中粒子之间的相互作用力，但是这样会导致计算量增大而无法计算。因此，在考虑粒子间的相互作用时，通常采用最小像约定。最小像约定是在无穷重复的分子动力学基本元胞中（假设在此元胞内有 N 个粒子），每一个粒子只同它所在的基本元胞内的另外 $N-1$ 个粒子或其最邻近的镜像粒子发生相互作用。

处理粒子之间非键相互作用能的最常用方法是截断半径方法，即在实际的模拟过程中两个粒子之间的距离超过截断半径 r_c，则粒子之间的非键相互作用能就被忽略。一般规定截断半径的值不能超过模拟盒子长度的一半，即 $r_c \leq L/2$。对于范德华相互作用，截断半径一般取 1.0～1.2nm；对于静电相互作用，截断半径要取 1.6nm，甚至更大。

2）相互作用势

为了模拟 N 原子系统的状态演化，首先要确定系统原子间的相互作用势。最著名的是伦纳德-琼斯（Lennard-Jones，LJ）在研究液态氩时提出的对相互作用势，称为伦纳德-琼斯势[7]。

$$u(r_{ij}) = 4\varepsilon\left[\left(\frac{\sigma}{r_{ij}}\right)^{12} - \left(\frac{\sigma}{r_{ij}}\right)^{6}\right] \tag{9.22}$$

其中，$r_{ij} = r_i - r_j$；ε 为能量单位，表示相互作用强度；σ 为长度尺度。原子 j 作用到原子 i 上的力为

$$f_{ij} = \frac{48}{\sigma^2}\left[\left(\frac{\sigma}{r_{ij}}\right)^{14} - \frac{1}{2}\left(\frac{\sigma}{r_{ij}}\right)^{8}\right]r_{ij} \tag{9.23}$$

$f_{ij}=0$ 的平衡点为 $r=r_c=2^{1/6}\sigma$，此点也为势能的最小值点，最小势能值为$-\varepsilon$。当 $r_{ij}<r_c$ 时，相互作用势为排斥力；当 $r_{ij}>r_c$ 时，相互作用势为吸引力。针对不同的物质体系选用不同的势函数模型，在 20 世纪 80 年代以前，分子动力学模拟一般选择对势模型，对势模型可以更好地描述除金属和半导体以外的几乎所有无机化合物。后来逐渐发展出大量的经验和半经验的势函数模型。如表 9.1 所示，列举了模拟不同物质体系选择的势函数模型。

表 9.1 模拟不同物质体系选择的势函数模型

分类	势能	应用	年份
间断对势	硬球势函数 软球势函数 方阱势函数	Ar 团簇和 H_2O	1957~1971
连续对势	Lennard-Jones 势函数	惰性气体，Cr, Mo, W	1972
	Morse 势函数	立方体金属，Cu, Cu_3Au 合金	1967
	Johnoson 势函数	α-Fe	1971
	Born-Lande 势函数	离子晶体	—
	Buckingham 势函数	晶体中的金属与非金属	1992
非金属多体势	Stillinger-Weber iNS 势函数	Si_N	1985
	Lennard Jones-Axilord Teller 势函数	Si，Au	1986
	ERKOC 势函数	Cu，Ag，Au	1988
金属多体势	EAM 势函数	过渡金属，贵金属	1984
	Cupta 势函数	过渡金属，货币金属	1981
键序势	Tersoff 势函数	Si_N，C_N	1988
	Brenner 势函数	C_{60}，碳氢系统	1990
	REBO 势函数	碳团簇，类刚	2002
基于第一性原理的自洽势	Self-consistent 势函数	硅碳团簇，碳纳米管	1985
	Muffin-tin 势函数	Si，Au	1986
紧束缚势	Tight-binding 势函数	碳团簇，贵重金属团簇	1988

3）模拟系综

系综（ensemble）是指在一定的宏观条件（约束条件）下，大量性质和结构完全相同、处于各种运动状态、各自独立的系统的集合，全称为"统计系综"。系综是用统计方法描述热力学系统的统计规律性时引入的一个基本概念，也是统计理论的一种表述方式。系综理论使统计物理成为普遍的微观统计理论，系综并不是实际的物体，构成系综的系统才是实际物体。

根据宏观约束条件，系综被分为以下几种。

（1）正则系综，全称为"宏观正则系综"，简写为 NVT，即表示具有确定的粒子数（N）、体积（V）和温度（T）。正则系综是蒙特卡罗模拟应用的典型代表。

假定 N 个粒子处在体积为 V 的盒子内,将其埋入温度恒为 T 的热浴中。此时,总能量(E)和系统压强(P)可能在某一平均值附近起伏变化。平衡体系为封闭系统,即与大热源大粒子源热接触平衡的恒温系统。正则系综的特征函数是亥姆霍兹自由能 $F(N,V,T)$。在分子动力学(molecular dynamics,MD)模拟中常用的控温方式有 Berendsen 热浴法[8]和 velocity-rescaling 温度耦合法[9]。前者相对较弱,耦合时间较长,会牺牲动能的正常涨落来完成控温,适用于对非平衡态的体系进行控温。后者则在前者的基础上加了一个随机项,可以在控温的同时实现动能的正常分布,使体系在达到平衡之后可以维持温度的稳定波动。后来发展出的 Nose-Hoover 热浴[10],对体系的受力方式又提出新的修正,应用更加广泛。

(2)微正则系综,简写为 NVE,即表示具有确定的粒子数(N)、体积(V)和总能量(E)。微正则系综广泛应用在分子动力学模拟中。假定 N 个粒子处在体积为 V 的盒子内,并固定总能量(E)。此时,系统的温度(T)和系统压强(P)可能在某一平均值附近起伏变化。微正则系综的平衡体系为孤立系统,与外界既无能量交换,也无粒子交换。微正则系综的特征函数是熵 $S(N,V,E)$。

(3)等温等压系综,简写为 NPT,即表示具有确定的粒子数(N)、压强(P)和温度(T)。一般是在蒙特卡罗模拟中实现,其总能量(E)和体积(V)可能存在起伏,体系是可移动系统壁情况下的恒温热浴。等温等压系综的特征函数是吉布斯自由能 $G(N,P,T)$。

(4)等压等焓系综,简写为 NPH,即表示具有确定的粒子数(N)、压强(P)和焓(H)。由于 $H=E+PV$,故在等压等焓系综下进行模拟时要保持压力与焓值固定,其调节技术的实现也有一定的难度,这种系综在实际的分子动力学模拟中已经很少遇到了。

(5)巨正则系综,简写为 $VT\mu$,即表示具有确定的体积(V)、温度(T)和化学势(μ)。巨正则系综通常是蒙特卡罗模拟的对象和手段。此时,系统总能量(E)、压强(P)和粒子数(N)会在某一平均值附近有一个起伏。巨正则系综体系是一个开放系统,即与大热源大粒子源热接触平衡而具有恒定的 T,特征函数是马休函数 $J(\mu,V,T)$。

4)积分步长

在分子动力学模拟计算中,最重要的工作为如何选取适当的积分步长 δ_t,以保证在节省计算时间的同时不失其准确性。否则,若步长太小,则轨迹将覆盖,只有一个限定的相空间性质;若步长太大,则不稳定性在积分算法中可能升高,原子间的高能重叠会导致能量和线性动量守恒的破坏。对于各种模拟系统建议采取的积分步长见表 9.2。通常的原则为长分步长应小于系统中最快运动周期的 1/10。以水分子的动力学模拟计算为例,水分子内的运动为键长、键角的变化;

其分子间的运动为质心的移动与分子的转动。分子间的运动源自范德华相互作用，一般较慢，而分子内的运动则较快。由红外光谱数据可知，其最大的振动频率约为 $1.08\times10^{14}s^{-1}$，即最快的运动为每秒振动 1.08×10^{14} 次，振动周期 $T=1/v=0.92\times10^{-14}$s。因此，分子动力学模拟计算的最大积分步长 δ_t 约为 0.9×10^{-16}s。若以目前一般的个人计算机进行 1000 个原子系统的计算，累积 100 万步即研究 10^{-9}s（1ns）的时间范围，需要两星期的时间。因此从实际的角度来讲，分子动力学模拟计算适合研究反应较快或运动时间小于 1ns 的体系，不适合较慢的反应或运动时间大于 1ns 的体系。

表 9.2　各种模拟系统建议采取的积分步长

系统	运动型态	积分步长/s
简单原子体系	移动	10^{-14}
刚性分子	移动、转动	5×10^{-14}
软性分子、限制键长	移动、转动、扭动	2×10^{-15}
软性分子、无键长限制	移动、转动、扭动、振动	10^{-15} 或 5×10^{-15}

9.2　分子动力学应用实例

本节选取五个典型的 MD 计算实例，用以介绍 MD 模拟方法中的多种建模方式以及不同应用背景下的指令编写和体系设置。所有实例均在 LAMMPS 模拟软件上运行。LAMMPS（http://lammps.sandia.gov/）[11]，全称 Large-scale Atomic/Molecular Massively Parallel Simulator，由美国 Sandia 国家实验室开发，以 GPL license 形式发布，是目前运行 MD 算例最经典的软件包。LAMMPS 模拟软件是一款开源软件，即开放源代码，使用者可根据自身需求修改源代码，并可免费获取使用。除此之外，LAMMPS 模拟软件具有良好的并行扩展性，可在大型并行计算机上进行高效计算，提高计算效率，节省计算时间。LAMMPS 模拟软件支持多种势函数，可计算在各种系综下的气相、液相或固相体系，以及高达百万级原子数的原子、分子体系。近年来，LAMMPS 模拟软件也可应用于蛋白质、力场、加速采样、生物膜、粗粒化等方面。

例 9.1　Ag 晶体的表面能计算

作用势在分子动力学模拟计算中占据十分重要的地位，它直接关系着模拟结果的准确性。因此，本部分以金属 Ag 为例，设计模拟流程计算其表面能，并与实验结果进行对比，验证所选作用势的准确性及合理性[12]。Ag 为面心立方（fcc）晶体，晶格常数为 4.086Å；基本的低指数晶面为（111）晶面、（100）晶面和（110）

晶面；所选原子间作用势为嵌入原子（embedded atom method，EAM）势[13]。以计算（100）面表面能为例，如图 9.3 所示，具体计算过程如下。

（1）建立周期性模拟盒子，大小为 20×20×40 个晶格间距（Å³），银原子按照自身晶格常数 4.086Å 填满整个盒子，如图 9.3 所示。NVT 系综，T=298K。

（2）沿着 Z 轴方向在 0~9.9Å 以及 29.9~40Å 处，删掉这两部分银原子，制造真空层，消除边界作用，如图 9.3 所示。此时进行体系能量最优化，输出能量值 E_0。

（3）模拟盒子扩大至 20×20×80 个晶格间距（Å³）。将剩余银原子平均分成两部分：第一部分 10~19.95Å 的银原子维持不动，第二部分 19.95~29.9Å 的银原子沿着 Z 轴方向移动 40 个晶格间距（Å）。如图 9.3 所示，生成两个新的（100）晶面，且两晶面间距离为 40 个晶格间距（Å），确保两晶面间无相互作用。再次进行体系能量最优化，输出能量值 E_{final}。

（4）根据下列公式，计算得到（100）晶面单位面积表面能：

$$E_{surface} = \frac{E_{final} - E_0}{2A} \tag{9.24}$$

其中，A 为晶面面积，可根据晶面边长求得。

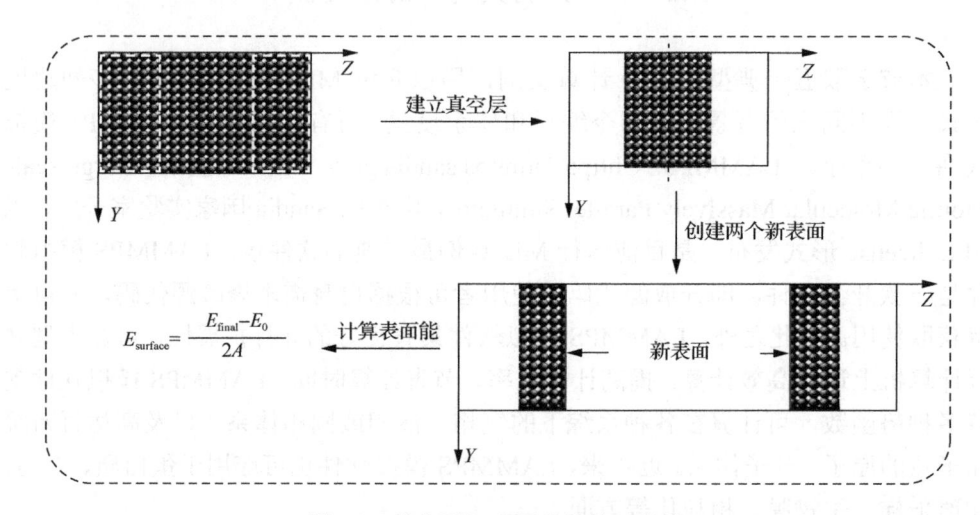

图 9.3 单位面积表面能计算示意图

（111）晶面和（110）晶面的表面能计算方法与以上（100）晶面的表面能计算方法类似，只需注意如何在物理和几何上产生（111）晶面和（110）晶面。例如，构建（111）晶面时，可在直角坐标系中将 z 轴定义在（1, 1, 1）方向，x 轴与 y 轴分别设置为与 z 轴正交即可，即 x 轴方向（1, 1, -2），y 轴方向（-1, 1, 0）。Input

文件可访问 https://teacher.nwpu.edu.cn/comphys.html 获取，金属银单位面积表面能相关计算数据见表 9.3。

表 9.3　金属银单位面积表面能相关计算数据

晶面	(111)	(100)	(110)
E_0/eV	−363594.062	−90614.806	−181498.101
E_{final}/eV	−362391.144	−90029.914	−180597.358
A/m²	5442.59×10^{-20}	6678.16×10^{-20}	9444.38×10^{-20}
$E_{surface}$/（mJ/m²）	623	701	763
N	128000	32000	64000
Pe/eV	−2.841	−2.832	−2.836
结论	$E_{surface}(111) < E_{surface}(100) < E_{surface}(110)$		

根据以上算法，求得金属银三个低指数晶面的单位面积表面能如表 9.3 所示。三种晶面的单位面积表面能大小为 $E_{surface}(111)<E_{surface}(100)<E_{surface}(110)$，此规律与文献报道一致，数值略有偏差，但在误差可接受范围内。另求得银原子的单原子平均势能值，也与文献报道一致[14]。

例 9.2　金纳米线屈服过程的模拟计算

此模拟工作可与实验观察相辅相成，共同研究金纳米线在拉伸变形下的屈服机制，特别是孪晶和滑移带的形成过程，以及晶面原子从（111）晶面到（100）晶面的二次取向过程[15]。研究对象：含 8000 个原子的金纳米线，fcc 结构。模型构建：纳米线轴晶向为[110]方向，四个侧面均为（111）晶面。

Input 文件可访问 https://teacher.nwpu.edu.cn/comphys.html 获取。图 9.4 为模拟过程中三个不同时刻的原子位形图，其描述了金纳米线拉伸变形过程。图 9.4（a）为模拟初始构型图，其四个面均为配位数为 9 的（111）晶面，棱边原子配位数小于 8。当应变率在 7%时，金纳米线晶体结构发生变化，尤其在表面处，如图 9.4（b）所示。首先，（111）晶面沿着[112]方向发生 Schottky 局部位错形核及传播；其次，变形区域开始形成孪晶，体系内大多数原子的配位数降为 8；最后，晶格发生二次取向，由（111）晶面变为（100）晶面，并产生大面积滑移，且滑移面易发生于（111）晶面。当应变率在 14%时，金纳米线晶体结构内部发生多种畸变，如孪晶、层错、位错和 Schottky 局部位错；（100）晶面原子发生重新排布，棱边处原子出现无定形排列，如图 9.4（c）所示。本模拟证明了在张力下，金纳米线晶面原子排布可发生由（111）晶面向（100）晶面的转变，该结论与实验结果相吻合。

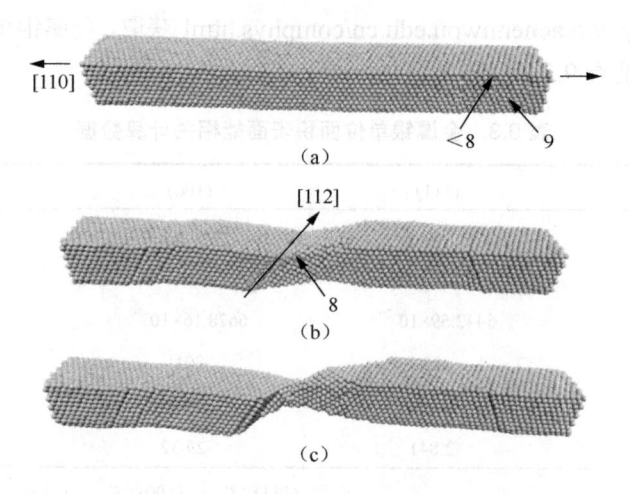

图 9.4　金纳米线拉伸变形过程示意图

例 9.3　碳纳米管（carbon nanotube，CNT）轴向拉伸过程的模拟计算

碳纳米管是一种管状的碳分子结构，管上每个碳原子采取 sp^2 杂化，相互间以碳-碳σ键结合起来，形成由六边形组成的蜂窝状结构作为碳纳米管的骨架[16]。每个碳原子上未参与杂化的一对 p 电子相互之间形成跨越整个碳纳米管的共轭π电子云。得益于其独特的原子结构，CNT 具有优异的力学性能，如高强度、较小的密度和良好的柔韧性，以及优异的导电、导热特性。因此，其可作为理想的增强体，广泛应用于化工、机械、电子、航空航天等领域。研究对象为扶手型单壁碳纳米管；作用势 CH.airebo[17]；目标温度 300K 下获得 CNT 的应力-应变曲线，并分析其力学性能。CNT 的坐标文件可由多种方式获得，如通过 LAMMPS 自行编译，或通过 Materials Studio（http://www.3ds.com/products-services/biovia）、VMD（http://www.ks.uiuc.edu/Research/vmd）等软件进行辅助建模。本节所用 CNT 模型由 VMD 构建而成，坐标文件写入 readdata.CNT 中。所构建的单壁 CNT 模型参数为长度 L=78.566 Å，手性指数(n, m)=(10,10)，原子数 N=1280。

Input 文件可访问 https://teacher.nwpu.edu.cn/comphys.html 获取。第 0 步、第 20000 步和第 40000 步时的 CNT 拉伸断裂过程示意图，如图 9.5 所示。根据以上数据，绘制 CNT 轴向拉伸过程的应力-应变曲线，如图 9.6 所示。可以看出，CNT 的最大抗拉强度为 106GPa，此数值与实验数值（100GPa）基本吻合[18]。以上充分说明了计算材料科学是研究材料结构及性能的可行工具。

(a)

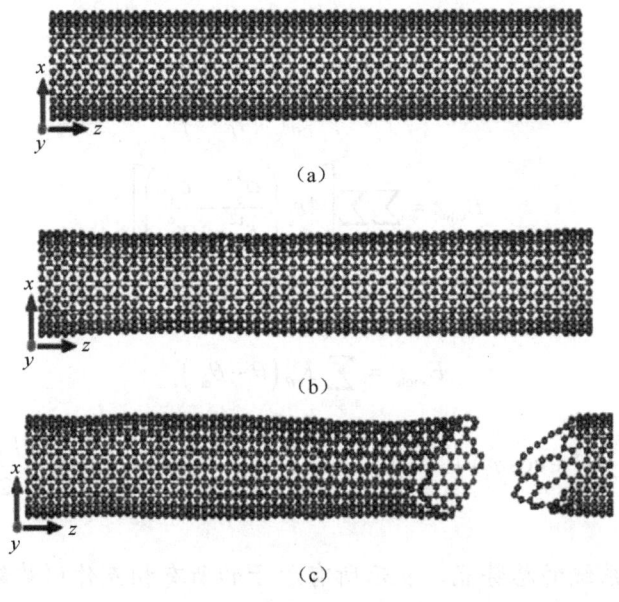

(b)

(c)

图 9.5 第 0 步、第 20000 步和第 40000 步时的 CNT 拉伸断裂过程示意图

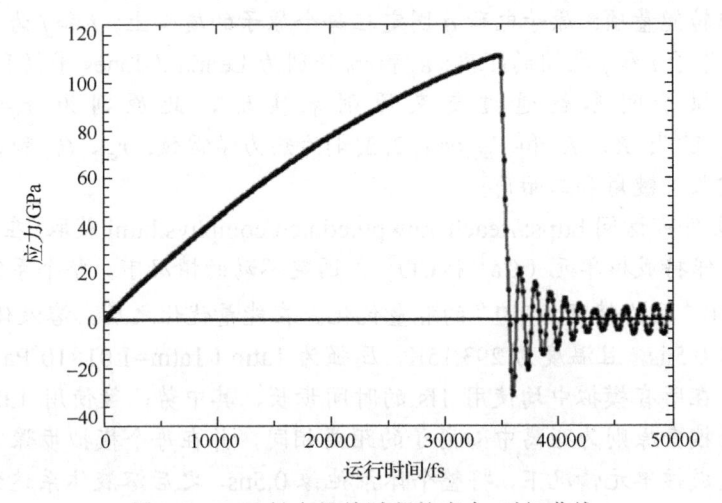

图 9.6 CNT 轴向拉伸过程的应力-时间曲线

例 9.4 $CaCO_3$ 溶液体系成核聚集过程的模拟计算

模拟碳酸钙溶液成核聚集过程[19]，体系由 550 个 Ca^{2+} 和 550 个 CO_3^{2-} 以及相应个数的水分子构成，盒子在 x、y、z 三个方向上的尺寸均为 8.41nm。甘油分子和水分子间的相互作用采用修正 OPLS 力场[20-21]，该力场的基本方程如式（9.25）~式（9.30）所示。钙离子和碳酸根离子间的相互作用采用擅长模拟离子晶体的 Buckingham 势[22]表示，对于溶剂与成核单元之间的相互作用采用简单的 LJ 势来描述。

$$E_{\text{OPLS}} = E_{\text{coul}} + E_{\text{vdwl}} + E_{\text{bond}} + E_{\text{angle}} + E_{\text{dihed}} \tag{9.25}$$

$$E_{\text{coul}} = \sum_i \sum_{j>i} \left(\frac{q_i q_j \text{e}^2}{r_{ij}} \right) \tag{9.26}$$

$$E_{\text{vdwl}} = \sum_i \sum_{j>i} \left[4\varepsilon_{ij} \left(\frac{\sigma_{ij}^{12}}{r_{ij}^{12}} - \frac{\sigma_{ij}^{6}}{r_{ij}^{6}} \right) \right] \tag{9.27}$$

$$E_{\text{bond}} = \sum_{\text{bonds}} K_r \left(r - r_{\text{eq}} \right)^2 \tag{9.28}$$

$$E_{\text{angle}} = \sum_{\text{angles}} K_\theta \left(\theta - \theta_{\text{eq}} \right)^2 \tag{9.29}$$

$$E_{\text{dihed}} = \sum_i \left\{ \frac{V_{1i}}{2}(1+\cos\varphi_i) + \frac{V_{2i}}{2}[1-\cos(2\varphi_i)] + \frac{V_{3i}}{2}[1+\cos(3\varphi_i)] + \frac{V_{4i}}{2}[1-\cos(4\varphi_i)] \right\} \tag{9.30}$$

其中，E_{OPLS} 为系统的总势能，表示所有原子的所有相互作用势能的总和；E_{coul} 为库仑静电项；E_{vdwl} 为范德华项；E_{bond} 为简谐键拉伸项；E_{angle} 为键角弯曲项；E_{dihed} 为二面角扭转能量项；原子电荷 q 固定在每个原子的质心上；i 和 j 为所有原子对（$i<j$）；r_{ij} 为原子 i 和 j 之间的距离；ε_{ij} 和 σ_{ij} 分别为 Lennard-Jones 半径和势阱深度，不同类型原子间参数通过交叉原则来实现，此原则为 $\varepsilon_{ij}=(\varepsilon_{ii}\varepsilon_{jj})^{1/2}$ 和 $\sigma_{ij}=(\sigma_{ii}+\sigma_{jj})/2$[23]；$K_r$、$K_\theta$ 和 V_{ni} ($n=1, 2, 3, 4$) 为热力学常数；r_{eq}、θ_{eq} 和 φ_i 分别为平衡态下的键长、键角和二面角。

Input 文件可访问 https://teacher.nwpu.edu.cn/comphys.html 获取。在正式的 MD 模拟之前，保持成核单元（Ca^{2+} 和 CO_3^{2-}）固定不动的情况下，整个系统要经过能量精度为 10^{-4} 及力精度为 10^{-6} 的能量优化。在能量优化之后，溶液体系在 NPT 系综下弛豫 0.5ns，且温度为 293.15K，压强为 1atm（1atm=1.01×10^5Pa）下基本达到平衡态。在所有模拟中均使用 1fs 的时间步长，其中势函数使用 1.0nm 的截断半径。邻居搜索原则为距离中心离子的距离相同，并在每个模拟步骤中更新。

在固定成核单元情况下，将整个体系弛豫 0.5ns，之后溶液体系达到热力学平衡，在完成扩散系数计算后，进入正式模拟阶段。通过 4ns 的正式模拟，可以得到不同扩散条件下的一系列成核模拟轨迹，据此轨迹可细致分析扩散对材料成核过程的调控机理。如图 9.7 所示，为 $CaCO_3$ 溶液成核聚集模拟中的四个轨迹截图，其中图 9.7（a）和（b）过程表明，单个离子是 $CaCO_3$ 溶液成核早期主要成核单体，而图 9.7（c）和（d）是在较大扩散系数时大团簇参与下的成核过程轨迹截图。本算例采用直接分子动力学方法，研究了全原子模型 $CaCO_3$ 水溶液体系中的成核聚集过程，阐明了该成核过程中多步进行的特点，并给出了复杂体系 MD 模拟的基本方法。

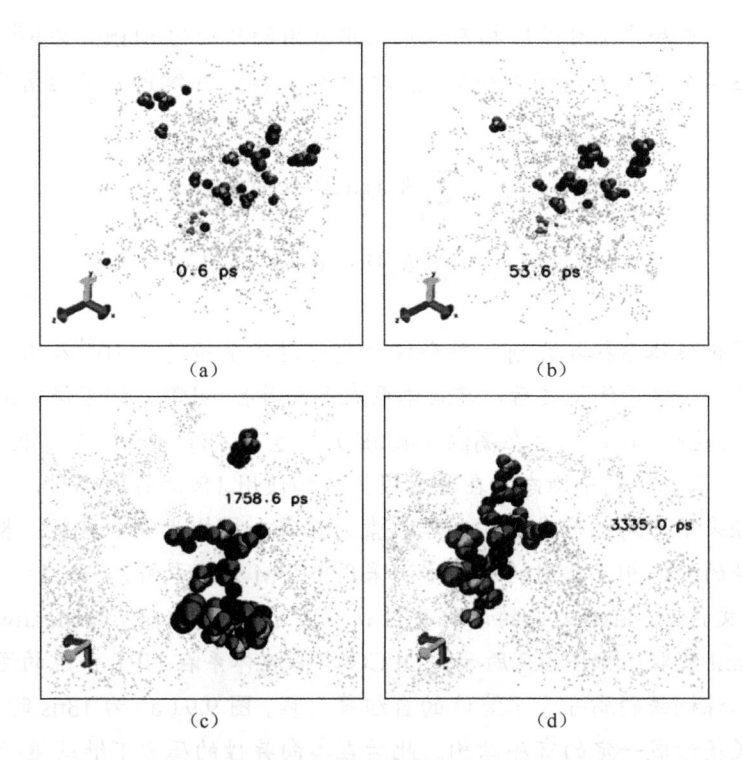

图 9.7 CaCO₃ 溶液成核聚集模拟中的四个轨迹截图

例 9.5 双分子膜形成的粗粒化模拟计算

生命体系中常存在双分子膜结构，如细胞膜结构，研究这种双分子膜的形成机理对于探究生命奥秘具有重要意义[24]。本算例采用细胞膜中的常见分子——二棕榈酰磷脂酰胆碱（DPCC）为基本单元，采用粗粒化分子动力学（coars-grained molecular dynamics，CG-MD）模拟方法，形成双分子膜结构[25]，该体系的粗粒化结果如图 9.8 所示。DPCC 水溶液的粗粒化体系的模拟盒子在 x、y、z 三个方向上的尺寸均为 10.0nm。

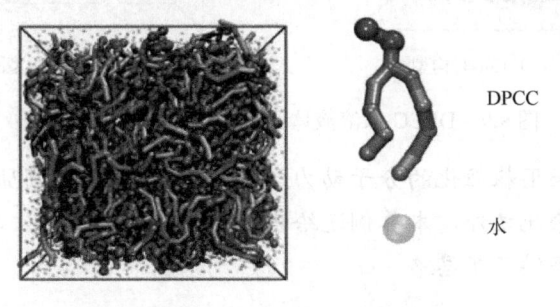

图 9.8 DPCC 水溶液的粗粒化体系

DPCC 分子和溶剂分子间相互作用采用常用的粗粒化 Martin 力场[26]，该力场的基本方程与全原子力场的方程形式基本一致，只是在键角和二面角两项有微小差别：

$$E_{\text{angle}} = \sum_{\text{angles}} K_\theta (\cos\theta - \cos\theta_{\text{eq}})^2 \tag{9.31}$$

$$E_{\text{dihed}} = \sum_{i} K_d [1 + \cos(\varphi - \varphi_0)] \tag{9.32}$$

在恒温恒压体系模拟之前，整个体系要经过能量精度为 10^{-4} 及力精度为 10^{-6} 的能量优化。在能量优化之后，溶液体系在各向异性 NPT 系综下保持温度 300K、压强为 1atm 运行 5ns，此后在高温（400K）加速下运行 10ns，最后恢复 300K 温度运行 1ns，基本达到平衡态。在所有模拟中均使用 1fs 的时间步长，其中势函数的截断半径采用力场相应参数。邻居搜索为在每个模拟步骤中更新。长程力，超过截断半径的静电相互作用的求和方法采用 PPPM 方法求解。

Input 文件及 data 文件的读取及生成方法可访问 https://teacher.nwpu.edu.cn/comphys.html 获取。如图 9.9 所示，DPCC 水溶液体系在 NPT 系综的运行结果，其描述了二棕榈酰磷脂分子水溶液的自组装过程。图 9.9（a）为 13ns 时的构型图，初步开始聚集形成一定的有序结构。此后在各向异性的压力下继续运行 13～26ns 时，形成了双分子层结构，如图 9.9（b）所示。此双分子层结构与细胞膜结构类似，给出了生命体系中细胞膜合成的可能机理。

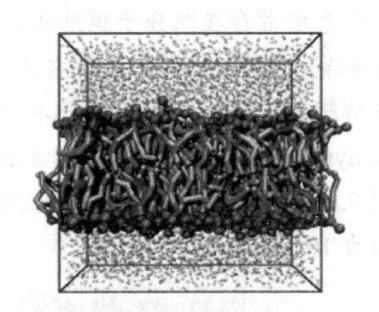

(a) 13ns时构型图　　　　　　　　(b) 26ns时构型图

图 9.9　DPCC 水溶液体系在 NPT 系综的运行结果

本算例通过采用粗粒化的分子动力学方法，研究了类细胞膜的双分子层状结构的形成过程。除此之外，本算例还给出了粗粒化的示范方法，为解决复杂有机物体系建模问题提供了新思路。

9.3 分子动力学在金属材料加工中的应用

分子动力学计算模拟,凭借其在纳米尺度实时精准、全息精细反映微观组织变化的能力,成为材料科学探索中重要的研究方法。在金属材料相关研究中所涉及内容,包括凝固过程、相变、塑性变形和热物性质计算等。

1. TiAl 合金的凝固过程计算

针对 TiAl 合金体系,设计二元合金凝固过程,并与实验结果进行对比,验证所设计模型的准确性及合理性[27]。选用 EAM 势函数,以计算 73.4 万个原子为例,具体计算过程如下:建立三维周期性模拟空间,大小为 45×6×45(nm^3),铝原子(深)、钛原子(浅),按照 TiAl 相晶格常数填满整个空间,如图 9.10 所示。

采用 NPT 系综,温度从 2300K 降至 50K。计算结果表明,当冷却速率为 0.02K/ps 时,随着温度持续降低,凝固形核过程发生,如图 9.11 所示。液相金属无序原子中先大量随机形成多面体结构,多面体结构发生团聚并形成 bcc 结构,如图 9.11(a)所示。在形成的 bcc 晶核上进一步形成 hcp 与 fcc 结构,如图 9.11(b)所示。接着晶核快速长大,形成具有片层结构的合金组织,如图 9.11(c)和(d)所示。

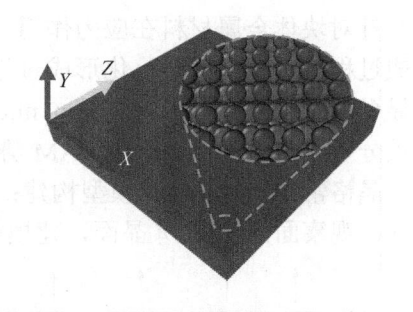

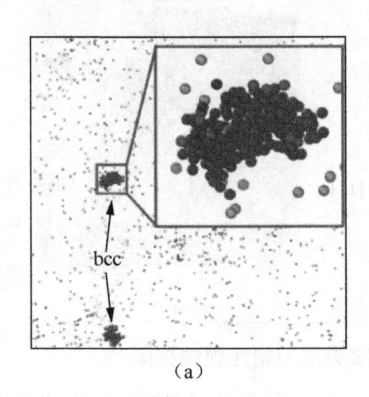

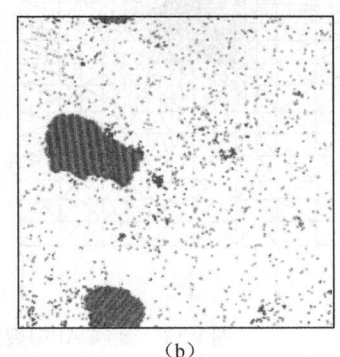

图 9.10 TiAl 合金凝固过程初始建模图

(a)

(b)

(c) (d)

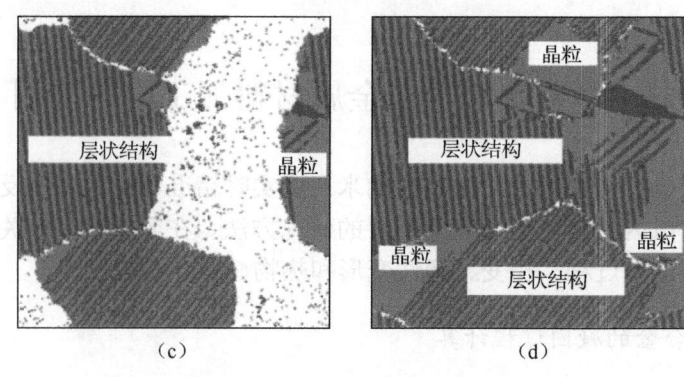

图 9.11 TiAl 合金凝固形核过程

2. 块体材料中裂纹尖端模拟计算

针对块体金属材料在应力作用下的裂纹尖端扩展机制，特别是位错和孪晶的形成过程，以及局部非晶化形成过程，可以通过分子动力学模拟与高分辨透射电子显微镜（transmission electron microscope，TEM）相结合的方法开展研究[28]。相关分子动力学模拟中采用 EAM 势函数，含 191 万个原子的金属块体 Al，fcc 结构，晶格常数为 4.05Å。模型构建：应力加载轴向 y 为[111]方向，x 轴线为[112]方向，观察面为（111）晶面，建模如图 9.12 所示。

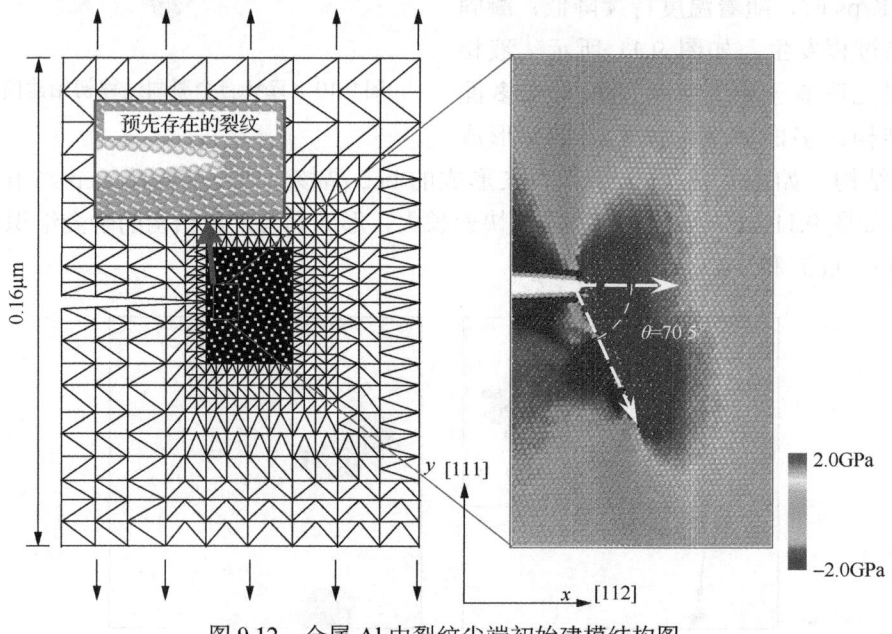

图 9.12 金属 Al 中裂纹尖端初始建模结构图

如图 9.13 所示，（111）晶面沿着[112]方向发生肖克莱不全位错形核及传播，如图 9.13 中 A 所示；随着应变速率的增加，裂纹尖端扩展的初始阶段存在两种机制：一种机制是在同一滑移平面上，肖克莱不全位错运动之后，形成了具有相同伯氏矢量的孪晶不全位错，并在裂纹尖端扩展形成微孪晶，如图 9.13 中 B 所示。另一种机制是 Lomer 位错发生在前驱不全位错运动之后，如图 9.13 中 C 所示。随着应变速率的持续增加，非晶化过程将出现在 Lomer 位错核（Lomer defect center，LDC）形成和运动之后。相关研究证实了在应力作用下，金属铝块体中裂纹尖端初始萌生结构的演变，该结论与实验结果相吻合。

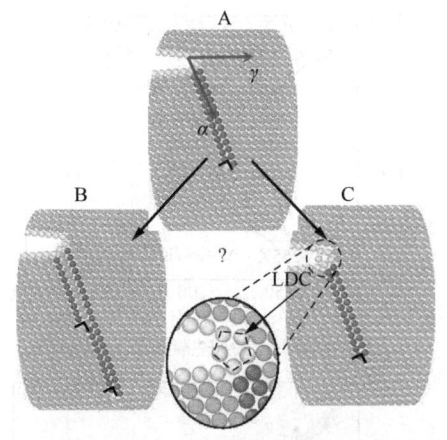

图 9.13 裂纹尖端扩展从位错到孪晶结构演变过程

3. 三元 Ni-Fe-Co 合金液态热物性与结构研究

将分子动力学与静电悬浮实验相结合，研究三元 Ni-Fe-Co 合金液态密度随温度和成分的演化规律，此外，根据分子动力学模拟结果研究了三元 Ni-Fe-Co 合金的液态结构[29]。研究对象：含 32000 个原子的三元 Ni-Fe-Co 合金体系。将元素按其含量随机地分布在体心立方的晶格点阵上，在远高于合金熔点的温度弛豫获得随机液态结构，构建的初始原子占位和高温液态原子占位如图 9.14 所示。通过阶梯降温程序获得特定温度下合金的物理性质和液态结构。

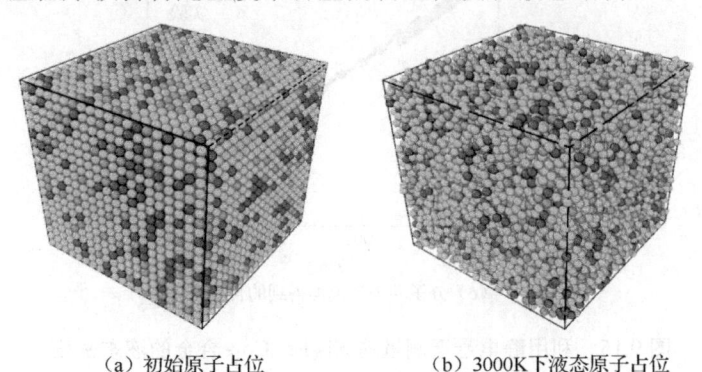

(a) 初始原子占位　　　　(b) 3000K 下液态原子占位

图 9.14 三元 Ni-Fe-Co 合金模型构建

图 9.15 给出了静电悬浮条件下测量的 Ni$_{70}$Fe$_{15}$Co$_{15}$ 合金的液态密度随温度的变化关系。尽管 Ni$_{70}$Fe$_{15}$Co$_{15}$ 合金具有较高的饱和蒸气压，但四次测量的合金密度经过挥发修正后完全重合，如图 9.15（b）所示。图 9.15（c）给出了分子动力学模拟得到的 Ni$_{70}$Fe$_{15}$Co$_{15}$ 合金在宽温度范围内的液态密度，从图中结果可以看出模拟结果和实验测量值完全重合，这表明模拟结果具有较高的精度。因此，可以进一步用来分析三元 Ni-Fe-Co 合金液态结构随合金成分的演化关系。

（a）循环四次的加热凝固温度曲线

（b）合金密度随温度的演化关系

（c）分子动力学模拟得到的合金密度

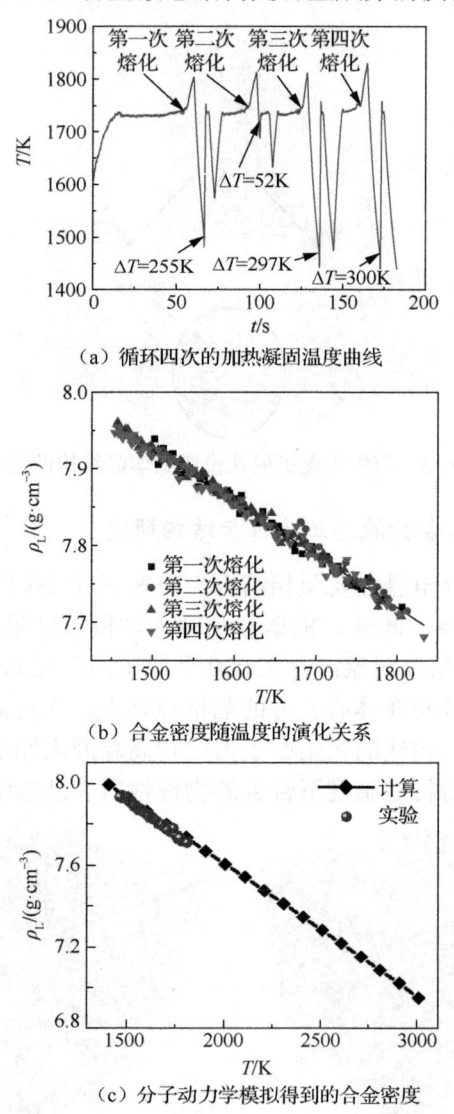

图 9.15 利用静电悬浮测量的 Ni$_{70}$Fe$_{15}$Co$_{15}$ 合金的液态密度

图 9.16 为 1700K 下 Ni-Fe-Co 合金液态结构随合金成分的变化关系。由图可

知：随着 Ni 含量的增加，双体分布函数第一近邻高度在不断增加，同时第一近邻位置在不断减小；第二近邻高度则先减小后增大，此外第二近邻位置在不断减小。第一近邻随 Ni 含量的变化规律表明合金的密度是 Ni 含量的函数。

(a) 双体分布函数随合金成分的变化关系

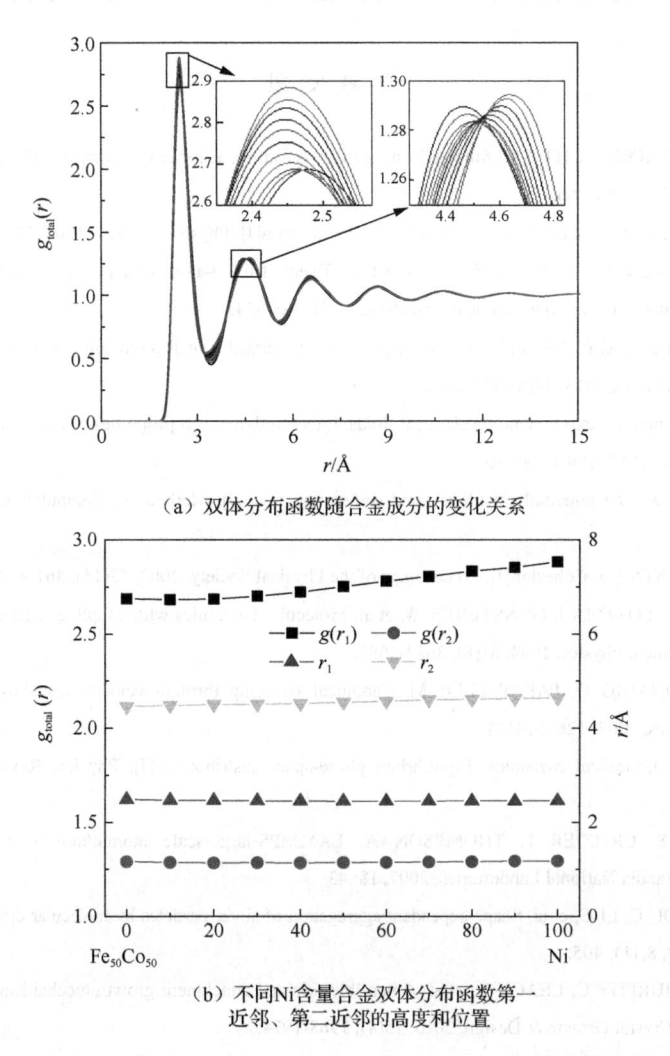

(b) 不同Ni含量合金双体分布函数第一近邻、第二近邻的高度和位置

图 9.16　1700 K 下 Ni-Fe-Co 合金液态结构随合金成分的变化

习　题

9.1　采用 LAMMPS 软件运行一个包含 216 个乙烯分子和 108 个苯分子的全原子体系（计算式大小为 4.8nm×4.8nm×4.8nm）：（1）构建相应的 data 文件和 in 文件，并运行；（2）给出轨迹文件的 VMD 加载动画。

9.2 采用 LAMMPS 软件模拟石墨烯的轴向拉伸过程：（1）构建石墨烯结构模型，并转换为 LAMMPS 可读取的 data 文件；（2）构建 in 文件模拟石墨烯轴向拉伸过程；（3）模拟结果的处理，包括轨迹文件和应力-应变曲线分析等。

参 考 文 献

[1] ALDER B J, WAINWEIGHT T E. Studies in molecular dynamics. I. general method[J]. The Journal of Chemical Physics, 1959, 3(2): 459-466.

[2] RAHMAN A. Correlations in the motion of atoms in liquid argon[J]. Physical Review, 1964, 136(2A): A405-A411.

[3] TCHIPEV N, SECKLER S, HEINE M, et al. TweTriS: Twenty trillion-atom simulation[J]. The International Journal of High Performance Computing Applications, 2019, 33(5): 838-854.

[4] DUBBELDAM D, CALEROS, VLUGTT. iRASPA: GPU-accelerated visualization software for materials scientists[J]. Molecular Simulation, 2018, 44(8): 653-676.

[5] VERLET L. Computer 'experiment' on classical fluids. I. thermodynamical properties of Lennard-Jones molecules[J]. Physical Review, 1967, 159(1): 98-103.

[6] HOCKNEY R W. The potential calculation and some application[J]. Methods in Computational Physics, 1970, 9: 135-211.

[7] LENNARD-JONES E J. Cohesion[J]. Proceedings of the Physical Society, 2002, 43(15): 461-482.

[8] BERENDEN H, POSTMA J, GUNSTEREN W, et al. Molecular-Dynamics with coupling to an external bath[J]. The Journal of Chemical Physics, 1984, 81(8): 3684-3685.

[9] BUSSI G, DONADIO D, PARRINELLO M. Canonical sampling through velocity rescaling[J]. The Journal of Chemical Physics, 2007, 126: 014101.

[10] HOOVER W. Canonical dynamics: Equilibrium phase-space distributions[J]. Physical Review A, 1985, 31(3): 1695-1697.

[11] PLIMPTON S, CROZIER P, THOMPSON A. LAMMPS-large-scale atomic/molecular massively parallel simulator[J]. Sandia National Laboratories, 2007, 18: 43.

[12] WANG X, HOU C, LI C, et al. Shape-dependent aggregation of silver particles by molecular dynamics simulation[J]. Crystals, 2018, 8(11): 405.

[13] MURPH S, MURPHY C, LEACH A, et al. A possible oriented attachment growth mechanism for silver nanowire formation[J]. Crystal Growth & Design, 2015, 15(4): 1968-1974.

[14] FOILES S, BASKES M, DAW M. Embedded-atom-method functions for the fcc metals Cu, Ag, Au, Ni, Pd, Pt, and their alloys[J]. Physical Review B, 1986, 33(12): 7983-7991.

[15] ZHAO S, ZHU Q, AN X, et al. In situ atomistic observation of the deformation mechanism of Au nanowires with twin-twin intersection[J]. Journal of Materials Science & Technology, 2020, 53(18): 118-125.

[16] RADHAMANI A, LAU H, RAMAKRISHNA S. CNT-reinforced metal and steel nanocomposites: A comprehensive assessment of progress and future directions[J]. Composites Part A: Applied Science and Manufacturing, 2018, 114A: 170-187.

[17] SHEN Y, WU H. Interlayer shear effect on multilayer graphene subjected to bending[J]. Applied Physics Letter, 2012, 100(10): 101909.

[18] MOHSEN M, ALANSARI M, TAHA R, et al. Impact of CNTs' treatment, length and weight fraction on ordinary concrete mechanical properties[J]. Construction and Building Materials, 2020, 264: 120698.

[19] DOU X, HUANG H, HAN Y. The role of diffusion in the nucleation of calcium carbonate[J]. Chinese Journal of Chemical Engineering, 2022, 43: 275-281.

[20] DOU X, CHEN Y, HAN Y. Modification of glycerol force field for simulating silver nucleation under a diffusion limited condition[J]. Colloids and Surfaces A: Physicochemical and Engineering Aspects, 2020, 592: 124574.

[21] DAMM W, FRONTERA A, TIRADORIVES J, et al. OPLS all-atom force field for carbohydrates[J]. Journal of Computational Chemistry, 1997, 18(16): 1955-1970.

[22] MANDAL T, LARSON R. Nucleation of urea from aqueous solution: Structure, critical size, and rate[J]. The Journal of Chemical Physics, 2017, 146(13): 134501.

[23] MILEK T, ZAHN D. Molecular simulation of Ag nanoparticle nucleation from solution: Redox-reactions direct the evolution of shape and structure[J]. Nano Letters, 2014, 14(8): 4913-4917.

[24] MARRINK S, CORRADI V, SOUZA P, et al. Computational modeling of realistic cell membranes[J]. Chemical Review, 2019, 119(19): 6184-6226.

[25] JEWETT A, STELTER D, LAMBERT J, et al. Moltemplate: A tool for coarse-grained modeling of complex biological matter and soft condensed matter physics[J]. Journal Molecular Biology, 2021, 433(11): 166841.

[26] SOUZA P, ALESSANDRI R, BARNOUD J, et al. Martini 3: A general purpose force field for coarse-grained molecular dynamics[J]. Nature Methods, 2021, 18: 382-388.

[27] LI P, YANG Y, XIA Z, et al. Molecular dynamic simulation of nanocrystal formation and tensile deformation of TiAl alloy[J]. RSC Advances, 2017, 7(76): 48315-48323.

[28] LI P, YANG Y, LUO X, et al. Effect of rate dependence of crack propagation processes on amorphization in Al[J]. Materials Science and Engineering: A, 2017, 684: 71-77.

[29] ZHAO J, WANG H, ZOU P, et al. Liquid structure and thermophysical properties of ternary Ni-Fe-Co alloys explored by molecular dynamics simulations and electrostatic levitation experiments[J]. Metallurgical and Materials Transactions A, 2021, 52A(5): 1732-1748.

第10章 元胞自动机方法

元胞自动机[1]（cellular automaton，CA）是一种时间、空间、状态都离散的网格动力学模型，具有模拟复杂系统时空演化过程的能力，是现代计算机之父——冯·诺依曼为了模拟生命系统所具有的自复制功能而提出来的概念。作为一种描述复杂系统时空演化过程的方法，元胞自动机由正方形、三角形或者立方体等基本元胞刻画整个系统。每个元胞都有若干种离散或者连续的状态，并以一定规则排列形成一个空间区域并发生变化，这就形成了整个元胞自动机的演化过程。20世纪70年代，John提出了著名的元胞自动机模型——生命游戏（game of life）。这种元胞自动机模型展现了用简单的规则实现复杂系统的能力，因而备受推崇。随后，Stephen对元胞自动机理论进行了深入的研究，把这种带有强烈的纯游戏色彩的想法在学术上加以分类整理，并使之最终上升到了科学方法论。元胞自动机作为一种动态模型，常被视为一种通用的建模和模拟方法。元胞自动机将简单与复杂、微观与宏观、局部与整体、有限与无穷、离散与连续等多对哲学范畴紧密联系在一起，有望成为探索复杂科学的利器。人们用它研究基于局部简单规则的整体复杂系统的动态演化过程。元胞自动机的应用极为广泛，几乎涉及自然科学和社会科学的各个领域[2]，包括生物学、生态学、信息科学、计算机科学、数学、物理学、化学、材料学、社会学、军事学等。

10.1 元胞自动机的基本原理

元胞自动机的基本出发点是如果让计算机反复地计算极其简单的运算法则，那么就可以使之发展成为异常复杂的模型，并能够解释自然界中的现象。元胞自动机在空间上是由离散的有限状态的元胞组成，而在时间上则由元胞遵循确定的局部规则更新其状态。大量元胞通过简单的相互作用形成系统的动态演化过程。元胞自动机与一般的动力学模型不同，它是用一系列模型构造的规则构成，而不是由严格定义的物理方程或函数确定。元胞自动机的构建没有固定的数学公式，这就导致其构成方式不一，而且可以变化成多种形式。人们可认为凡是满足这些规则的模型都可算作元胞自动机模型。因此，元胞自动机可以视为由一个元胞空间和定义于该空间的变换函数所组成。元胞自动机[3]是一类模型的总称，或者说是一种特殊的建模和模拟方法。

10.1.1 元胞自动机的构成

标准元胞自动机是一个由元胞空间、元胞状态、邻居关系和演化 4 个要素构成，可以用数学符号表示为

$$A = (L, d, S, N, f) \tag{10.1}$$

其中，A 为元胞自动机系统；L 为元胞空间；d 为元胞自动机内元胞空间的维数，是一个正整数；S 为有限的、离散的元胞状态集合；N 为某个邻域内所有元胞的集合；f 为局部映射或局部规则。理论上，元胞空间通常在各维向上是无限延展的，这有利于在理论上的推理和研究。但是在实际应用过程中，无法在计算机上实现这一理想条件，因此需要定义不同的边界条件。

1. 元胞及元胞空间

元胞是构成元胞自动机的最基本单元，还可称之为基元。元胞分布在离散的一维、二维、三维或多维欧几里得空间的晶格点上。元胞分布的空间晶格点的集合就构成了元胞空间。理论上，元胞空间可以在欧几里得空间进行任意维数的规则划分。不过，人们对元胞自动机的研究多集中在一维和二维问题上。对于一维元胞自动机，元胞空间的划分只有一种，而高维的元胞自动机则可能有多种形式。对于最常见的二维元胞自动机，人们通常可按三角、四方或六边形三种网格排列。这三种规则元胞空间的划分各有优缺点：三角网格的优点是拥有相对较少的邻居数目，这在某些时候很有用；其缺点是在计算机环境下的表达与显示不方便，需要转换为四方网格。四方网格的优点是直观、简单，而且特别适合于在现有计算机环境下进行表达和显示；其缺点是不能较好地模拟各向同性的现象，如格子气模型中的 HPP 模型。六边形网格的优点是能较好地模拟各向同性的现象，因此模型更加自然且真实，如格子气模型中的 FHP 模型；其缺点同三角网格一样，在计算机环境下的表达和显示上较为困难、复杂。

2. 元胞状态

状态可以是 $\{0,1\}$ 的二进制形式，或是 $\{s_1, s_2, s_3, \cdots, s_i, \cdots, s_n\}$ 整数形式的离散集，严格意义上，每个元胞只存在一个状态变量。然而，人们在实际应用中往往将其扩展，使得每个元胞可以拥有多个状态变量。通常在某一个时刻一个元胞只能有一种元胞状态，而且该状态取自一个有限集合。例如，状态集 $S = \{s_1, s_2\}$，即只有两种不同的元胞状态。可将这两种不同的元胞状态分别编码为 0 与 1；若用图形表示，则可对应"黑"与"白"，或者其他两种不同的颜色。

3. 邻居及构形

以上的元胞及元胞空间只表示了系统的静态成分，为将"动态"引入系统，必须加入演化规则。在元胞自动机中，这些规则是定义在空间局部范围内的，即一个元胞下一时刻的状态取决于本身状态和它邻居元胞的状态。因而，在指定规则之前，必须定义一定的邻居规则，明确哪些元胞属于该元胞的邻居。在空间位置上与元胞相邻的元胞称为它的邻元，由所有邻元组成的区域称为它的邻居。

在一维元胞自动机中，通常以半径 r 来确定元胞的邻居，距离某个元胞 r 内的所有元胞均被认为是该元胞的邻居，如图 10.1 所示。黑色元胞为中心元胞，灰色元胞为其邻居，根据它们的状态确定中心元胞在下一时刻的状态。

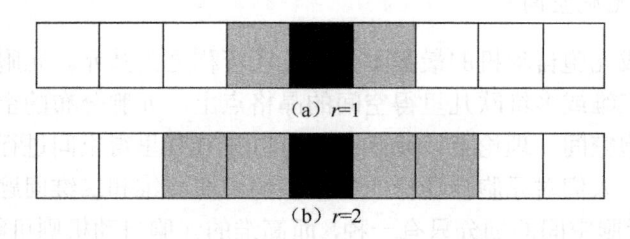

(a) $r=1$

(b) $r=2$

图 10.1 一维元胞自动机的邻居

在二维元胞自动机中，元胞邻居的定义较为复杂，但通常有以下三种类型的邻居，如图 10.2 所示。图 10.2（a）为冯·诺依曼型，图 10.2（b）为摩尔型，图 10.2（c）为扩展摩尔型。扩展摩尔型是每次将一个 2×2 的元胞块做统一处理，上述前两类邻居中，每个元胞是分别处理的。同样，也可以定义二维以上的高维元胞自动机的邻居状态。在这个元胞、状态、元胞空间的概念基础上，引入另外一个非常重要的概念——构形。构形是在某个时刻，元胞空间上所有元胞状态的空间分布组合。在数学上，它通常可以表示为一个多维的整数矩阵。

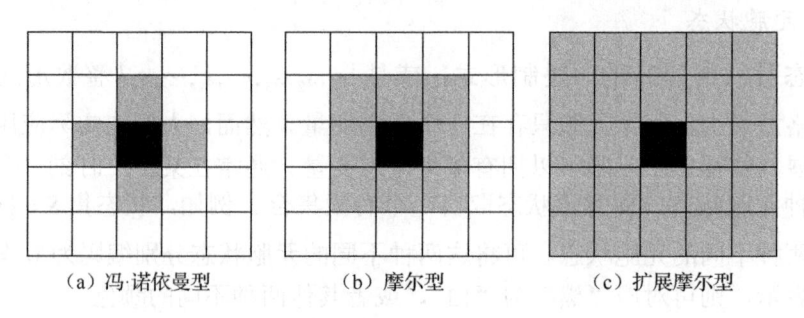

(a) 冯·诺依曼型 (b) 摩尔型 (c) 扩展摩尔型

图 10.2 二维元胞自动机邻居的三种类型

4. 演化规则

演化规则[3]是指根据元胞当前状态及其邻居中元胞的状态决定下一时刻该元胞状态的状态转移函数。状态更新规则可以表示为 $f: s^m \to s$，这里 f 表示状态转移函数，s 表示状态集，m 表示邻居内元胞的个数，$s^m \to s$ 称为元胞自动机的局部映射或局部规则。

元胞自动机的演化规则可以任意设定。例如，摩尔型的元胞自动机，其元胞以相邻的 8 个元胞为邻居，最多可有 $2^8 = 256$ 种不同的设定方式。其中一个元胞的状态取决于在该时刻自身的状态和周围 8 个邻居的状态。

5. 边界条件

元胞空间的边界条件主要有四种类型：定值型、周期型、反射型和绝热型。有时在应用中，为更加客观、自然地模拟实际现象，还有可能采用随机型，即在边界实时产生随机值。图 10.3 给出了一维空间中通过扩展元胞边界获得的四种边界条件[4]，虚线框代表的是边界外的扩展元胞。定值型边界是指所有边界外元胞均取某一固定常量，常用的零边界条件就属于这种类型。周期型边界是指相对边界连接起来的元胞空间。对于一维空间，元胞空间表现为一个首尾相接的圈。对于二维空间，元胞空间上下相接、左右相接，形成一个拓扑圆环面，形似车胎或甜点圈。周期型空间与无限空间最为接近，因而在理论探讨时，常以此类空间型作为试验。反射型边界指在边界外邻居的元胞状态是以边界为轴的镜面反射，即将越界的元胞视为界内元胞的像，越界的元胞状态取相应原像元胞的状态。例如，在一维空间中，当 $r=1$ 时的边界情形。绝热型边界指采用边界内的元胞与扩展元胞的状态相同，相当于元胞边界以外的状态与元胞的边界状态保持一致，在元胞自动机的演化过程中，外界元胞状态和边界元胞状态始终相同。

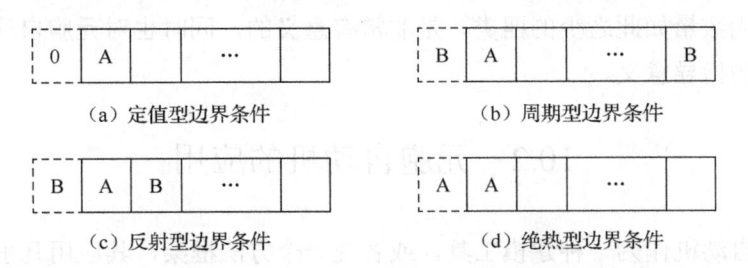

(a) 定值型边界条件

(b) 周期型边界条件

(c) 反射型边界条件

(d) 绝热型边界条件

图 10.3 一维空间中通过扩展元胞边界获得的四种边界条件

需要指出的是，这四种边界类型在实际应用中，尤其是二维或更高维数的建模时，可以相互结合。例如，在二维空间中，上下边界采用反射型边界条件，左右边界可采用周期型边界条件。具体采用哪几种边界条件，要根据所要解决问题的边界特征来进行合理的选择。

10.1.2 元胞自动机的分类

元胞自动机模型繁杂、规则众多，因此分类难度也较大。基于不同的出发点，元胞自动机有多种分类。基于维数的元胞自动机分类是最简单，也是最常用的划分方法。最具影响力的当属沃尔夫勒姆在20世纪80年代初基于动力学行为的分类。沃尔夫勒姆对初等元胞自动机的256种规则产生的所有模型进行了详细而深入的研究[5]。他还用熵来描述其演化行为，把元胞自动机分为平稳型、周期型、混沌型、复杂型四类。

（1）平稳型：自任何初始状态开始，经过一定时间运行后，元胞空间趋于一个空间平稳的构型，这里空间平稳指每一个元胞处于固定状态，不随时间变化而变化。平稳型元胞自动机又称为第Ⅰ类元胞自动机。

（2）周期型：自任何初始状态开始，经过一定时间运行后，元胞空间趋于一系列简单的固定结构或周期结构。由于这些结构可看作是一种滤波器，故可应用到图像处理的研究中。周期型元胞自动机又称为第Ⅱ类元胞自动机。

（3）混沌型：自任何初始状态开始，经过一定时间运行后，元胞自动机表现出混沌的非周期行为，所生成结构的统计特征不再变化，通常表现为分形、分维特征。混沌型元胞自动机又称为第Ⅲ类元胞自动机。

（4）复杂型：元胞自动机演化时会出现复杂的局部结构，或者说是局部的混沌，其中有些会不断地传播，可与复杂系统中的自组织现象相比拟。复杂型元胞自动机又称为第Ⅳ类元胞自动机。

虽然沃尔夫勒姆的分类不是严格的数学分类，但将众多元胞自动机的动力学行为归纳为数量如此之少的四类，是非常有意义的，同时也对元胞自动机的研究具有重大的指导意义。

10.2 元胞自动机的应用

元胞自动机作为一种建模工具，或者说一个方法框架，其应用几乎涉及自然科学和社会科学的各个领域[6]。例如，在物理学中，除了格子气元胞自动机在流体力学上的成功应用，元胞自动机还可对磁场、电场等，以及热扩散、热传导和机械波进行模拟。在化学中,元胞自动机可用来模拟原子、分子等各种微观粒子在化学反应中的相互作用,借以研究化学反应的过程。在生态学中,元胞自动机用于生态动态变化过程和动物群体行为的模拟。在计算机科学中,元胞自动机的并行处理能力被用作高度并行的乘法器、分类器等。在医学上,元胞自动机可用于模拟肿瘤细胞的增长机理和扩散过程,以及药物在人体组织细胞中的渗透、扩散过程,从而得到有用的信息来确定药物的用量和用法,并更好地控制病情的发展。在社会学中,元胞自动机用于研究经济危机的形成与爆发过程、人类行为的社会性现象等。

10.2.1 元胞自动机在交通领域的应用

随着社会的发展,城市交通问题日趋严重,如交叉口行人、自行车、机动车混行拥堵,路段使用率不高,交通噪声,空气污染等,造成社会资源和经济的大量浪费,严重制约了城市的发展。影响交通系统的相关因素越来越多,人们总是力求寻找最优解决方案,以期解决各种交通问题。然而,交通系统复杂非线性的特征,使得理论分析的方法很难奏效,而交通系统的社会性和大投资,使得实验的方法几乎不可行。此时,应用计算机技术进行交通仿真就成了一种很有效的技术手段,其中元胞自动机是进行交通仿真的有效方法之一。元胞自动机在交通领域的应用非常广泛,常用来模拟道路上的车辆或移动的行人,能够再现各种复杂的交通现象,反映交通流特性[7]。

应用于微观交通分析的元胞自动机中,最典型的一维单车道模型为 Nagel 和 Schreckenberg 提出的 NaSch 单车道模型。该单车道模型作为 184 模型的推广,将道路划分为离散的方格(即元胞),元胞为空时表示没有车辆经过,元胞非空时表示被车辆占据。车辆速度可以取 $0, 1, 2, \cdots, v_{\max}$,$v_{\max}$ 表示最大速度。在任意时刻 t 向下一时刻 $t+1$ 变化时,模型按下面的四条规则运行。

规则 1:加速

$$v_i = \max\{v_i + 1, v_{\max}\} \tag{10.2}$$

规则 2:减速

$$v_i = \min\{v_i, d_i\} \tag{10.3}$$

其中,

$$\begin{cases} v_i = \min\{v_{\max} - 1, v_{i-1}, \max(0, d_{i-1} - 1)\} \\ d_i = X_{i-1} - X_i - 1 \end{cases} \tag{10.4}$$

规则 3：以概率 p 随机慢化

$$v_i = \max\{v_i - 1, 0\} \tag{10.5}$$

$$p = \begin{cases} p_1 & d_i + v_{i-1} \geqslant d_0 \\ p_2 & d_i + v_{i-1} < d_0 \end{cases}$$

规则 4：位置移动

$$X_i = X_i + v_i \tag{10.6}$$

其中，v_i 为第 i 辆车在 t 时刻的速度（m/s）；X_i 为第 i 辆车在 t 时刻的位置（m）；X_{i-1} 为 i 车的前车 i-1 在 t 时刻的位置（m）；d_i 为 i 车和前车 i-1 之间的空元胞数（个）；p_1、p_2、d_0、$v_{\max}$ 为常数。

规则 1 对应于现实中驾驶员追求行驶效率，倾向于以最大速度行驶的特性。规则 2 表示驾驶员为保证安全行驶，采取减速避让以免与前车发生碰撞。规则 3 表示交通系统中的各类随机因素（如路面状况、车内人员谈话、手机来电干扰等）引起的车辆减速。规则 4 表示车辆按上述因素调整速度后行驶，并在下一时刻更新位置。

例 10.1 为模拟道路交通，对一维 NaSch 单车道模型进行简化。用黑白两种颜色的元胞描述空间位置是否有车，即黑色表示空间位置有车（用 1 表示）、白色代表空间位置无车（用 0 表示），如图 10.4 所示。定义如下演化规则：如果三个相邻元胞组成的状态为 100，则此时第一辆车可加速或匀速行驶；如果元胞组成状态为 101，则此时第一辆车应保持匀速行驶；如果组成元胞状态为 11，则此时第一辆车前有车，应减速行驶或停车。

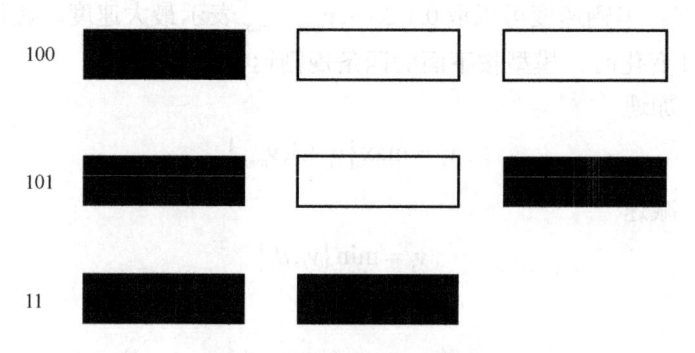

图 10.4 道路交通行驶规则

解：程序可访问 https://teacher.nwpu.edu.cn/comphys.html 获取，结果如图 10.5 所示。

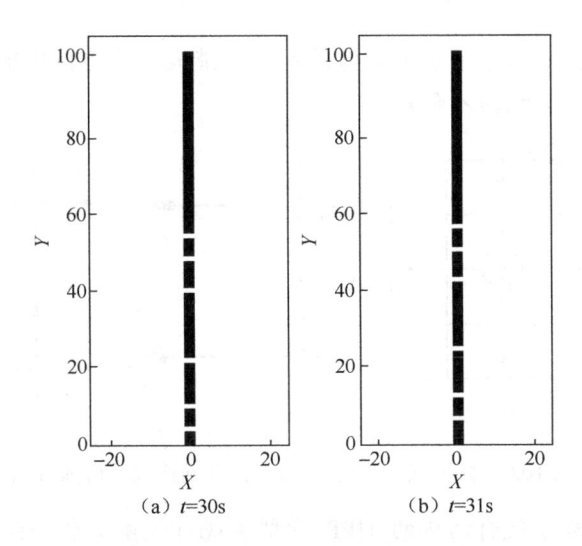

图 10.5 t=30s 和 t=31s 时的车辆行驶状态

10.2.2 元胞自动机在物理学领域的应用

在物理规律的模拟方面,元胞自动机可以代替微分方程来模拟许多物理现象。元胞自动机可以用来模拟自旋系统、随即生长模型、反应扩散系统中的模式形成以及复杂的流体模型[8]。另外,元胞自动机还可用来模拟雪花等枝晶的形成。

有一类用于模拟流体及相关系统演化的元胞自动机称为格子气元胞自动机,简称格子气自动机。格子气方法是近些年发展起来的模拟流体力学以及其他系统比较新的方法。格子气元胞自动机模拟流场,就是将流体及其存在的时间和空间完全离散,给出离散流体粒子之间的相互作用以及迁移的规则。流体粒子存在于空间网格上,可用一系列布尔变量 $n(x,t)$ 来描述在时刻 t、位于 x 处节点的每一个速度方向是否有粒子存在。

粒子在每一个时间步长的演化包括两部分:

(1) 迁移,粒子沿它的速度方向向距离最近的节点运动;

(2) 碰撞,当不同的粒子同时到达某个节点时,按照一定的碰撞规则发生碰撞并改变运动方向。

格子气自动机模型具有两重意义:

(1) 尽可能建立一个简单的模型使之能够用来模拟一个由大量粒子组成的系统;

(2) 反映粒子真实碰撞的本质,这样经过较长时间便可以获得流体的宏观特性。

第一个完全离散的格子气自动机模型是 1973 年由 Hardy、Pomeau 和 Pazzis 提出来的,以他们的名字命名为 HPP 模型。如图 10.6 所示,这个模型将平面流场划分为正方形网格，每个节点上流体的粒子只能向四个方向中的其中一个方向运动，且只有两个对头碰撞才有效。

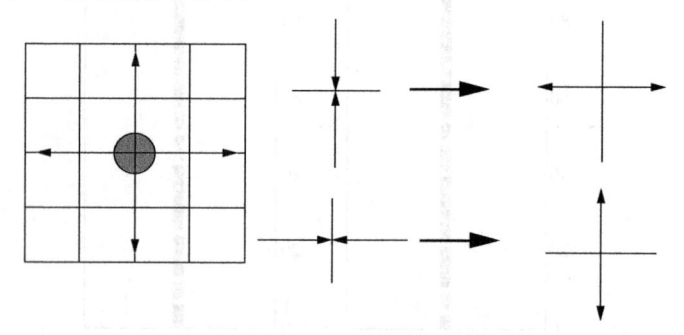

图 10.6　格子气自动机的 HPP 模型网格以及碰撞规则

例 10.2　用格子气自动机的 HPP 模型实现对气体扩散过程的模拟。在 HPP 模型中，格子上的粒子只能沿网格所规定的四个方向运动，因此粒子的演化规则可分为运动和碰撞两个阶段。在运动阶段，粒子按规定的方向向其邻位运动；在碰撞阶段，粒子按一定规则发生碰撞，从而改变其原来的运动方向。

解：程序可访问 https://teacher.nwpu.edu.cn/comphys.html 获取，计算结果见图 10.7，可以发现，粒子经过一段时间的演化后均匀分布在区域中。

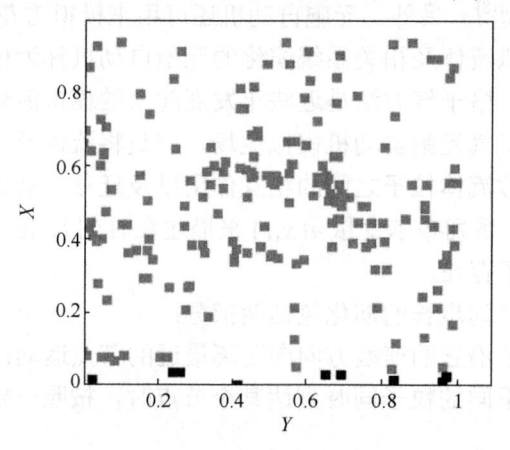

图 10.7　格子气自动机 HPP 模型得到的气体扩散后的粒子状态

10.3　格子玻尔兹曼方法

HPP 模型是第一个格子气自动机模型。它具有元胞自动机方法的典型特征，可用于模拟液体的流动，在微观上满足质量和动量守恒[9-12]。然而，它在宏观尺度上不能导出 Navier-Stokes 方程。在工程使用中，还有一个缺点是噪声太大。每个元胞(也就是格点)不是被 1 占据就是被 0 占据,所以要设定大量在统计上等效的初始条件,进行反复的计算,最后求平均,才能较准确地计算不同格点的流场情况。为克服格子气动机模型的不足,格子玻尔兹曼方法(lattice Boltzmann method, LBM)逐渐发展起来,并逐渐走向工程应用,尤其适用于处理具有复杂边界条件的计算流体力学问题。

10.3.1 格子玻尔兹曼方法简介

在介观尺度上,流体被看成流体粒子——由分子或原子组成的粒子团的集合。这些流体粒子比分子、原子的尺度要大,但从宏观上又是非常小,单个分子或原子的运动细节不会影响流体宏观的运动特性。通过构造符合一定物理规律的演化机制,使这些流体粒子进行演化计算,从而获得能够描述流体系统物理规律的数值结果,这就是介观模拟方法的基本思想。LBM 不仅将流体系统离散成流体粒子的集合,而且也把流动物理区域离散成一系列格子,流体粒子被约束在有限的格子上运动。近年来,研究人员对 LBM 的关注越来越多,并在理论和应用两个方面均取得了研究成果。

LBM 与传统的流体计算方法相比,具有算法简单,没有连续流体介质的假设条件,可处理任意复杂边界条件,能够适用于计算多元多相流问题,计算效率较快以及适宜并行计算等优点。2001 年以来,学者们将 LBM 成功应用于枝晶生长的数值模拟。德国的 Miller 及其合作者根据相场(phase-field,PF)方法和 LBM 的基本思想,构造了基于离散格子的相变动力学方程,建立了一个 PF-LBM 耦合模型,模拟了二维条件下 Ga 的熔化过程和过冷熔体在不同 Stefan 数、Rayleigh 数和 Prandtl 数时的晶体生长过程。尽管该模型在计算中需要较小的时间步长和较多的时间步数以确保计算精度和计算稳定性,但它与常规通过直接离散求解 PF 方程的方法相比仍然具有较高的计算效率。后来,Miller 等在其最初所建立的 PF-LBM 耦合模型基础上进行发展,模拟了考虑浮力作用时的多枝晶生长问题。Miller 等的工作展示了 LBM 在模拟对流枝晶生长中的巨大潜力。

10.3.2 模拟对流的格子玻尔兹曼方法

在格子玻尔兹曼方法中,单步松弛的 LBGK 模型是至今应用最为广泛的 LBM 模型。Qian 等提出 DnQb 模型的基本方法以来,已发展了如 D2Q4、D2Q7、D2Q8 和 D2Q9 等若干模型计算二维空间的对流扩散问题[13-15]。其中,D2Q9 模型最为常用。因此,本节采用基于单步松弛时间的 LBGK-D2Q9 模型计算液相流动和传质、传热问题。LBGK 模型的演化方程表示如下:

$$f_i(x+e_i\delta_t, t+\delta_t) - f_i(x,t) = -\frac{1}{\tau}[f_i(x,t) - f_i^{eq}(x,t)] \tag{10.7}$$

其平衡态分布函数表示为

$$f_i^{eq} = \rho w_i \left[1 + \frac{e_i \cdot u}{c_s^2} + \frac{(e_i \cdot u)^2}{2c_s^4} - \frac{u^2}{2c_s^2} \right] \quad (10.8)$$

模拟宏观量可由平衡态分布函数直接获得，表示为

$$\rho = \sum_i f_i, \quad u = \frac{1}{\rho} \sum_i f_i e_i \quad (10.9)$$

LBGK-D2Q9 模型使用均匀四方网格剖分计算空间，单位格子速度空间的离散如图 10.8 所示。各离散方向的速度分别为

$$c_i = \begin{cases} (0,0) & i=0 \\ (\cos\theta_i, \sin\theta_i)c & \theta_i = (i-1)\pi/2 & i=1,2,3,4 \\ \sqrt{2}(\cos\theta_i, \sin\theta_i)c & \theta_i = (i-1)\pi/2 + \pi/4 & i=5,6,7,8 \end{cases} \quad (10.10)$$

其中，c 为格子速度（m/s），其大小为空间步长 Δx 与时间步长 Δt 之比，$c = \Delta x/\Delta t$；格子声速 c_s 与格子速度 c 有关，$c_s = \sqrt{3}c/3$。在 LBGK-D2Q9 模型中，权重系数 w_i 可通过下式计算：

$$w_i = \begin{cases} 4/9 & i=0 \\ 1/9 & i=1,2,3,4 \\ 1/36 & i=5,6,7,8 \end{cases} \quad (10.11)$$

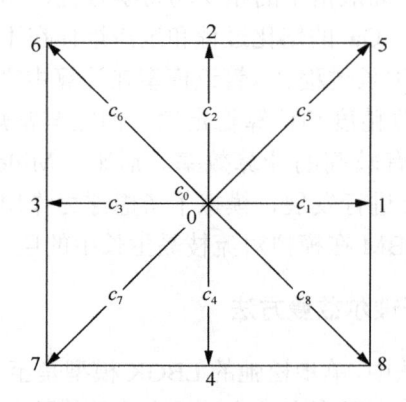

图 10.8　LBGK-D2Q9 模型单位格子速度空间的离散

例 10.3　利用 LBM 计算顶盖驱动流。

解：算例代码可访问 https://teacher.nwpu.edu.cn/comphys.html 获取。顶盖驱动流是计算流体力学的一个经典问题（图 10.9），常用作不可压缩流动的校核算例，同时也是一个很好的 LBM 入门算例。在顶盖驱动流中，方腔的上边界以一个恒

定速度水平右移,而其他三个边界则保持静止不动。其基本特征是流动稳定后,方腔的中央会出现一个一级大涡,而在左下角和右下角会分别出现一个二级涡,当雷诺数 Re 超过一个临界值后,在方腔的左上角还会出现一个涡。这些涡的中心位置是 Re 的函数。Re 的定义为 $Re = LU/\nu$,式中 L 为方腔的高度(宽度);U 为顶盖的移动速度;ν 为运动黏度系数。

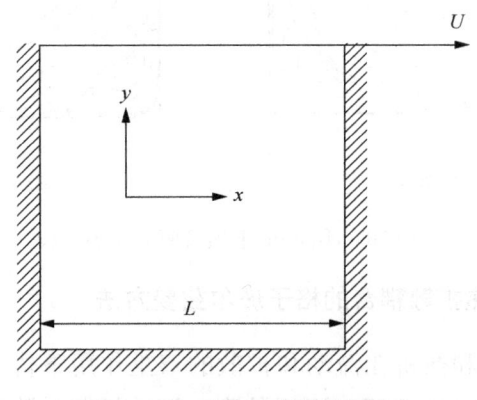

图 10.9 顶盖驱动流示意图

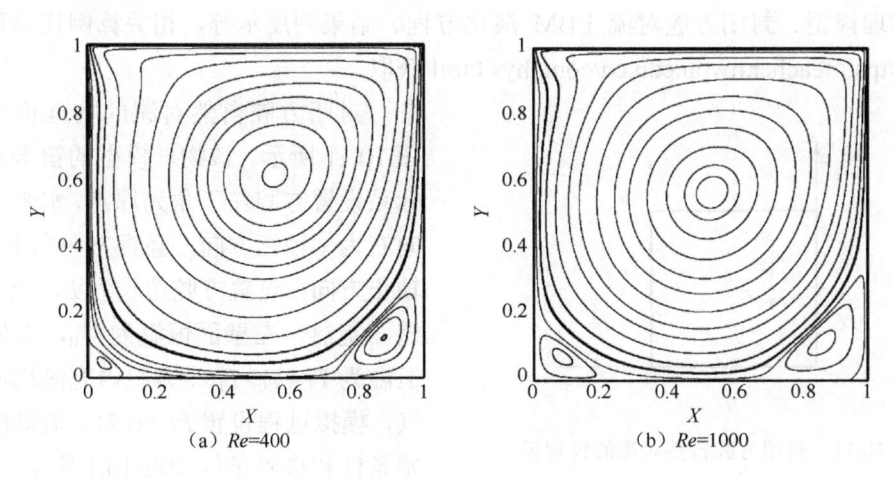

图 10.10 给出了不同 Re 下顶盖驱动流的流线,从图中可以比较清晰地看到 Re 对流动模式的影响。当 Re 较小时($Re \leq 1000$),方腔中只出现三个涡,一个位于方腔中央的一级涡和两个分别位于左下角和右下角附近的二级涡。当 $Re=2000$ 时,在左上角出现第三个二级涡。当 Re 上升到 5000 时,在右下角出现了一个三级涡。从图中还可以看到,随着 Re 的增加,一级涡的中心向方腔的中心位置移动。

(a) $Re=400$

(b) $Re=1000$

(c) $Re=2000$

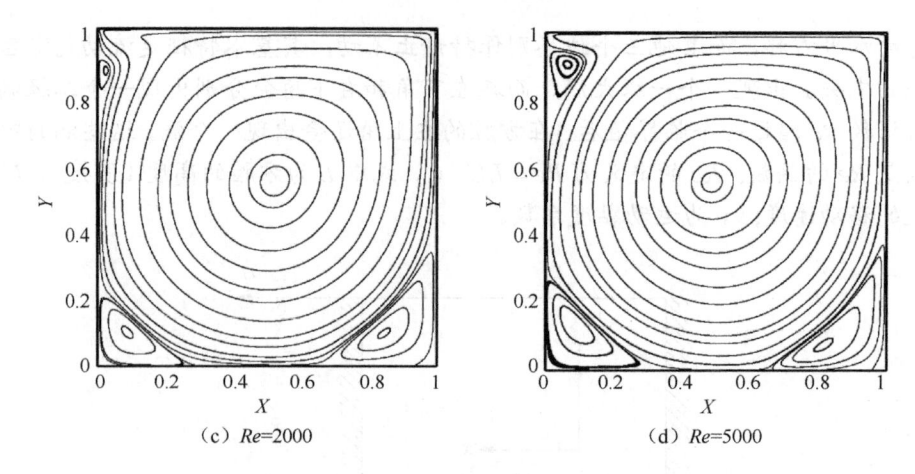

(d) $Re=5000$

图 10.10　不同 Re 下顶盖驱动流的流线

10.3.3　模拟对流与热扩散耦合的格子玻尔兹曼方法

凝固场中的溶质和热量在流动和扩散的双重作用下传输。在实际凝固过程中，材料的物性参数，如密度、液相黏度、溶质扩散系数和热扩散系数均会随着温度的变化而改变。如果全面考虑实际过程中物性参数的影响将不可避免地引入许多未知参数，同时在计算过程中会增加计算时间，使建立的模型非常复杂和庞大、算法非常复杂。鉴于此，本节以一个简单、通用的格子玻尔兹曼算例来进行对流与热扩散耦合的介绍。封闭方腔自然对流涉及传热和液体流动，是计算流体力学和计算传热学中的经典算例，也是检验 LBM 具有模拟对流枝晶生长能力的必要算例[16-17]。在本小节，将详细介绍 LBM 如何模拟封闭方腔自然对流，包括物理模型、封闭方腔对流 LBM 演化方程、结果图展示等，相关算例代码可访问 https://teacher.nwpu.edu.cn/comphys.html 获取。

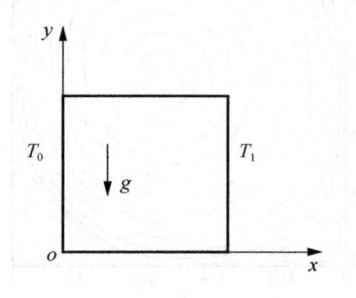

图 10.11　封闭方腔自然对流的物理模型

封闭方腔自然对流的物理模型如图 10.11 所示。该物理模型的笛卡儿坐标系设置方腔左下角为原点，水平方向向右为 x 轴正方向，竖直方向向上为 y 轴正方向。设置方腔边长为 L，上、下壁面绝热，左壁面恒温为 T_0，右壁面恒温为 T_1（$T_0 > T_1$）。方腔内充满均质空气，模拟过程设置 $Pr = 0.71$。流动的初始条件和边界条件如表 10.1 所示。

表 10.1 流动的初始条件和边界条件

条件	流动速度 u	温度 T
初始条件	0	$T_m = (T_0 + T_1)/2$
左壁边界条件	0	T_0
右壁边界条件	0	T_1
上壁边界条件	0	$\partial T/\partial y = 0$
下壁边界条件	0	$\partial T/\partial y = 0$

由于封闭方腔自然对流需要速度场和温度场的耦合来进行模拟，因此采用基于 Boussinesq 假设下的耦合双分布函数模型来进行模拟。这一假设通常由三部分组成：①流动中的黏性热耗散忽略不计；②除密度外其他物性参数为常数；③对密度仅考虑动量方程中与体积力有关的项，其余各项中的密度也作常数。

在封闭方腔中，局部温度的不同，使得不同区域气体密度产生差异，进而产生浮力，出现热对流。速度场和温度场的耦合可以通过在 LBGK-D2Q9 模型演化方程的右端增加一个外力项的方式来实现，方程如下：

$$f_i(x+e_i\delta_t, t+\delta_t) - f_i(x,t) = -\frac{1}{\tau_f}[f_i(x,t) - f_i^{eq}(x,t)] + \delta_t F_i \quad (10.12)$$

其中，$f_i(x,t)$ 为液相粒子分布函数；$f_i^{eq}(x,t)$ 为液相粒子平衡分布函数；e_i 为液相流体粒子在格子 i 方向的迁移速度（m/s）；τ_f 为速度场无量纲松弛时间；δ_t 为时间步长（s）；F_i 为外力项。液相粒子平衡分布函数表达式同式（10.8），外力项与流体粒子所受到的外力有关，可表示为

$$F_i = \left(1 - \frac{1}{2\tau_f}\right) w_i \left[\frac{e_i - u}{c_s^2} + \frac{(e_i \cdot u)^2}{c_s^4} e_i\right] \cdot G \quad (10.13)$$

其中，G 为有效外力，$G = -\beta(T - T_m)g$，β 为热膨胀系数。温度场的模拟采用一个温度分布函数，其演化方程如下：

$$T_i(x+e_i\delta_t, t+\delta_t) - T_i(x,t) = -\frac{1}{\tau_T}[T_i(x,t) - T_i^{eq}(x,t)] \quad (10.14)$$

其中，$T_i(x,t)$ 为温度分布函数；$T_i^{eq}(x,t)$ 为温度平衡分布函数；τ_T 为温度场无量纲松弛时间。温度平衡分布函数表达式如下：

$$T_i^{eq} = T w_i \left[1 + \frac{e_i \cdot u}{c_s^2} + \frac{(e_i \cdot u)^2}{2c_s^4} - \frac{u^2}{2c_s^2}\right] \quad (10.15)$$

其中，无量纲松弛时间 τ_f、τ_T 与其运动黏性系数 ν 和热扩散系数 χ 有关：

$$\nu = \frac{1}{3}c^2\left(\tau_f - \frac{1}{2}\right)\delta_t, \quad \chi = \frac{1}{2}c^2\left(\tau_T - \frac{1}{2}\right)\delta_t \tag{10.16}$$

描述封闭方腔自然对流的两个最基本的无量纲参数普朗特数 Pr 和瑞利数 Ra 分别定义为

$$Pr = \frac{\nu}{\chi}, \quad Ra = \frac{g\beta\Delta TH^3 Pr}{\nu^2} \tag{10.17}$$

在 t 时刻，宏观密度、速度和温度均可以通过分布函数求得

$$\rho = \sum_i f_i, \quad u = \frac{1}{\rho}\sum_i f_i e_i, \quad T = \sum_i T_i \tag{10.18}$$

利用上述模型对 Ra 分别为 10^3、10^4、10^5、10^6 的封闭方腔自然对流进行模拟，其流线和等温线分别如图 10.12 和图 10.13 所示。

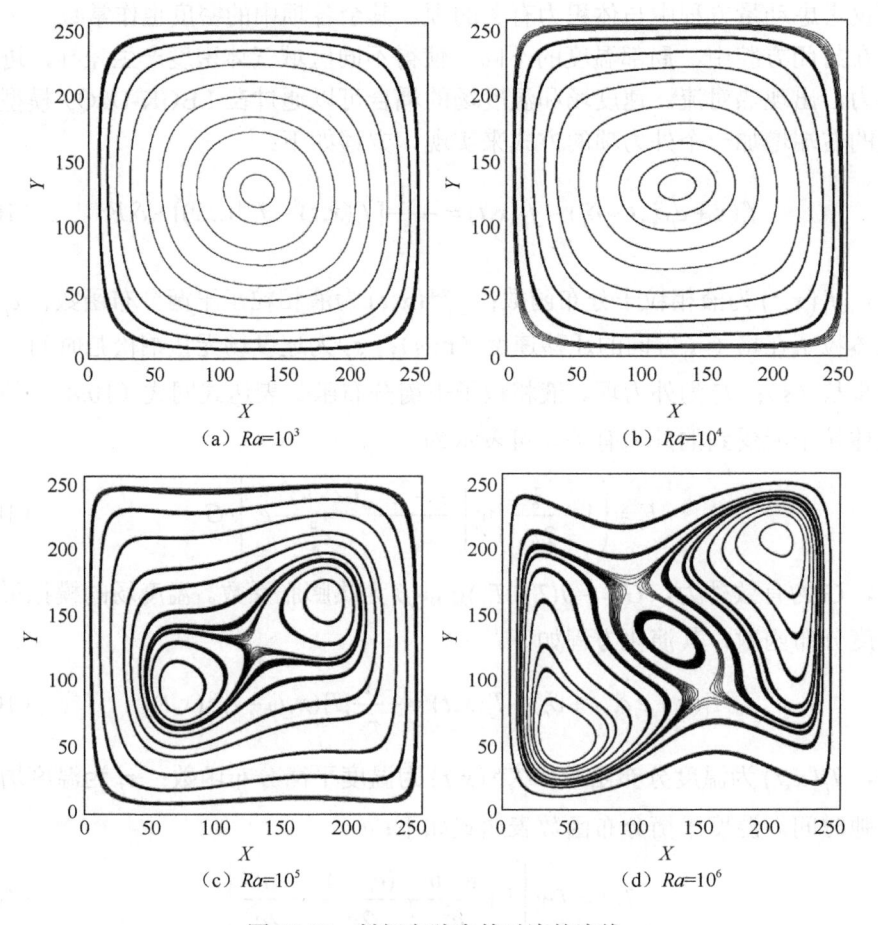

(a) $Ra=10^3$

(b) $Ra=10^4$

(c) $Ra=10^5$

(d) $Ra=10^6$

图 10.12 封闭方腔自然对流的流线

(a) $Ra=10^3$

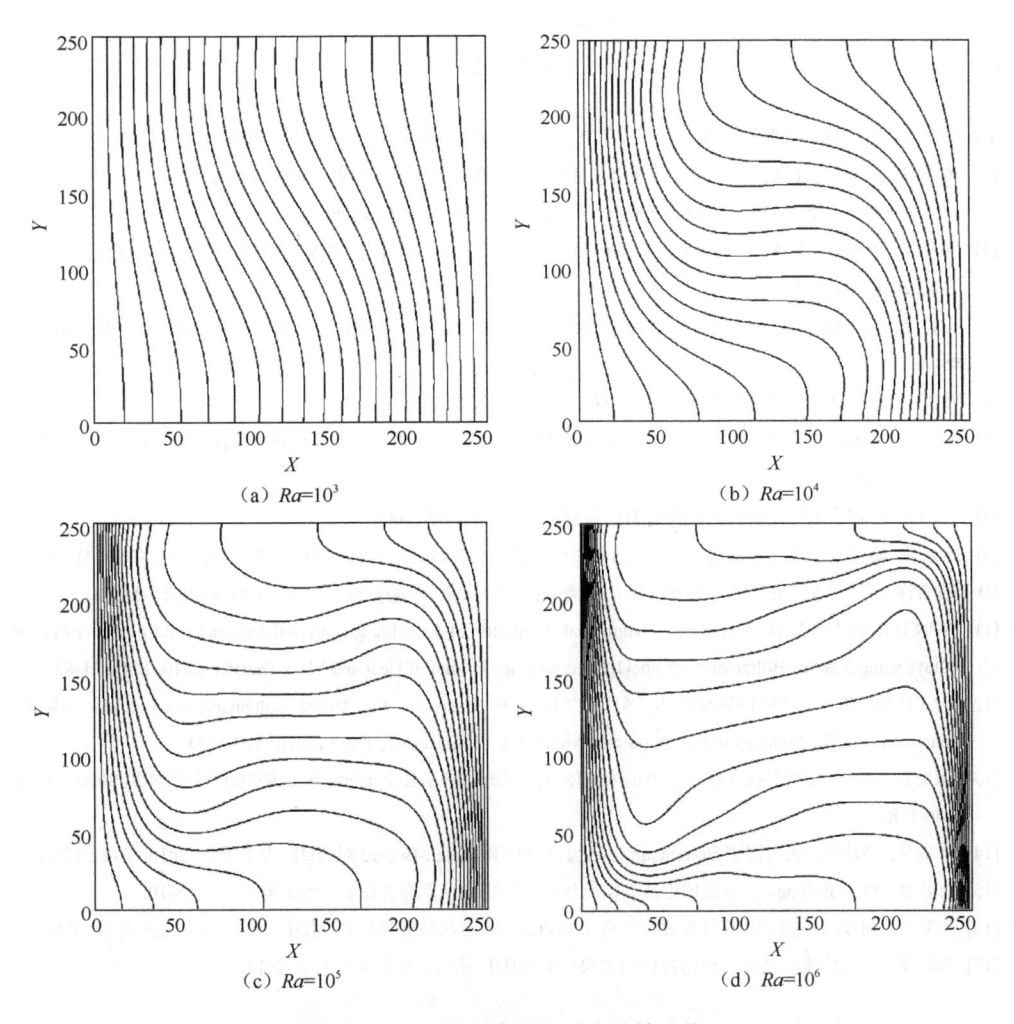

(b) $Ra=10^4$

(c) $Ra=10^5$

(d) $Ra=10^6$

图 10.13 封闭方腔自然对流的等温线

习　题

10.1 根据格子玻尔兹曼方法的基本原理及顶盖驱动流程序，编程模拟二维条件下不可压缩 Couette 流和 Poiseuille 流过程，并将模拟得到的流速分布与解析解进行比较。

10.2 参考模拟封闭方腔自然对流的格子玻尔兹曼模型及程序，编程模拟二维方腔中双扩散自然对流现象，并将模拟得到结果与单扩散自然对流模拟结果进行比较。双扩散自然对流：由浓度梯度和温度梯度的综合效应引起的自然对流。

参 考 文 献

[1] 应尚军, 魏一鸣, 蔡嗣经. 元胞自动机及其在经济学中的应用[J]. 中国管理科学, 2000(S1): 272-278.
[2] 黄华国. 基于3D元胞自动机模型的林火蔓延模拟研究[D]. 北京: 北京林业大学, 2004.
[3] 曹兴芹. 复杂系统的元胞自动机方法研究[D]. 武汉: 华中科技大学, 2006.
[4] 辜萍萍, 董槐林, 姜青山. 基于元胞自动机的图像边缘检测新方法[C]. 西安: 全国开放式分布与并行计算学术会议, 2016: 166-168.
[5] 王长缨, 缪相林, 周明全, 等. 一种元胞自动机规则的免疫自适应调节方法[J]. 河北工业大学学报, 2006(5): 86-90.
[6] 曹伟. 元胞自动机与计算机模拟[J]. 丹东纺专学报, 2005, 12(2): 1-4.
[7] 潘昊, 章子皓, 虞千迪. 基于CA模型下自动驾驶汽车对交通堵塞影响的仿真模拟[J]. 科学技术创新, 2021, 25(23): 14-15.
[8] 张宏军. 物理系统的元胞自动机模拟[D]. 合肥: 合肥工业大学, 2006.
[9] 邢景棠. 格子玻尔兹曼方法概述: 详尽的历史性文献及待探讨的理论问题[J]. 力学季刊, 2021, 42(3): 413-428.
[10] 鲁舟洋, 邢岩. 基于格子玻尔兹曼方法的液滴撞击液膜数值模拟[J]. 陕西水利, 2020, 89(11): 8-11, 18.
[11] SUN D K, PAN S Y, HAN Q Y, et al. Numerical simulation of dendritic growth in directional solidification of binary alloys using a lattice Boltzmann scheme[J]. International Journal of Heat and Mass Transfer, 2016, 103: 821-831.
[12] CATTENONE A, MORGANTI S, AURICCHIO F. Basis of the lattice boltzmann method for additive manufacturing[J]. Archives of Computational Methods in Engineering, 2020, 27(4): 1109-1133.
[13] 张贝豪, 郑林. 倾斜多孔介质方腔内纳米流体自然对流的格子Boltzmann方法模拟[J]. 物理学报, 2020, 69(16): 146-158.
[14] 许鹤林, 马建敏. 利用格子Boltzmann方法数值模拟Rayleigh-Benard对流[J]. 力学季刊, 2010, 31(2): 172-178.
[15] 许鹤林. 格子Boltzmann方法理论及其在流体动力学中的应用研究[D]. 上海: 复旦大学, 2010.
[16] 王和平. 物理场控制下两相分离过程的格子Boltzmann方法数值模拟研究[D]. 西安: 西北工业大学, 2018.
[17] 周陆军. 磁流体流动及能量传递特性的多尺度研究[D]. 南京: 南京理工大学, 2010.

第 11 章 相 场 方 法

扩散界面模型是处理数学上边界待定的自由边界问题的主要方法,最早由范·德·瓦耳斯在处理气-液体系相变问题中提出,而后逐渐发展为研究自由边界问题的重要方法。扩散界面模型与明锐界面模型不同,它利用连续函数描述系统边界,从而避免了在数学上复杂的界面跟踪,因而扩散界面模型常常被用来模拟多相体系的复杂界面形貌演化等问题。作为扩散界面模型的代表,相场方法脱胎于扩散界面模型的数学描述,以金兹堡-朗道理论(Ginzburg-Landau theory)为基础,现已成为一种被广泛认可的、以系统热力学描述为基础的研究复杂界面形貌演化的数值计算方法[1-2]。本章将从相场方法的理论基础和概述、序参量的演化、调幅分解、纯材料凝固、表面螺旋生长几方面对相场方法进行讨论。

11.1 相场方法概述

相场方法脱胎于扩散界面模型的数学描述,将待求解的边界位置由传统的明锐界面描述转化为扩散界面描述,从而将自由边界问题中的边界运动条件转化为控制方程,并与体相内的输运方程耦合,为求解相变过程中的自由边界问题提供了统一的描述和求解方法。19 世纪末,范·德·瓦耳斯在处理气-液体系相变过程中,利用连续函数描述气-液相界面的位置,从而使整个系统可以用统一的微分方程来描述空间状态[3]。20 世纪 50 年代,金兹堡与朗道提出利用复杂的序参量和梯度对材料超导性的相变进行描述,形成了金兹堡-朗道理论。随后,Cahn 等[4]基于热力学方程,考虑非均匀体系中的扩散界面问题,构造了非守恒场变量和守恒场变量作为函数的瞬态微观结构形成的演化方程,而 Honhenberg 等[5]提出的 Model C 中已经包含了相场的雏形。1978 年,著名物理学家 Langer 在研究笔记[6]中首次提出"相场(phase-field)"这一概念,并于 1986 年公开发表,他在分析过冷熔体凝固过程的临界现象中,以序参量描述不同的相,并以"相场"命名。他在描述性质极具变化的固-液相界面时,将数学意义上几乎为零的明锐界面描述转变为具有一定厚度的扩散界面描述,此项工作通常被视为相场方法真正的开端。随着热力学一致的相场模型的建立和薄界面渐进性分析的应用,相场方法日趋成熟,并已成为模拟复杂界面形貌演化的主要工具。本章将从金兹堡-朗道理论和组织演化的三个模型入手，简要介绍相场方法的理论基础。由于本书不是专业性书籍，相关内容仅做概括性的介绍，感兴趣的读者可以阅读相关专业著作。

朗道是第二次世界大战后最杰出的物理学家之一，理论物理学上的多面手，被称为世界上最后一个全能的物理学家，他因凝聚态理论特别是液氦的先驱性理论，获得了1962年的诺贝尔物理学奖。为了对连续相变开展理论分析，朗道提出了序参量的概念[7]，他认为连续相变的特征就是物质有序程度及其对称性的变化。朗道认为，在临界温度以下的相，对称性较低，有序性高；在临界温度以上的相，对称性高，有序性低。随着温度的降低，序参量在临界点处由零变为非零。金兹堡-朗道理论强调了对称性的重要性，认为对称性的存在与否是一个确定性过程，高对称性相中某一对称元素的突然消失，一定对应着物质相变的发生，导致低对称性相的出现。朗道相变理论是建立在统计理论平均场近似的基础上，其具有形式简单、概括性强等特点，该理论的关键在于序参量的选取。在金兹堡-朗道理论中，将反映系统内部有序化程度的参量称为序参量φ。序参量是低温有序相的标志，是描述偏离对称的性质和程度的变量。由于序参量是在平均场理论的框架下定义的，因此序参量是某个物理量的平均值，它可以是标量、矢量、复数或者是更加复杂的形式。因此，只要某一个变量满足$\varphi=0$时，代表一种对称性高而有序性低的相，$\varphi\neq 0$时，代表一种对称性低而有序性高的相，这一变量就可以视为序参量。从序参量的角度上讲，序参量由零到非零的变化或者从非零到零的变化就是相变，相变温度记为T_c。朗道相变理论的精髓是将对称破缺这一概念引入相变理论中，将序参量不为零的相的产生和母相对称性的下降联系在一起。

下面考虑最简单的情况，假设序参量φ是标量，可以表示二元混溶体系中其中一个组元的浓度，也可以代表简单Ising模型中的净磁矩。系统热力学势（吉布斯自由能或者亥姆霍兹自由能）$\Phi(T,\varphi)$作为序参量的函数，将自由能展开为序参量的幂级数的形式：

$$\Phi(T,\varphi)=a_0(T)+a_1(T)\varphi+\frac{a_2(T)}{2}\varphi^2+\frac{a_3(T)}{3}\varphi^3+\frac{a_4(T)}{4}\varphi^4+\cdots \quad (11.1)$$

其中，展开系数a_0、a_1、a_2、a_3、a_4均为T的函数。由稳定性分析可知，$a_1(T)=0$，假设相图为对称的，则$a_3(T)=0$，即展开式不包含奇次项。在展开式不包含奇次项并忽略高阶项的情况下，式（11.1）可以写为

$$\Phi(T,\varphi)=a_0(T)+\frac{a_2(T)}{2}\varphi^2+\frac{a_4(T)}{4}\varphi^4 \quad (11.2)$$

由$\partial\Phi(T,\varphi)/\partial\varphi=0$可以解出$\varphi=0$或$\varphi=\pm\sqrt{-a_2/a_4}$。在这三个根中，$\varphi=0$是临界温度以上（$T>T_c$）唯一的一个根，即$a_2(T)>0$和$a_4(T)>0$对应高对称相；

而非零根出现在临界温度以下（$T<T_c$），当$a_4(T)>0$时，$a_2(T)<0$对应低对称相。假设$a_2(T)$通过临界温度连续地改变符号，则可将$a_2(T)$关于临界温度$T=T_c$做一阶泰勒级数展开，即可得到$a_2(T)\approx a_2^0(T-T_c)+\cdots$，同时取$a_4(T)=a_4^0+\cdots$，这里$a_2^0$和$a_4^0$均为正常数。将$a_2(T)$和$a_4(T)$的近似表达式代入式（11.2）可以得到

$$\Phi(T,\varphi)=a(T)+\frac{1}{2}a_2^0(T-T_c)\varphi^2+\frac{1}{4}a_4^0\varphi^4+\cdots \tag{11.3}$$

同时也可以得到在临界温度附近，当$T<T_c$时，

$$\varphi=\pm\left(-\frac{a_2}{a_4}\right)^{1/2}\approx\pm\left[\frac{a_2^0(T_c-T)}{a_4^0}\right]^{1/2} \tag{11.4}$$

如果$a_2^0>0$，$T\geqslant T_c$，则式（11.3）仅有$\varphi=0$的解，即高温相为无序相；如果$a_2^0<0$，$T<T_c$，则只有一个实根，即低温相为有序相。需要注意的是，当$T\to T_c$时，式（11.3）的解趋于0。图11.1给出了不同温度条件下自由能函数与序参量之间的函数关系。从图中可以看出，当$T>T_c$时，$\varphi=0$使系统自由能函数达到极小值；当$T=T_c$时，系统处于临界状态；当$T<T_c$时，关于$\varphi=0$对称的两个极小值使系统自由能函数达到极小值。

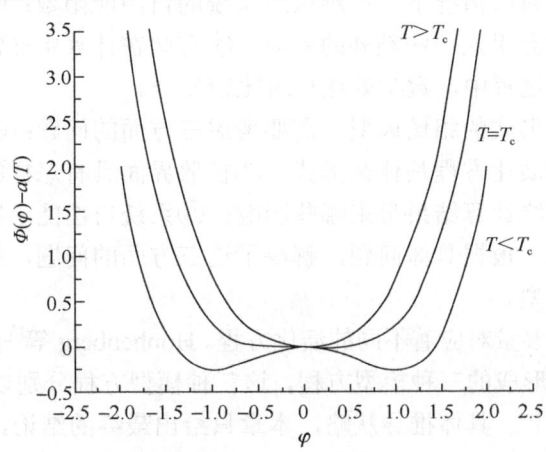

图 11.1　不同温度条件下自由能函数与序参量之间的函数关系

11.2　相场方法的基本思想

相场方法是描述复杂界面形貌演化的一大类方法的总称，研究者已将相场方法应用于晶体生长、合金凝固、晶粒粗化、断裂、多相流、液滴表面润湿等领域[8-11]。总的来讲，相场方法是一种建立在热力学基础上的描述系统动力学演化

过程的模拟方法,即在其系统动力学演化过程中,每一个时刻都被看作是准平衡的状态。相场方法的核心是通过引入一个连续变化的序参量,也可以称为相场变量,使得在相变过程中的数学描述由明锐界面描述转变为扩散界面描述,在此模型构架中,系统热力学势(吉布斯自由能或者亥姆霍兹自由能)在整个相变区域中就可以用一个统一的形式来描述,包含自由能中的局域自由能和非局域自由能,从而避免复杂的界面跟踪。相场方法的热力学基础十分简单,就是热力学第二定律,即体系随时间演化时,其能量守恒,而体系的自由能趋于减小,熵产生非负。因此,同一个相场模型可以以自由能基础推导得到,也可以以熵为基础推导得到,两者结果是一致的。与相近的数值模拟方法相比,相场方法有如下优点:①界面被转化为控制方程,因而无需界面跟踪;②界面方程易与表面能各向异性等耦合,降低了模拟复杂生长行为的难度;③可以与真实热力学、动力学数据耦合;④通过扩展自由能函数,非常易于与外场关联。当然,任何一种方法一定会有它自身的缺陷。对于一种方法的学习,了解其缺点往往比优势更重要。因为对于相同的问题,在多年的研究中往往发展出许多求解方法来,而某一种方法至今仍然"活着",被研究者广泛使用,一定是有其显著优势的,但一个方法的缺点则限制了它的应用领域和范畴。相场方法的缺点包括:①由于追求对热力学一致的定量模拟,其计算量巨大;②在有些情况下,很难构造系统的自由能函数;③扩散界面与真实尺度的差异,可能会引入一些额外的效应;④有些在计算中非常重要的参数难于获得;⑤构建模型过程中,数学处理相对比较复杂。

构建一个具体形式的相场模型,需要考虑三方面的问题:①选择什么量作为序参量,序参量的演化方程是什么形式;②扩散界面具有怎样的性质,由明锐界面到扩散界面,会给计算结果带来哪些影响;③系统自由能函数在引入序参量后应该怎样统一表达。根据具体问题,解决了这三方面的问题,就可以构建出符合相变体系的相场模型。

不同类型的序参量对应着不同的演化方程。Honhenberg 等[5]归纳出了以序参量为基础,描述组织形成的三种模型方程,这三种模型方程分别以 Model A、Model B 和 Model C 来命名。具体推导从略,本章只给出最终的结论。

当序参量为非守恒量时,序参量随时间的演化方程为典型的朗之万型动力学方程(Lagevin-type dynamic equation),可以写成如下形式:

$$\begin{cases} F(\varphi,T,\cdots) = \left[\int_\Omega f(\varphi,T,\cdots) + \frac{k}{2}(\nabla\varphi)^2\right]\mathrm{d}\Omega \\ \dfrac{\partial \varphi}{\partial t} = -L\dfrac{\delta F}{\delta \varphi} \end{cases} \quad (11.5)$$

其中，L 为界面迁移率；F 为系统总自由能；f 为自由能密度；k 为梯度能量系数；$\delta F/\delta \varphi$ 为自由能对序参量的变分。式（11.5）即为描述一阶相变的 Model A，也称为 Allen-Cahn 方程[12]。非守恒量是指总量在微观结构演化过程中不守恒的场变量。极化、净磁矩、取向、局域固相率等是实际应用中常见的非守恒序参量。Model A 主要针对电磁二级相变、金属和陶瓷材料的非同构沉淀、晶粒粗化等。在非守恒量作为序参量的演化方程中，序参量可以看作广义坐标，能量对坐标的变分可以看作是广义力，即驱动力，因此式（11.5）反映了场变量的变化速率与驱动力是成正比的，这与经典力学是一致的。基于材料热力学理论，相变中材料微观结构的演化方向总是朝着自由能降低的方向发展，当该变分为零时，驱动力即为零，序参量将不再随着时间变化。

当序参量为质量、电荷、能量等守恒量时，其演化方程为

$$\begin{cases} F(\varphi,T,\cdots) = \left[\int_\Omega f(\varphi,T,\cdots) + \frac{k}{2}(\nabla\varphi)^2 \right] d\Omega \\ \dfrac{\partial \varphi}{\partial t} = \nabla M \nabla \dfrac{\delta F}{\delta \varphi} \end{cases} \quad (11.6)$$

其中，M 为界面迁移率。需要注意的是，式（11.5）与式（11.6）中 L 与 M 的量纲不同。式（11.6）的模型方程为 Model B，也称为 Cahn-Hilliard 方程[4]。很明显，Model B 是由菲克第二定律衍生而来，通常用来描述与扩散传输相关的相变过程。例如，假设序参量为局域浓度，则自由能对局域浓度的变分即为化学势，利用变分的欧拉公式，即

$$\mu = \frac{\delta F}{\delta c} = \frac{\partial f}{\partial c} - k\nabla^2 \varphi \quad (11.7)$$

事实上，化学势的梯度即为扩散的驱动力，即

$$J = -M\nabla\left(\frac{\delta F}{\delta c}\right) = -M\nabla\mu \quad (11.8)$$

因此，可以得到广义菲克定律：

$$\frac{\partial c}{\partial t} = -\nabla J = \nabla M \nabla \mu \quad (11.9)$$

Model B 可以用来描述调幅分解等多相演化过程。

如果描述一个组织的形成过程，既需要一个非守恒的序参量，也需要一个守

恒场演化方程来描述，即为 Model C。假设守恒场为成分场，其控制方程即可写为

$$\begin{cases} F(\varphi,c,\cdots) = \left[\int_\Omega f(\varphi,c,\cdots) + \dfrac{k}{2}(\nabla\varphi)^2 \right] d\Omega \\ \dfrac{\partial c}{\partial t} = M\nabla^2 \dfrac{\delta F}{\delta c} \\ \dfrac{\partial \varphi}{\partial t} = -L \dfrac{\delta F}{\delta \varphi} \end{cases} \tag{11.10}$$

Model C 可以看作是 Model A + Model B，只是其中守恒场在 Model C 中并不是序参量，而是引入了一个新的序参量来描述相变。Model C 常用来研究有序-无序转变和马氏体相变等。在描述组织形成的演化方程中，系统自由能函数中包括了界面能梯度项 $k(\nabla\varphi)^2/2$，表面张力 γ 可以表示为界面能梯度项的积分形式，即

$$\gamma = \int_{-\infty}^{+\infty} \frac{k}{2}(\nabla\varphi)^2 dx \tag{11.11}$$

因此，界面厚度直接影响表面张力 γ 的具体数值，其是相场模拟中需要关注的核心问题。

11.3 相场方法的应用

11.3.1 非守恒序参量的演化

序参量为非守恒场，是指整个系统中，序参量的演化并不遵循守恒定律。当系统处于临界温度以下，需要在外加磁场作用下才能使磁无序态产生净磁矩，而在居里温度以下无外加磁场一样能产生磁无序态。对于居里温度以下的磁畴形成和粗化问题，可选择磁矩作为序参量。因为磁矩是一个非守恒量，所以其演化方程是非守恒序参量的演化方程为式（11.5）所给出的形式。对于最简单的情况，利用式（11.2）给出的自由能函数的形式，在等温条件下，进一步设 $a_2(T) = a_2^0$ 和 $a_4(T) = a_4^0$，则可以得到非守恒序参量的演化方程，即

$$\begin{aligned} \frac{\partial \varphi}{\partial t} &= -L\frac{\delta F}{\delta \varphi} = L\left\{ \nabla\left[\frac{\partial F(\varphi)}{\partial \nabla\varphi}\right] - \frac{\partial F(\varphi)}{\partial \varphi} \right\} \\ &= L\left[k\nabla^2\varphi - \frac{\partial f(\varphi)}{\partial \varphi} \right] \\ &= L\left(k\nabla^2\varphi - a_2^0\varphi - a_4^0\varphi^3 \right) \end{aligned} \tag{11.12}$$

式（11.12）所给出的动力学演化方程并不包含外加磁场的作用，而外加磁场

作用由关于序参量三阶项的系数给出。根据有限差分法对式（11.12）进行求解，利用显式欧拉格式，即

$$\frac{\partial \varphi}{\partial t} \approx \frac{\varphi_{ij}^{n+1} - \varphi_{ij}^{n}}{\Delta t} \tag{11.13}$$

对于拉普拉斯算子，可以用五点格式，即

$$\nabla^2 \varphi_{ij}^n \approx \frac{\varphi_{ij-1}^n + \varphi_{ij+1}^n + \varphi_{i-1j}^n + \varphi_{i+1j}^n - 4\varphi_{ij}^n}{\Delta x^2} \tag{11.14}$$

或者用精度更高的九点格式，即

$$\nabla^2 \varphi_{ij}^n \approx \frac{\varphi_{ij-1}^n + \varphi_{ij+1}^n + \varphi_{i-1j}^n + \varphi_{i+1j}^n + 0.5\left(\varphi_{i+1j-1}^n + \varphi_{i-1j-1}^n + \varphi_{i+1j+1}^n + \varphi_{i-1j+1}^n\right) - 6\varphi_{ij}^n}{\Delta x^2} \tag{11.15}$$

例 11.1 利用相场方法模拟非守恒序参量的演化。

解： 相关算例代码可访问 https://teacher.nwpu.edu.cn/comphys.html 获取。图 11.2 给出了磁畴形成和粗化的过程，计算区域为 512×512 网格。取 $a_2^0 = -1.0$，$a_4^0 = 1.0$，$L = 1.0$，$W_0 = 0.25$，空间步长 $\Delta x = 0.8$，时间步长 $\Delta t = 0.01$，边界条件为零通量（no-flux）边界条件。

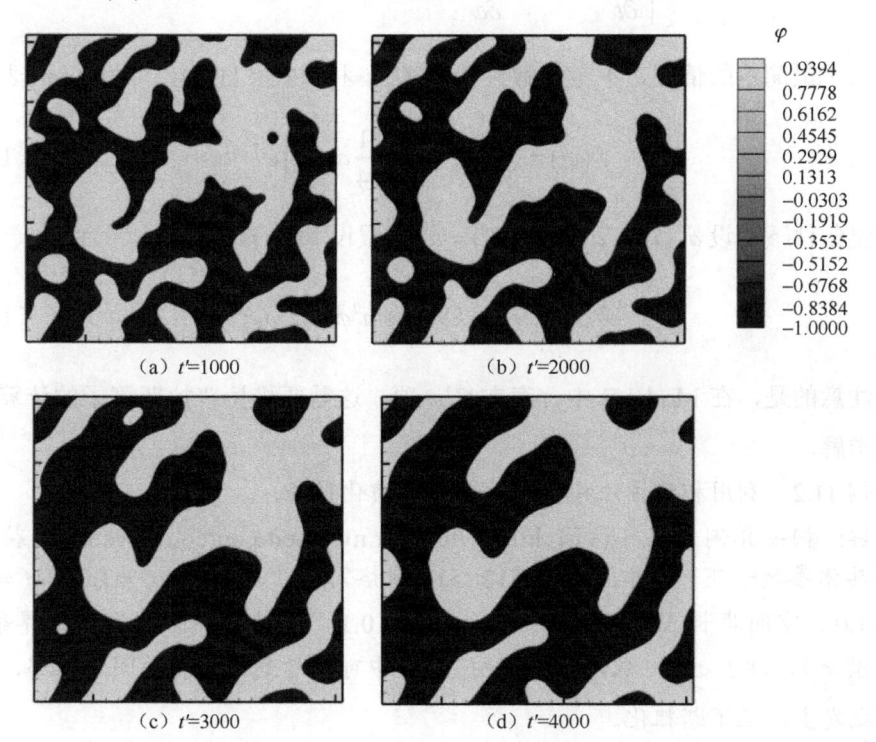

图 11.2 利用 Model A 计算得到的磁畴形成与粗化的过程

11.3.2 调幅分解过程的相场模型

调幅分解，也称相分离，是指过饱和固溶体在一定温度下分解成结构相同、成分不同的两个相的过程。调幅分解是连续无形核相变，其相变过程中晶体结构不变，即由固溶曲线以外的单相 α 在调幅分解曲线内形成两个结构相同、浓度不同的两相 α' 和 α'' 的过程。因此，调幅分解是一个过饱和固溶体在一定温度下由溶质原子的上坡扩散形成结构相同而成分不同的相的过程，该过程是一个自发形成的脱溶分解过程，分解得到的两个区域之间没有明显的分界线，成分是连续的。因此，区分不同相区的变量只有局域浓度 c，将 c 作为序参量并定义 $c \equiv \varphi$。由于浓度场是守恒场，因此可以用 Model B 来描述这一同构相变过程。对于等温过程，其控制方程可表示为

$$\begin{cases} F(\varphi) = \int_\Omega \left[f(\varphi) + f^{\text{el}} + \frac{k}{2}(\nabla\varphi)^2 \right] \mathrm{d}\Omega \\ \dfrac{\partial \varphi}{\partial t} = \nabla M \nabla \dfrac{\delta F}{\delta \varphi} \end{cases} \quad (11.16)$$

对于最简单的情况，不考虑弹性势能 f^{el}，利用式（11.2），可将 $f(\varphi)$ 表示为

$$f(\varphi) = \frac{1}{2} a_2(T) \varphi^2 + \frac{1}{4} a_4(T) \varphi^4 \quad (11.17)$$

在等温条件下，设 $a_2(T) = a_2^0$、$a_4(T) = a_4^0$。假设 M 为常数，可以得到

$$\frac{\partial \varphi}{\partial t} = M\nabla^2 \left(-k\nabla^2 \varphi + a_2^0 \varphi + a_4^0 \varphi^3 \right) \quad (11.18)$$

需要注意的是，在 Model B 中，存在 $\nabla^4 \varphi$ 项，这需要将拉普拉斯算子的计算格式嵌套求解。

例 11.2 利用相场方法模拟调幅分解的演化过程。

解： 相关算例代码可访问 https://teacher.nwpu.edu.cn/comphys.html 获取。计算具体参数如下：计算区域为 512×512 网格，取 $a_2^0 = -1.0$，$a_4^0 = 1.0$，$M = 1.0$，$W_0 = 1.0$，空间步长 $\Delta x = 0.8$，时间步长 $\Delta t = 0.1$，边界条件为周期性边界条件。由于 $a_2^0 < 0$，即 $T < T_c$，从计算结果图 11.3 中可以看到，随着时间的推移，相分离随之发生，且不断粗化。

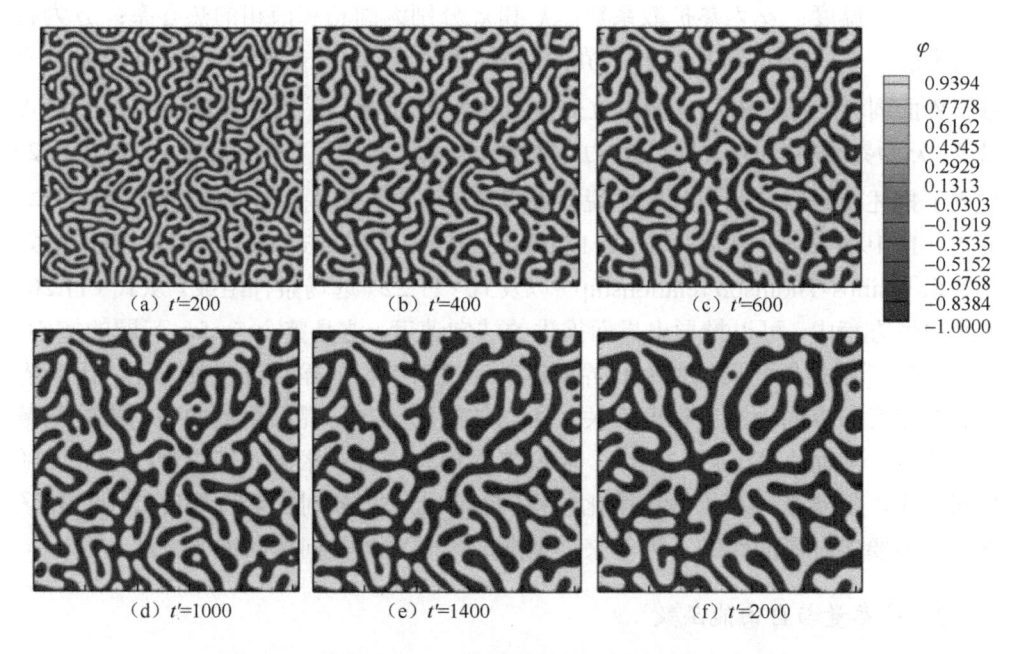

图 11.3　利用 Model B 计算得到的调幅分解的变化过程

11.3.3　纯材料凝固过程的相场模型

1. 明锐界面模型

在金属与合金凝固过程中,枝晶生长是最普遍且最重要的一种凝固微观组织结构形成方式,其形成起始于界面失稳,是一个受传热、传质、界面曲率、对流等因素综合影响的复杂非平衡物理过程。本节将主要介绍描述纯材料凝固过程中的相场模型[13-17]。枝晶生长是一个典型的 Stefan 问题,即自由边界问题。凝固过程中固-液界面的位置和形态是不断变化的,同时界面位置和形态的变化又与热量的释放、溶质分布等密切相关。对于一个封闭空间,材料由其界面分为固相和液相两部分,纯材料凝固过程是最简单的情况,该过程只涉及热量传输,其控制方程为

$$\frac{\partial T}{\partial t} = \nabla \cdot (\alpha \nabla T) \tag{11.19}$$

$$\rho L_f v_n = k_s \nabla T \cdot n_s - k_l \nabla T \cdot n_l \tag{11.20}$$

$$T^* = T_m - \left(\frac{\gamma T_m}{L_f}\right)\kappa - \frac{v_n}{\mu} \tag{11.21}$$

$$T(\infty) = T_\infty \tag{11.22}$$

其中，T 为温度；α 为热扩散系数；k_s 和 k_1 分别为固相和液相的热导率；ρ 为材料的密度；L_f 为凝固潜热；v_n 为界面局域法线方向的生长速度；n_s 和 n_1 分别为垂直于界面固相一侧和液相一侧单位矢量；γ 为界面能；T^* 为界面温度；T_m 为熔点温度；κ 为界面局域曲率；μ 为动力学系数；T_∞ 为远场温度。式（11.19）～式（11.22）组成了描述纯材料枝晶生长的明锐界面模型。可以看出，该模型的方程十分简单，由式（11.19）热扩散方程、式（11.20）界面守恒方程、式（11.21）吉布斯-汤姆森关系（Gibbs-Thomson relationship）以及式（11.22）远场条件组成。从式（11.20）界面守恒方程中，可以推导出界面推进的法向速度，这是整个 Stefan 问题的核心，式（11.21）则是界面局域曲率和界面运动速度对纯材料熔点温度的修正。因为界面法向速度与界面处温度梯度有关，所以扩散场分布、界面局域曲率均影响局域法向速度。然而，在实际应用中，明锐界面模型十分难求解，其根源在于界面随时间变化，需要在计算扩散场演化过程的基础上进行实时的界面跟踪。由于相场方法不需要实时界面跟踪，近年来，逐渐成为求解该类问题的重要方法。

2. 序参量与自由能函数

描述纯材料枝晶生长，需要两个场变量，即温度场和区分固液相的相场。很明显，温度场是一个守恒场，而区分固液相的相场是一个非守恒场，取液相 $\varphi=0$ 时，固相 $\varphi=1$。因此，如果研究等温纯材料凝固过程，即不考虑温度场的演化，则该模型的基本形式为 Model A；如果考虑温度场的演化，则该模型的基本形式为 Model C。从自由能的角度上讲，则希望得到满足如下条件的自由能函数：①当系统温度大于熔点温度时，固相自由能比液相自由能高，自发进行熔化；②当系统温度小于熔点温度时，液相自由能比固相自由能高，自发进行凝固；③当系统温度等于熔点温度时，两相自由能等高，即为固液共存态。将纯材料体自由能密度项写成序参量展开的形式，保留到四阶项，即

$$f(\varphi,T) = f_L(\varphi,T) + a(T)\varphi + r(T)\varphi^2 + w(T)\varphi^3 + u(T)\varphi^4 \quad (11.23)$$

其中，$\varphi=0$ 和 $\varphi=1$ 是序参量的两个平衡值。因为 $\partial f(\varphi)/\partial \varphi = 0$，所以自由能密度函数不包含一阶项，即

$$f(\varphi,T) = f_L(T) + r(T)\varphi^2 + w(T)\varphi^3 + u(T)\varphi^4 \quad (11.24)$$

将式（11.24）在凝固点附近做泰勒级数展开，可得

$$\begin{aligned}f(\varphi,T) =\ & f_L(T_m) + r(T_m)\varphi^2 + w(T_m)\varphi^3 + u(T_m)\varphi^4 \\ & + \left.\frac{\mathrm{d}f}{\mathrm{d}T}\right|_{T=T_m}(T-T_m) + (B_2 + B_3\varphi + B_4\varphi^2)\varphi^2(T-T_m)\end{aligned} \quad (11.25)$$

其中，B_2、B_3 和 B_4 分别为 $r(T)$、$w(T)$ 和 $u(T)$ 对温度的一阶偏导在 $T=T_m$ 处的值。当 $T=T_m$ 时，式（11.25）将变为

$$f(\varphi,T_m)=f_L(T_m)+r(T_m)\varphi^2+w(T_m)\varphi^3+u(T_m)\varphi^4 \quad (11.26)$$

可以取 $r(T_m)=H(T_m)$、$w(T_m)=-2H(T_m)$ 和 $u(T_m)=H(T_m)$，这里 $H(T_m)$ 是一个与形核势垒相关的常数。由此，式（11.26）可以化为 $f(\varphi,T_m)=f_L(T_m)+H(T_m)\varphi^2(1-\varphi)^2$，即在 $\varphi=0$ 和 $\varphi=1$ 时存在两个稳定的极小值，分别对应固相和液相。由此，纯材料体自由能密度函数为

$$f(\varphi,T)=f_L(T_m)-S_L(T-T_m)+H\varphi^2(1-\varphi)^2+(B_2+B_3\varphi+B_4\varphi^2)\varphi^2(T-T_m) \quad (11.27)$$

其中，$S_L=-\left.\dfrac{df_L}{dT}\right|_{T=T_m}$ 为液相的体熵密度函数。取 $B_2=3L/T_m$、$B_3=-2L/T_m$ 和 $B_4=0$，则式（11.27）为

$$f(\varphi,T)=f_L(T_m)+H\varphi^2(1-\varphi)^2-S(\varphi)(T-T_m) \quad (11.28)$$

其中，$S(\varphi)=S_L-L/T_m(3-2\varphi)\varphi^2$，即可得 $S(0)=S_L$ 和 $S(1)=S_L-L/T_m$。由于液相的自由能与序参量无关，因此可以作为参考态，令其值为 0，并记 $g(\varphi)=\varphi^2(1-\varphi)^2$ 和 $p(\varphi)=\varphi^2(3-2\varphi)$，可得

$$f(\varphi,T)=Hg(\varphi)-\dfrac{L(T-T_m)}{T_m}p(\varphi) \quad (11.29)$$

不同温度条件下自由能与序参量之间的函数关系如图 11.4 所示。

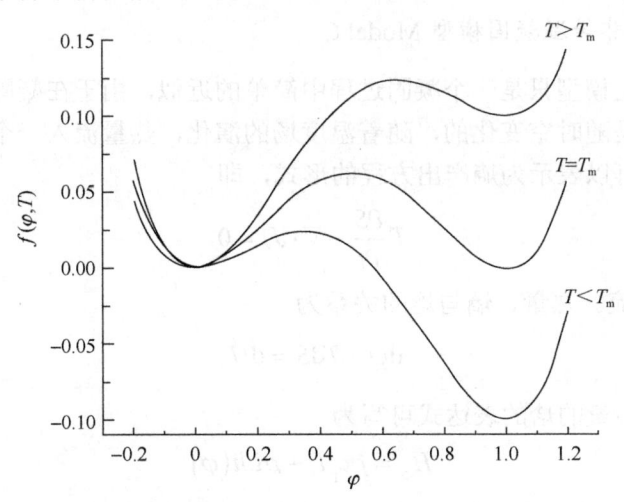

图 11.4 不同温度条件下自由能与序参量之间的函数关系

需要指出的是，式（11.29）中 $g(\varphi)$ 和 $p(\varphi)$ 的形式并不唯一，可以根据其性质选取其他形式。$g(\varphi)$ 是经典的双阱函数，其在 $\varphi=0$ 和 $\varphi=1$ 时取最小值，分别对应固相和液相；$p(\varphi)$ 是一个插值函数，满足 $\varphi=0$ 和 $\varphi=1$ 时，$p'(\varphi)=0$，且在 $\varphi=0$ 和 $\varphi=1$ 时取极小值，同时满足 $p(1)=1$ 和 $p(0)=0$。对于 $g(\varphi)$ 和 $p(\varphi)$，所有满足条件的函数都可以使用，当然不同的函数对应着不同的模型常数，需要通过渐进性分析方法确定，感兴趣的读者可以阅读相关专业著作。

3. 等温凝固模型 Model A

根据耗散动力学假设和序参量的动力学方程，由于以 φ 来区分固、液相，因此，在晶体生长过程中，系统总序参量并不守恒，相场演化动力学方程为朗之万型动力学方程。进一步假设晶体生长过程是一个等温过程，即不考虑温度场。显然，这与实际过程不符，但这是最简单的情况，演化方程可以表示为

$$\begin{cases} F = \int_\Omega \left(\varepsilon_\varphi^2 |\nabla \varphi|^2 + Hg(\varphi) + \dfrac{L(T-T_\mathrm{m})}{T_\mathrm{m}} p(\varphi) \right) \mathrm{d}\Omega \\ \tau \dfrac{\partial \varphi}{\partial t} = -\dfrac{1}{H}\dfrac{\delta F}{\delta \varphi} = W_0^2 \nabla^2 \varphi - \dfrac{\mathrm{d}g(\varphi)}{\mathrm{d}\varphi} - \dfrac{L(T-T_\mathrm{m})}{HT_\mathrm{m}} \dfrac{\mathrm{d}p(\varphi)}{\mathrm{d}\varphi} \end{cases} \quad (11.30)$$

其中，$\tau=1/HM$ 为特征时间尺度；$W_0=\varepsilon_\varphi/\sqrt{H}$ 为特征空间尺度。式（11.30）与 Model A 类似，但是由于在双阱函数的基础上，增加了 $p(\varphi)$ 项，因此可以通过系统温度调节两相自由能的最小值。式（11.30）为等温凝固模型，在液相中设定晶核，即可模拟理想条件下的晶体生长行为。

4. 纯材料非等温凝固模型 Model C

纯材料等温模型只是一个凝固过程中简单的近似，由于在凝固过程中，界面前沿的温度场是随时空变化的，随着温度场的演化，热量流入一个体积元中导致熵的变化，这可以表示为熵产出方程的形式，即

$$T\dfrac{\partial S}{\partial t} + \nabla \cdot J_\mathrm{e} = 0 \quad (11.31)$$

其中，J_e 为熵流。热量、熵与焓的关系为

$$\mathrm{d}Q = T\mathrm{d}S = \mathrm{d}H_\mathrm{p} \quad (11.32)$$

因此，包含序参量的焓的表达式可写为

$$H_\mathrm{p} = \rho c_\mathrm{p} T - \rho L h(\varphi) \quad (11.33)$$

其中，c_p 为等压比热容；$h(\varphi)$ 为一个满足 $h(1)=1$ 和 $h(0)=0$ 的光滑函数。将

式（11.32）和式（11.33）代入式（11.31）中，利用热流 $J_Q = -k\nabla T$ 代替熵流 J_e，即可得到包含界面潜热的热传导方程：

$$\rho c_p \frac{\partial T}{\partial t} = -\nabla \cdot J_Q + \rho L \frac{\partial h(\varphi)}{\partial t} = \nabla(k\nabla T) + \rho L \frac{\partial h(\varphi)}{\partial t} \quad (11.34)$$

式（11.29）与式（11.33）共同组成了非等温条件下纯材料凝固过程的相场模型。很明显该模型是由一个守恒场演化方程和一个非守恒序参量演化方程组成的，为 Model C 模型。假设固液相热传导系数相等且为常数，记 $u = (T - T_m)/L/c_p$，$\alpha = k/\rho c_p$，$\lambda = L^2/c_p T_m H$ 和 $h(\varphi) = \varphi$，并定义新的序参量 $\phi = 2\varphi - 1$，极小值为 $\phi = -1$ 和 $\phi = 1$，设 $g(\phi) = -\phi^2/2 + \phi^4/4$ 和 $p(\phi) = \phi - 2\phi^3/3 + \phi^5/5$，则模型方程可表示为

$$\begin{cases} \tau \dfrac{\partial \phi}{\partial t} = W_0^2 \nabla^2 \phi - g'(\phi) - \lambda p'(\phi) u \\ \dfrac{\partial u}{\partial t} = \alpha \nabla^2 u + \dfrac{1}{2} \dfrac{\partial \phi}{\partial t} \end{cases} \quad (11.35)$$

显然，式（11.35）还不能定量回归到明锐界面模型，因为相场模型很明显与界面厚度的选择有关，所以需要进一步分析建立其相场模型与明锐界面模型之间的联系。渐进性分析可将相场模型与明锐界面模型联系起来，从而证明相场方法解决自由边界问题的定量性和适用性。渐进性分析的原理是在界面厚度小于某一物理尺寸的条件下推导广义相场模型的解，尺寸上的巨大差异可以用扰动展开法解决。由于篇幅关系，本节不再对详细的渐进性分析过程进行介绍，仅给出结论，有兴趣的读者可以参考相关论文和专著。通过渐进性分析，可以得到毛细长度和动力学系数与耦合系数 λ 之间的关系为

$$\begin{cases} d_0 = a_1 W_0 / \lambda \\ \beta = a_1 \left(\dfrac{\tau}{\lambda W_0} - a_2 \dfrac{W_0}{\alpha} \right) \end{cases} \quad (11.36)$$

其中，a_1 和 a_2 为渐进性分析得到的两个常数。在低速凝固条件下，$\beta = 0$，由此可以得到特征时间尺度 $\tau = a_2 \lambda W_0^2 / \alpha$。由式（11.36）中第一个等式可知，耦合系数 λ 与界面厚度正相关，界面厚度随着 λ 的增加而增加，较大的界面厚度将使数值计算的结果偏离真实值，但较小的界面厚度将导致计算时间大大增加，因此在数值计算中选择合适的界面厚度使之既能满足计算精度的要求，也能兼顾计算效率是相场模拟的基础问题。选择合适耦合系数的方法称为收敛性分析，即不断减小 λ，使生长过程中某一特征参量收敛于某一值，然后选择误差范围内最大的 λ，开展具体计算模拟。

5. 各向异性与相场模型的耦合

晶体中原子或者分子都以某种对称的形式排列，这使得晶体的一些参数，如密度、热扩散率、界面能、动力学系数、溶质分配系数等都具有各向异性的特性，这些各向异性特性对晶体生长过程中界面形貌演化起着不同程度的影响。在金属凝固中，界面能和动力学系数的各向异性对枝晶形成的影响较为显著。在相场模型中，如果考虑材料的各向异性特性，由相场变化所引起的热力学状态函数修正项就不能用各向同性函数来描述，而必须使用一个依赖界面法向方向的各向异性函数来描述。界面能各向异性是最常见的各向异性，而对其描述一般是唯象的，即为找到一个能够描述该晶体界面能极图的函数来作为各向异性函数代入计算中。一般来讲，在二维条件下，界面能各向异性函数可以表示为

$$A(\theta) = 1 + \varepsilon_k \cos(k\theta) \tag{11.37}$$

其中，ε_k 为各向异性强度；k 为晶体的对称特性；$\theta = \arctan(\partial_y \phi / \partial_x \phi)$ 为局域法向方向与坐标轴的夹角。$k=4$ 和 $k=6$ 分别对应二维条件下的四方和六方晶体。由于表面能与毛细长度密切相关，因此，如果毛细长度 d_0 为各向异性的，那么相场模型中的特征长度尺度 W_0 也为各向异性的，同样地，特征时间 τ 也为各向异性的，即

$$\begin{cases} W_0(\theta) = W_0 A(\theta) \\ \tau(\theta) = \tau A^2(\theta) \end{cases} \tag{11.38}$$

将式（11.38）耦合到梯度自由能项，可得相场演化方程等号右端第一项的各向异性形式，即

$$W_0^2 \nabla^2 \phi \rightarrow \nabla W^2(\theta) \nabla \phi - \partial_x \left[W(\theta) W'(\theta) \partial_y \phi \right] + \partial_y \left[W(\theta) W'(\theta) \partial_x \phi \right] \tag{11.39}$$

模型方程的求解利用有限差分法、有限元方法或者格子玻尔兹曼方法[17]求解，实际计算中边界条件根据需要可选择零通量边界条件或周期性边界条件。

例 11.3 利用相场方法模拟过冷熔体中的枝晶生长。

解： 相关算例代码可访问 https://teacher.nwpu.edu.cn/comphys.html 获取。程序主要计算参数如下：计算区域为 400×400 网格，取耦合系数 $\lambda = 4.0$，各向异性强度 $\varepsilon_4 = 0.05$（或 $\varepsilon_6 = 0.02$），初始无量纲过冷 $u_0 = -0.55$，空间步长 $\Delta x = 0.8$，时间步长 $\Delta t = 0.1$，边界条件为零通量边界条件。图 11.5 给出了利用 Model C 计算得到的过冷溶体中的枝晶生长过程，图 11.5（a）～（d）中的场变量为序参量，图 11.5（e）～（h）为无量纲温度场，图 11.5（d）和（h）为六重对称条件下的枝晶生长。从图中可以看出，枝晶生长过程中排出潜热，使界面前沿温度升高。

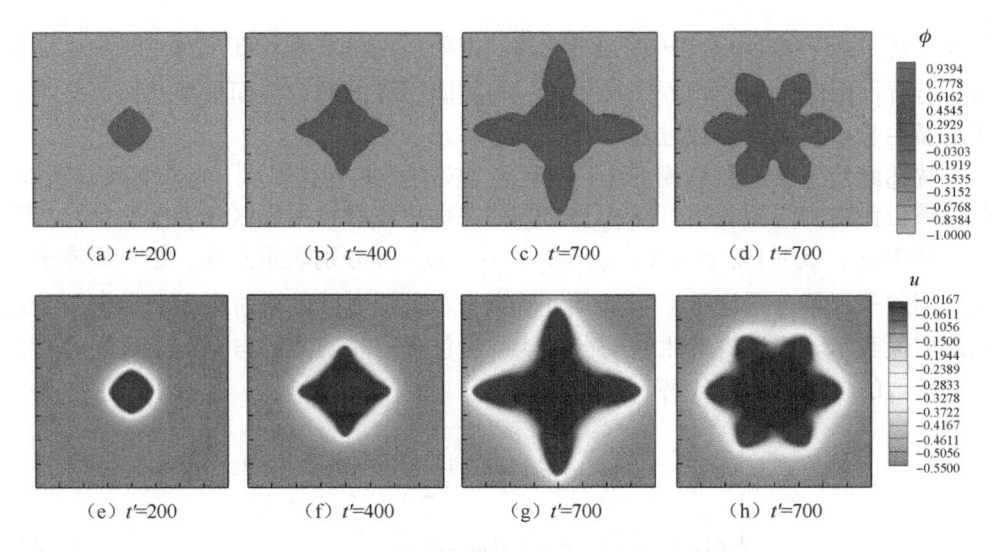

(a) $t'=200$　(b) $t'=400$　(c) $t'=700$　(d) $t'=700$

(e) $t'=200$　(f) $t'=400$　(g) $t'=700$　(h) $t'=700$

图 11.5　利用 Model C 计算得到的过冷溶体中的枝晶生长过程

11.3.4　表面螺旋生长的相场模型

螺旋生长是一种普遍存在于晶体表面的生长模式，螺旋生长理论认为，晶体结构可以由其表面缺陷导致的螺位错产生并控制，尤其是针对外延薄膜生长的表面，螺位错产生的局域台阶将沿着位错核缠绕生长直至铺满一层。通过对螺旋生长过程的定量研究，不仅能够直接调控薄膜形貌和表面生长趋势，对成膜以后材料的光学、电学、机械性能等也将产生至关重要的影响。通过研究不同晶体螺旋生长过程中的形貌及形成机理，能够很好地诠释缺陷调控生长动力学、微观形貌及其宏观物性的一般规律。表面生长一般由吸附、表面扩散、逃逸、台阶生长等过程组成，经典 BCF 理论是描述表面螺旋生长的明锐界面模型[18]，忽略动力学作用并假设原子表面扩散不受到台阶生长的影响，其模型方程为

$$\frac{\partial u}{\partial t} = D\nabla^2 T - \frac{u}{\tau_s} + F \tag{11.40}$$

$$v_n = -D\left(\frac{\partial u^+}{\partial n} - \frac{\partial u^-}{\partial n}\right) \tag{11.41}$$

$$u^* = d_0 \kappa \tag{11.42}$$

其中，$u = \Omega(c - c_{eq})$，为无量纲表面吸附原子密度，c 为局域吸附原子密度，c_{eq} 为台阶上平衡原子密度，Ω 为固相原子面积；D 为吸附原子表面扩散系数；τ_s 为原子逃逸的特征时间；F 为吸附率；u^+ 和 u^- 分别为台阶上和台阶下的吸附原子

密度；d_0 为与界面刚度相关的毛细长度。很明显，BCF 理论在求解过程中，也需要进行界面跟踪，对于单原子层生长，与凝固过程的明锐界面模型类似，但对于多层膜生长以及螺旋生长过程，就难于求解。

描述螺旋生长的相场模型中，序参量含义有一些变化[19-20]。为产生螺旋结构，初始螺位错由空间相关序参量 φ_s 独立描述，而序参量 φ 用来区分表面的台阶与阶面，其中 φ_s、φ_s+1、φ_s+2、φ_s+3、$\cdots$、φ_s+n 分别表示基底、第一层原子、第二层原子、第三层原子、$\cdots$、第 n 层原子，各层之间的台阶由相邻层序参量之间的取值表示。描述螺旋生长的自由能则由包含双阱函数的自由能函数变为包含多阱函数的自由能函数代替，即

$$\begin{cases} F = \int_\Omega \left[f(\varphi) + \lambda u g(\varphi) + \frac{1}{2} W^2 (\nabla \varphi)^2 \right] \mathrm{d}\Omega \\ f(\varphi) = \frac{1}{\pi} \left[1 - \cos 2\pi(\varphi - \varphi_s) \right] \\ g(\varphi) = \frac{1}{\pi} \sin 2\pi(\varphi - \varphi_s) - 2(\varphi - \varphi_s) + 1 \end{cases} \quad (11.43)$$

因此，描述螺旋生长的相场动力学方程可以表示为

$$\frac{\partial \varphi}{\partial t} = -\frac{1}{\tau} \frac{\delta F}{\delta \varphi} = \frac{1}{\tau} \left\{ W^2 \nabla^2 \varphi - 2 \sin 2\pi(\varphi - \varphi_s) - \lambda u \left[2\cos 2\pi(\varphi - \varphi_s) - 2 \right] \right\} \quad (11.44)$$

描述螺旋生长的表面扩散方程则表示为

$$\frac{\partial u}{\partial t} = D \nabla^2 T - \frac{\partial \varphi}{\partial t} - \frac{u}{\tau_s} + F \quad (11.45)$$

其中，τ 为描述台阶生长中原子动力学附着至台阶上的特征时间；W 为扩散界面厚度，也是方程求解的特征长度。描述螺旋生长的具体形式与式（11.36）给出的形式相同，只是由渐进性分析得到的两个常数 a_1 和 a_2 具体数值有所不同。此外，初始螺位错由 φ_s 设定，即

$$\varphi_s = \frac{1}{2\pi} \arctan(y'/x') \quad (11.46)$$

例 11.4 利用相场方法模拟薄膜表面的螺旋生长。

解：相关算例代码可访问 https://teacher.nwpu.edu.cn/comphys.html 获取。主要计算参数如下：计算区域为 200×200 网格，$\lambda = 10$，$F = 1.0$，$u_0 = 0$，$\Delta x = 0.8$，$\Delta t = 0.1$，边界条件为零通量边界条件。图 11.6 给出了利用 Model C 计算得到的螺旋生长形貌和吸附原子密度分布。

(a) 螺旋生长形貌

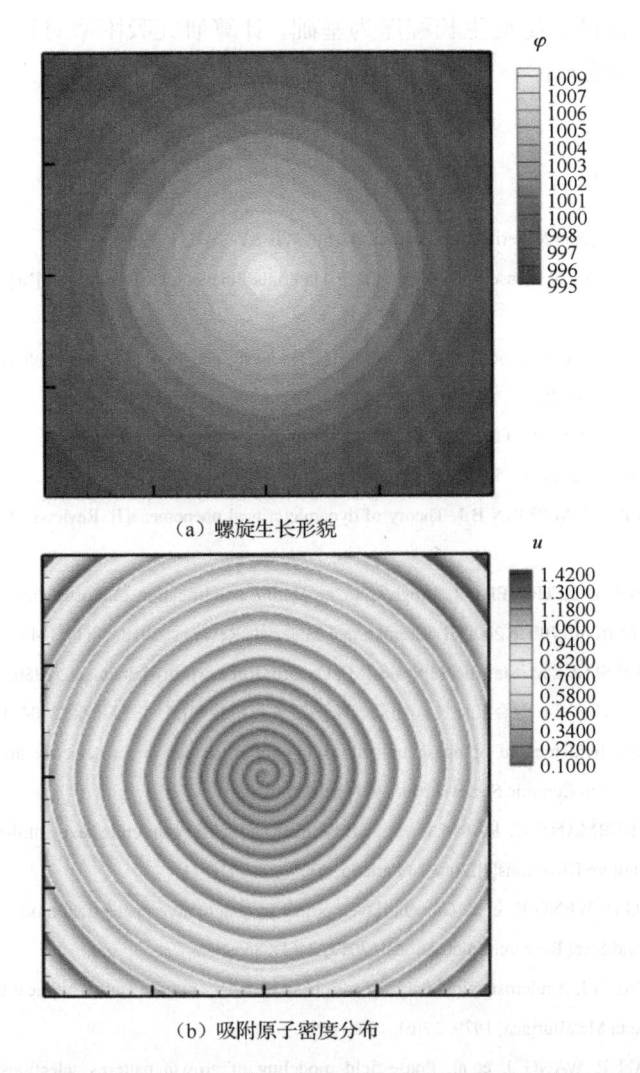

(b) 吸附原子密度分布

图 11.6 利用 Model C 计算得到的螺旋生长形貌和吸附原子密度分布

习　题

11.1　以所给 Model A 和 Model B 的程序为基础，计算研究不同计算区域条件下序参量的平均值随时间的变化。

11.2　以 Model C 枝晶生长程序为基础，计算研究不同过冷度条件下枝晶尖端生长速度随时间的变化关系。

11.3 以 Model C 螺旋生长程序为基础，计算研究吸附率对稳态螺距和螺旋尖端生长速度的影响规律。

参 考 文 献

[1] RAABE D. Computational Materials Science[M]. Berlin: WILEY-VCH, 1998.

[2] ELDER K, PROVATAS N. Phase-Field Methods in Materials Science and Engineering[M]. Berlin: WILEY-VCH, 2010.

[3] STEINBACH I. Why solidification? Why phase-field?[J]. JOM: The Journal of the Materials, Metal & Materials Society, 2013, 65: 1096-1102.

[4] CAHN J W, HILLIARD J E. Free energy of a nonuniform system. I. interfacial free energy[J]. The Journal of Chemical Physics, 1958, 28(2): 258-267.

[5] HONHENBERG P C, HALPERIN B I. Theory of dynamic critical phenomena[J]. Reviews of Modern Physics, 1977, 49(3): 435-479.

[6] KURZ W, FISHER D J, TRIVEDI R. Progress in modelling solidification microstructures in metals and alloys: Dendrites and cells from 1700 to 2000[J]. International Materials Reviews, 2018, 64(1): 1-44.

[7] LANDAU L D, LIFSITZ E M. Statistical Physics[M]. Oxford: Butterworth-Heinemann, 1980.

[8] 李永胜, 陈铮, 王永欣, 等. 合金沉淀过程的微观相场法计算机模拟[J]. 材料导报, 2004, 18(8): 1-3.

[9] CHEN L Q. Phase-field method of phase transitions/domain structures in ferroelectric thin films: A Review[J]. Journal of the American Ceramic Society, 2008, 91(6): 1835-1844.

[10] ASTA M, BECKERMANN C, KARMA A, et al. Solidification Microstructure and Solid-State Parallels: Recent Developments, Future Directions[J]. Acta Materialia, 2009, 57: 941-971.

[11] DONG X, XING H, WENG K, et al. Current development in quantitative phase-field modeling of solidification[J]. Journal of Iron and Steel Research International, 2017, 24(4): 865-878.

[12] ALLEN S M, CAHN J. A microscopic theory for antiphase boundary motion and its application to antiphase domain coarsening[J]. Acta Metallurgica, 1979, 27(6): 1085-1095.

[13] XING H, DUAN P, WANG J, et al. Phase-field modeling of growth patterns selections in three-dimensional channels[J]. Philosophical Magazine, 2015, 95(11): 1184-1200.

[14] XING H, ANKIT K, DONG X L, et al. Growth direction selection of tilted dendritic arrays in directional solidification over a wide range of pulling velocity: A phase-field study[J]. International Journal of Heat and Mass Transfer, 2018, 117: 1107-1114.

[15] XING H, DONG X, WANG J, et al. Orientation dependence of columnar dendritic growth with sidebranching behaviors in directional solidification: Insights from phase-field simulations[J]. Metallurgical and Materials Transactions B, 2018, 49: 1547-1559.

[16] XING H, JI M Y, DONG X, et al. Growth competition between columnar dendrite and degenerate seaweed during directional solidification of alloys: Insights from multi-phase field simulations[J]. Materials & Design, 2020, 185: 108250.

[17] XING H, DONG X L, SUN D K, et al. Anisotropic lattice Boltzmann-phase-field modeling of crystal growth with melt convection induced by solid-liquid density change[J]. Journal of Materials Science & Technology, 2020, 57(22): 26-32.

[18] KARMA A, PLAPP M. Spiral surface growth without desorption[J]. Physical Review Letters, 1998, 81(20): 4444-4447.

[19] DONG X L, XING H, CHEN C L, et al. Phase-field modeling of submonolayer growth with the modulated nucleation regime[J]. Physics Letters A, 2015, 379(39): 2452-2457.

[20] DONG X L, XING H, CHEN C L, et al. Thin interface analysis of a phase-field model for epitaxial growth with nucleation and Ehrlich-Schwoebel effects[J]. Journal of Crystal Growth, 2014, 406: 59-67.

第12章 有限元方法

有限元方法又称为有限单元法（finite element method，FEM）[1-3]，是一种常规求解偏微分方程的数值方法。有别于有限差分法的规则网络划分，有限元方法将求解域剖分成许多被称为有限元的互连子域，每个区域统一编号并求解，从而达到采用简单问题代替复杂问题的目的。有限元方法适合于求解非规则、复杂边界形态系统的问题，于20世纪50年代首先在力学领域，如飞机结构的静、动态特性分析中得到应用，随后广泛应用于求解热传导、电磁场、流体力学等连续性问题。时至今日，有限元方法不仅在工程领域具有广阔的应用前景，而且其基本的变分思想成功推广至相场方法、第一性原理等多个数值模拟领域，构建了多尺度集成计算的核心理论体系。

根据理论基础与应用领域的不同，有限元方法通常可分为变分原理法和加权余量法两大类[4]。早期的有限元方法是以变分原理为基础发展起来的，基于变分原理的有限元方法是将逼近论、偏微分方程、变分与泛函分析的巧妙结合，其以变分原理为基础，把所要求解的微分方程定解问题，转化为相应的变分问题，即泛函求极值问题。由于变分原理描述了物理学中支配物理现象的最小作用量原理（如力学中的最小势能原理），这种有限元方法具有直观明确的物理意义，理论完整可靠，因此可广泛地应用于求解泛函极值问题相关的拉普拉斯方程和泊松方程所描述的各类物理场问题。加权余量法起源于20世纪60年代[5]，其核心思想是微分方程的近似解与解析解通常存在误差，通过一个准则可使误差尽量小，求解这个准则规定的方程，获得待定系数的值，可得到精确的近似解。研究者在流体力学中应用伽辽金法或最小二乘法等求解微分方程时，获得了与变分原理法类似的有限元方程，这使得有限元方法可应用于以任何微分方程所描述的各类物理场中，而不再要求这类物理场和泛函的极值问题有所联系。加权余量法更擅长于针对误差的处理，因此具有较强的工程力学应用背景。

12.1 泛函与变分原理

变分原理[6-9]是有限元方法的理论基础，也是有限元方法能够应用于各种物理学问题的根基，而泛函分析是变分原理的数学基础。因此，本节首先介绍泛函与变分原理的基本知识，从而引出有限元方法的基础问题。

12.1.1 泛函的定义

泛函通常是指一种定义域为函数，而值域为实数的"函数"。设 C 是函数的集合，B 是实数集合。如果对 C 中的任一自变量函数 $y(x)$，在 B 中都有一个元素 J 与之对应，则称 J 为 $y(x)$ 的泛函，记为 $J[y(x)]$。数学上，通常自变量与因变量间的关系称为函数，而泛函则是函数集合的函数，也就是函数的函数，即自变量为函数，而不是变量。事实上，C 中不同的自变量函数 $y(x)$ 往往具有较大的形式差异，代表为实现 J 这一"目标"而实行的不同"路径"，那么如何寻找一条最优路径以实现 J 目标，即为针对泛函 $J[y(x)]$ 的变分问题。下面通过一个典型的例子介绍泛函与变分问题之间的联系。

例 12.1 构建最速降线问题的变分描述。

最速降线问题是历史上出现的第一个变分法问题，也是变分法发展的一个标志性问题。此问题是 1696 年约翰·伯努利在写给他哥哥雅克布·伯努利的一封公开信中提出的，该问题的描述：设 A 和 B 是铅直平面上不在同一铅垂线上的两点，在 A 和 B 之间连接一条曲线，有一重物受重力作用沿曲线从 A 到 B 下滑（初速度为 0）。若忽略摩擦力作用，求出一条曲线，使得从 A 到 B 的自由下滑时间最短。

解：该问题如图 12.1 所示，假设 A 点与原点重合，B 点的坐标为 (a, b)，重物从 A 点下落至任意一点 $P(x, y)$ 时，其速度为 v，重力加速度为 g。

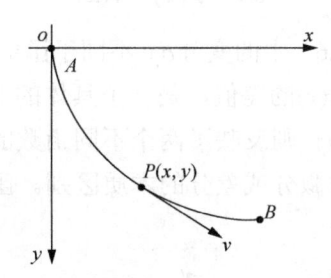

图 12.1 最速降线问题求解示意图

根据能量守恒定律可知：

$$v = \sqrt{2gy} \tag{12.1}$$

用 s 表示从 A 点到 P 点的弧长，则有

$$\frac{\mathrm{d}s}{\mathrm{d}t} = v = \sqrt{2gy} \tag{12.2}$$

即

$$dt = \frac{ds}{\sqrt{2gy}} = \sqrt{\frac{1}{2gy}\left[1+\left(\frac{dy}{dx}\right)^2\right]}dx \qquad (12.3)$$

对整个区间做积分，可得下落总时间 T 的表达式为

$$T = \int_0^a dt = \int_0^a \sqrt{\frac{1}{2gy}\left[1+\left(\frac{dy}{dx}\right)^2\right]}dx \qquad (12.4)$$

其中，T 为关于自变量函数 $y(x)$ 和 $y'(x)$ 的泛函。式（12.4）表明，最速降线问题可转化为泛函 $T(y, y')$ 何时取得极值的问题。一般对于变分问题而言，除需要构建泛函表达式以外，还需要明确该问题的边界，如对于最速降线问题，还应包括边界条件：

$$y(0) = 0, y(a) = b \qquad (12.5)$$

式（12.4）和式（12.5）共同构成了最速降线问题的变分描述。

12.1.2 变分的定义

对于一般的变分问题，假设 $y(x)$ 是泛函 J 定义域内任一函数，如果 $y(x)$ 变化为新函数 $Y(x)$，且 $Y(x)$ 仍属于泛函 J 的定义域内的函数，则 $Y(x)$ 与 $y(x)$ 之差为函数 $y(x)$ 的变分，记为

$$\delta y = Y(x) - y(x) \qquad (12.6)$$

需要注意的是，式（12.6）中的变分 δy 不同于函数的增量 Δy。Δy 是指对应于具体某一个 x 点 $y(x+\Delta x)$ 与 $y(x)$ 的差值，是一个具体的取值，只是 x 点选取位置不同导致 Δy 取值有所差异；δy 则反映了两个不同函数的整体差异，其仍然是一个关于 x 的函数，这是变分与微分或差分的本质区别。函数变分与微分之间满足基本的次序交换法则，即

$$(\delta y)' = [Y(x) - y(x)]' = Y'(x) - y'(x) = \delta(y') \qquad (12.7)$$

除了函数 y 的变分以外，泛函 J 也有变分形式。这里首先定义一种最简单的泛函形式：

$$J[y(x)] = \int_{x_0}^{x_1} F(x, y, y')dx \qquad (12.8)$$

其中，$F(x, y, y')$ 称为核函数。可以看到，式（12.8）中的核函数只包含自变量 x、未知函数 $y(x)$ 和导数 $y'(x)$，这种简单形式的核函数构成的泛函 $J[y(x)]$ 称为最简泛函。泛函的变分通过一个特殊形式的差分 ΔJ 来定义：

$$\Delta J = J(y+\delta y) - J(y)$$
$$= \int_{x_0}^{x_1}\left[F(x,y+\delta y,y'+\delta y') - F(x,y,y')\right]\mathrm{d}x \quad (12.9)$$

根据二元函数的泰勒级数展开形式：

$$F(x,y+\delta y,y'+\delta y')$$
$$= F(x,y,y') + \left[\delta y\frac{\partial F(x,y,y')}{\partial y} + \delta y'\frac{\partial F(x,y,y')}{\partial y'}\right]$$
$$+ \frac{1}{2!}\left[(\delta y)^2\frac{\partial^2 F(x,y,y')}{\partial y^2} + 2\delta y\delta y'\frac{\partial^2 F(x,y,y')}{\partial y\partial y'} + (\delta y')^2\frac{\partial^2 F(x,y,y')}{\partial y'^2}\right] \quad (12.10)$$

ΔJ 可改写成以下形式：

$$\Delta J = \int_{x_0}^{x_1}\left\{\begin{array}{l}(F_y\delta y + F_{y'}\delta y') \\ +\dfrac{1}{2!}\left[F_{yy}(\delta y)^2 + 2F_{yy'}\delta y\delta y' + F_{y'y'}(\delta y')^2\right] + \cdots\end{array}\right\}\mathrm{d}x$$
$$= \delta J + \delta^2 J + \cdots \quad (12.11)$$

其中，定义 δJ 和 $\delta^2 J$ 分别为泛函 J 的一阶变分和二阶变分。根据式（12.11）可知，其具体形式为

$$\delta J = \int_{x_0}^{x_1}\left(F_y\delta y + F_{y'}\delta y'\right)\mathrm{d}x \quad (12.12)$$

$$\delta^2 J = \frac{1}{2}\int_{x_0}^{x_1}\left[F_{yy}(\delta y)^2 + 2F_{yy'}\delta y\delta y' + F_{y'y'}(\delta y')^2\right]\mathrm{d}x \quad (12.13)$$

对于最简泛函而言，其变分满足如下基本的运算法则。

（1）线性变分运算：$\delta(\alpha F + \beta G) = \alpha\delta F + \beta\delta G$，其中 α 和 β 均为常数；

（2）乘积变分运算：$\delta(FG) = (\delta F)G + F(\delta G)$；

（3）积分变分次序交换：$\delta J = \delta\left[\int_{x_0}^{x_1}F(x,y,y')\mathrm{d}x\right] = \int_{x_0}^{x_1}\delta F(x,y,y')\mathrm{d}x$；

（4）复合函数变分运算：其法则和微分运算完全相同，即

$$\delta F(x,y,y') = \frac{\partial F}{\partial y}\delta y + \frac{\partial F}{\partial y'}\delta y' \quad (12.14)$$

对比式（12.12）和式（12.14）可发现，复合函数的变分运算来源于一阶变分的形式定义。需要注意的是，核函数 $F(x,y,y')$ 也是一个泛函，其变化的原因来自函数 y 的变分，而与自变量 x 无直接关系。因此，式（12.14）中不会出现 $(\partial F/\partial x)\delta x$ 这一项。

12.1.3 变分原理

一般而言，对于一个由泛函 $J[y(x)]$ 构成的变分问题，人们所关注的解为当 $y(x)$ 为何种函数时 J 取得极值。根据函数极值的特性，这至少需要当 y 改变为 $y+\delta y$ 时，$\Delta J = J(y+\delta y) - J(y) = 0$。根据式（12.11）可知，$J[y(x)]$ 取极值的必要条件是 $\delta J = 0$，即

$$\delta J = \int_{x_0}^{x_1} \left(\frac{\partial F}{\partial y} \delta y + \frac{\partial F}{\partial y'} \delta y' \right) \mathrm{d}x = 0 \qquad (12.15)$$

将式（12.15）通过分部积分变换可得

$$\delta J = \int_{x_0}^{x_1} \left(\frac{\partial F}{\partial y} \delta y \right) \mathrm{d}x - \int_{x_0}^{x_1} \frac{\mathrm{d}}{\mathrm{d}x}\left(\frac{\partial F}{\partial y'} \right) \delta y \, \mathrm{d}x + \frac{\partial F}{\partial y'} \delta y \Big|_{x_0}^{x_1}$$

$$= \int_{x_0}^{x_1} \left[\frac{\partial F}{\partial y} - \frac{\mathrm{d}}{\mathrm{d}x}\left(\frac{\partial F}{\partial y'} \right) \right] \delta y \, \mathrm{d}x + \frac{\partial F}{\partial y'} \delta y \Big|_{x_0}^{x_1} = 0 \qquad (12.16)$$

很多变分问题是驻定问题，即两边界具有确定的取值，此时边界条件满足 $\delta y(x_0) = 0$ 和 $\delta y(x_1) = 0$，因此，

$$\frac{\partial F}{\partial y} - \frac{\mathrm{d}}{\mathrm{d}x}\left(\frac{\partial F}{\partial y'} \right) = 0 \qquad (12.17)$$

式（12.17）是描述最简泛函的微分方程，该方程称为欧拉-拉格朗日方程，一般来说，这是一个二阶常微分方程，等价于泛函取极值的必要条件。欧拉-拉格朗日方程的意义在于可以把一个关于泛函取极值的变分问题转化为微分方程的定解问题（边值问题）来求解，这也是变分原理最基本的表述。同理，可以证明，对于一个固定边界的二元函数泛函的变分问题：

$$J[u] = \iint_S F(x, y, u, u_x, u_y) \mathrm{d}x \mathrm{d}y \qquad (12.18)$$

其泛函取得极值的必要条件与以下微分方程等价：

$$\frac{\partial F}{\partial u} - \frac{\partial}{\partial x}\left(\frac{\partial F}{\partial u_x} \right) - \frac{\partial}{\partial y}\left(\frac{\partial F}{\partial u_y} \right) = 0 \qquad (12.19)$$

式（12.19）为欧拉-拉格朗日方程的二元函数形式，同时也是变分原理在二元函数中的表述。

变分原理不仅是一种数学上的变换思想，其在物理学中也有着非常丰富的内涵。例如，在拉格朗日力学中，考虑 n 个质点的系统，受到 d 个完整的理想约束，取 k（$k=3n-d$）维广义坐标 $q_1, q_2, \cdots, q_k$，可定义拉格朗日函数 $L=T-V$（T 为系统

动能，V 为势能），拉格朗日函数可表示为 $(q_i, \dot{q}_i)$ 的函数，且满足拉格朗日方程组[10]：

$$\frac{d}{dt}\left(\frac{\partial L}{\partial \dot{q}_j}\right) - \frac{\partial L}{\partial q_j} = Q_j \quad j = 1, 2, \cdots, k \quad (12.20)$$

其中，Q_j 为对应于 q_j 的广义力。哈密顿提出了一个作用量的概念用以描述广义坐标的泛函，即哈密顿作用量：

$$\omega = \int_{t_1}^{t_2} L(q, \dot{q}, t) \cdot dt \quad (12.21)$$

哈密顿认为，具有理想和完整的质点系在有势力作用下，所有具有相同起始位置的可能运动路径中，真实运动为哈密顿作用量取得极值，即真实运动对哈密顿作用量的变分等于零：

$$\delta\omega = \delta\int_{t_1}^{t_2} L(q, \dot{q}, t) \cdot dt = 0 \quad (12.22)$$

根据变分原理可知，式（12.22）与以下微分方程等价：

$$Q_j = \frac{d}{dt}\left(\frac{\partial L}{\partial \dot{q}_j}\right) - \frac{\partial L}{\partial q_j} = 0 \quad j = 1, 2, \cdots, k \quad (12.23)$$

这就是著名的哈密顿原理，哈密顿原理实际上就是变分原理在力学上的表述，它给出了从所有可能的运动中找出真实运动的一个准则，在力学中普遍适用，故成了力学的一个基本原理。除了力学以外，变分原理在光学、量子力学、电磁学等领域均存在其他不同形式的表述，成为描述自伴性物理定律的一条基本原理，广泛地应用于物理学科的各个领域。

12.2 以变分原理为基础的有限元方法

变分原理告诉人们，一个泛函求极值的变分问题可以与微分方程定解问题等价。理论物理学往往从基本模型出发，根据已知问题的基本理论和假设构建合理的泛函形式，推导得到相关的动力学微分方程，进而求得满足方程的解析解；计算物理学则相反，尤其是对于有限元方法，它从现有的微分方程出发，首先构造合适的泛函形式用以描述与微分方程等价的变分问题，然后通过数值方法求解关于泛函的极值问题，即可得到原有微分方程的近似解。因此，构造泛函与求解极值是实施有限元方法的必备前提。

12.2.1 泛函形式的构造

下面以常微分方程为例，介绍泛函形式构造的一般方法。

例 12.2 构建对应于如下常微分方程边值问题的泛函形式：

$$\frac{d}{dx}\left[p(x)\frac{dy}{dx}\right] + q(x)y(x) = f(x) \quad (12.24)$$

$$y(x_0) = y_0, \quad y(x_1) = y_1 \quad (12.25)$$

解：根据变分原理，常微分方程的边值问题等价于某一泛函取极值的必要条件 $\delta J=0$，由于泛函中至少包含一个变分和一个积分，可将式（12.24）改写为以下类似于泛函的形式：

$$\int_{x_0}^{x_1}\left\{\frac{d}{dx}\left[p(x)\frac{dy}{dx}\right] + q(x)y(x) - f(x)\right\}\delta y\,dx = 0 \quad (12.26)$$

根据变分可与微分、积分交换的运算法则，式（12.26）中被积函数的后两项可写成：

$$\int_{x_0}^{x_1} q(x)y(x)\delta y(x)\,dx = \delta\int_{x_0}^{x_1}\frac{1}{2}q(x)y^2(x)\,dx \quad (12.27)$$

$$\int_{x_0}^{x_1} f(x)\delta y(x)\,dx = \delta\int_{x_0}^{x_1} f(x)y(x)\,dx \quad (12.28)$$

其中，$f(x)$、$p(x)$ 和 $q(x)$ 均是已知函数，与 $y(x)$ 的变分无关，因此它们在变分计算中都是常量。对于式（12.26）中被积函数的第一项，采用分部积分法化简可得

$$\int_{x_0}^{x_1}\frac{d}{dx}\left[p(x)\frac{dy}{dx}\right]\delta y(x)\,dx = \left[p(x)\frac{dy}{dx}\delta y(x)\right]\Bigg|_{x_0}^{x_1} - \int_{x_0}^{x_1} p(x)\frac{dy}{dx}\delta\left(\frac{dy}{dx}\right)dx$$

$$= \delta\int_{x_0}^{x_1} -\frac{1}{2}p(x)\left(\frac{dy}{dx}\right)^2 dx \quad (12.29)$$

综合上述结果可得，方程（12.24）可转化为如下泛函求极值问题：

$$\int_{x_0}^{x_1}\left\{\frac{d}{dx}\left[p(x)\frac{dy}{dx}\right] + q(x)y(x) - f(x)\right\}\delta y(x)\,dx$$

$$= \delta\int_{x_0}^{x_1}\left[-\frac{1}{2}p(x)\left(\frac{dy}{dx}\right)^2 + \frac{1}{2}q(x)y^2(x) - f(x)y(x)\right]dx = 0 \quad (12.30)$$

即构造的泛函形式为

$$J(y) = -\frac{1}{2}p(x)\left(\frac{dy}{dx}\right)^2 + \frac{1}{2}q(x)y^2(x) - f(x)y(x) \tag{12.31}$$

通过常微分方程的例子具体介绍了泛函构造的一般方法，同理也可以根据上述方法构造偏微分方程的泛函形式，这里仅给出一般性结论：假设 $\hat{L}$ 为对称正定算子，算子方程 $\hat{L}(u) = f$ 存在解 $u = u_0$ 的充分必要条件为泛函

$$J(u) = \frac{1}{2}\int_\Omega u\, L(u)\, d\Omega - \int_\Omega u\, f\, d\Omega \tag{12.32}$$

在 $u = u_0$ 时取极小值。也就是说，式（12.32）中的 $J(u)$ 为算子方程 $\hat{L}(u) = f$ 的构造泛函。下面以静电场方程为例，介绍式（12.32）的应用。

例 12.3 构建静电场拉普拉斯方程的泛函形式：

$$\nabla^2 \varphi = 0 \tag{12.33}$$

解：根据式（12.32）知，拉普拉斯方程的泛函可写为

$$F(\varphi) = \int_\Omega \frac{1}{2}\varphi \nabla^2 \varphi\, d\Omega \tag{12.34}$$

根据斯托克斯定理：

$$\oint_S \varphi\, \nabla\varphi \cdot dS = \int_\Omega (\varphi\, \nabla^2\varphi + \nabla\varphi \cdot \nabla\varphi) d\Omega \tag{12.35}$$

将式（12.35）代入式（12.34）中，可得

$$\begin{aligned}F(\varphi) &= \int_\Omega \frac{1}{2}\varphi \nabla^2 \varphi\, d\Omega \\ &= \frac{1}{\varepsilon}\left[-\frac{1}{2}\int_\Omega \varepsilon(\nabla\varphi)^2 d\Omega + \frac{1}{2}\oint_S \varphi\, \varepsilon\nabla\varphi \cdot dS\right]\end{aligned} \tag{12.36}$$

根据电动力学知识可以知道，式（12.36）中泛函 $F(\varphi)$ 的实际物理意义就是静电场的总能量。

12.2.2 瑞利-里茨法

当泛函形式构造完成后，下一步就是需要求解关于泛函的极值问题。瑞利-里茨法（Rayleigh-Ritz method）是一种直接求解泛函极值问题的近似方法，它由英国物理学家瑞利（Rayleigh）[11]于 1877 年在《声学理论》一书中首先使用，后经瑞士的里茨（Ritz）[12]于 1908 年作为一个有效方法提出，其基本思想是通过选择一个试函数来逼近问题的精确解，将试函数代入某个科学问题的泛函中，然后根据泛函极值方程确定试函数中的待定参数，从而获得问题的近似解。瑞利-里茨

法以变分原理为理论基础，是一种广泛应用于工程力学、应用数学、物理学和材料学等多个学科领域的经典数值方法。瑞利-里茨法的基本步骤如下。

（1）选定一组具有相对完备性的基函数，构造一个线性组合的近似函数：

$$y^{(n)} = \sum_{i=1}^{n} \alpha_i \omega_i$$

其中，ω_i 为基函数；α_i 为未知的待定系数。

（2）将含有 n 个待定系数的构造函数作为近似的极值函数，代入泛函 $J[y(x)]$，即

$$J[y(x)] \Rightarrow I[\alpha_1, \alpha_2, \cdots, \alpha_n]$$

（3）为求泛函的极值，采用多元函数取极值的必要条件：

$$\frac{\partial I}{\partial \alpha_i} = 0 \quad i = 1, 2, 3, \cdots, n$$

（4）求解以上方程组，求出 $\alpha_1, \alpha_2, \cdots, \alpha_n$，即可以得到极值函数的近似解。

（5）再将含有 $n+1$ 个待定系数的函数

$$y^{(n+1)} = \sum_{i=1}^{n+1} \alpha_i \omega_i$$

作为近似极值函数，重复步骤（2）～（4），就可以得到极值函数新的近似解。对比前后两次求解 $y(x)$ 的结果差异，若所得到的结果接近，则认为最后得到的函数就是极值函数的近似解，即计算结果收敛的判定条件为

$$\left| \sum_{i=1}^{n+1} \alpha_i \omega_i - \sum_{i=1}^{n} \alpha_i \omega_i \right| < \varepsilon$$

其中，ε 为表征计算精度的小量。

例 12.4 求下列泛函的极值函数：

$$J[y] = \int_0^1 (y'^2 - x^2 + 2xy)\mathrm{d}x \tag{12.37}$$

$$y(0) = y(1) = 0 \tag{12.38}$$

解：根据边界条件的特征，可取基函数的形式为

$$\omega_i = x^i (1 - x) \tag{12.39}$$

则近似函数的形式为

$$y = \sum_{i=1}^{n} \alpha_i x^i (1 - x) \tag{12.40}$$

将 $n=1$ 时的近似函数 $y^{(1)}$ 代入泛函 (12.37) 中，可得

$$J\left[y^{(1)}\right] = \int_0^1 \left\{(\alpha_1 - 2\alpha_1 x)^2 - x^2 + 2\alpha_1 x^2(1-x)\right\} dx = I[\alpha_1] \quad (12.41)$$

对式(12.41)取极值，可得

$$\frac{\partial I}{\partial \alpha_1} = \int_0^1 \left\{2\alpha_1(1-2x)^2 + 2x^2(1-x)\right\} dx = 0 \quad (12.42)$$

解得近似函数为

$$y^{(1)} = -\frac{1}{4}x(1-x) \quad (12.43)$$

同理可得，$n=2$ 时的近似函数

$$y^{(2)} = \frac{1}{6}x^3 - \frac{1}{6}x \quad (12.44)$$

利用欧拉-拉格朗日方程可以求得该问题精确的解析解为

$$y = \frac{1}{6}x^3 - \frac{1}{6}x \quad (12.45)$$

图 12.2 给出了一阶近似解、二阶近似解和精确解的对比曲线。可以看到，$y^{(2)}$ 较好地符合精确解，即为该问题的数值解。

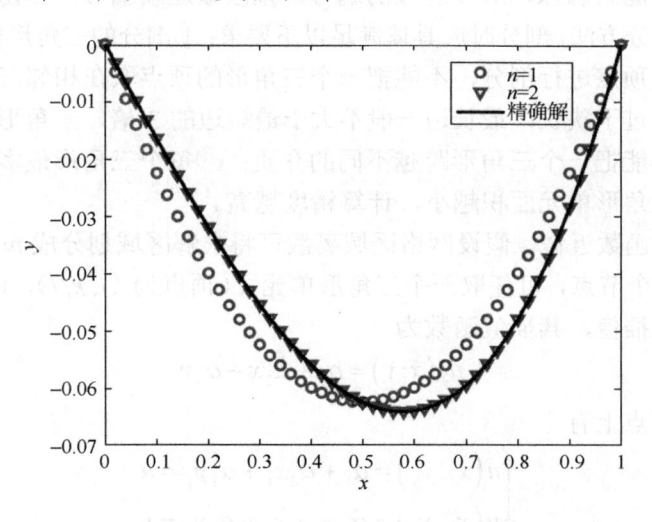

图 12.2 $n=1$ 和 $n=2$ 时 y 的近似解与精确解的对比曲线

12.2.3 变分有限元方法

变分有限元方法实际上就是瑞利-里茨法的一种局部化情况。由于在实际的科学与工程计算中，有限元方法一般涉及较大的计算尺度，在整个定义域边界区间内实施瑞利-里茨法往往是比较困难的，低阶的近似函数无法保证计算精度，高阶的近似函数则显著降低了数值计算的效率，变分有限元方法由此发展而来。20 世纪 60 年代初，克拉夫（Clough）教授[13-14]首次在结构力学计算中提出了有限元的概念，把其形象地描绘为有限元方法=瑞利-里茨法＋分片函数，也就是说通过特殊的网格剖分方法将计算区域划分成由简单几何形状构成的单元域，然后在每个单元域内通过瑞利-里茨法计算分片函数，进而整合成整个计算区域的解。这种有限元方法实际上是一种比有限差分法更精细的数值离散方法，并且结合了瑞利-里茨法的特点，有效保证了离散区域的计算效率与精度，同时不需要考虑整个定义域的复杂边界条件，使得有限元方法在处理大尺度复杂边界问题时具有独特的优势，因此在宏观尺度模拟以及多尺度集成计算中具有较为广泛的应用前景。

变分有限元方法的基本步骤如下。

（1）求解区域离散。把求解区域分割成有限个单元体的集合。单元体形状原则上是任意的，一般取有规则形体。离散单元基本要求：①各单元只能在顶点处相交；②不同单元在边界处相连，既不能相互分离，又不能相互重叠；③各单元节点编号顺序应一致，一律按逆时针方向，从最小节点开始编号；④同一单元节点编号相差不能太悬殊，对多区域的编号，按区域连续编号。三角形单元是经常使用的单元剖分方法，剖分时应具体满足以下要求：①剖分的三角形应该避免钝角；②三角形按照顶点进行剖分，不能把一个三角形的顶点取在相邻三角形的边上；③三角形不可过于狭长，最长边一般不大于最短边的 3 倍，三角形三边之比尽量接近 1；④不能把一个三角形跨越不同的介质；⑤每个三角形最多只有一个边在边界上；⑥三角形单元面积越小，计算精度越高。

（2）分区函数近似。假设网格区域离散可将求解区域划分成 m 个三角形有限单元，共有 n 个节点，可任取一个三角形单元 e（顶点为 (j, k, l)，记为 $e(j, k, l)$）进行分片线性插值，其插值函数为

$$u_e(x, y) = \alpha_1 + \alpha_2 x + \alpha_3 y \tag{12.46}$$

在每个顶点上有

$$\begin{cases} u(x_j, y_j) = \alpha_1 + \alpha_2 x_j + \alpha_3 y_j = u_j \\ u(x_k, y_k) = \alpha_1 + \alpha_2 x_k + \alpha_3 y_k = u_k \\ u(x_l, y_l) = \alpha_1 + \alpha_2 x_l + \alpha_3 y_l = u_l \end{cases} \tag{12.47}$$

求解方程组（12.47）可以得到 α_1、α_2、α_3：

$$\begin{cases} \alpha_1 = \dfrac{1}{2\Delta}\left(a_j u_j + a_k u_k + a_l u_l\right) \\ \alpha_2 = \dfrac{1}{2\Delta}\left(b_j u_j + b_k u_k + b_l u_l\right) \\ \alpha_3 = \dfrac{1}{2\Delta}\left(c_j u_j + c_k u_k + c_l u_l\right) \end{cases} \quad (12.48)$$

其中，

$$\begin{cases} a_j = x_k y_l - x_l y_k \\ a_k = x_l y_j - x_j y_l \\ a_l = x_j y_k - x_k y_j \end{cases}, \quad \begin{cases} b_j = y_k - y_l \\ b_k = y_l - y_j \\ b_l = y_j - y_k \end{cases}, \quad \begin{cases} c_j = x_l - x_k \\ c_k = x_j - x_l \\ c_l = x_k - x_j \end{cases}, \quad \Delta = \dfrac{1}{2}\begin{vmatrix} 1 & x_j & y_j \\ 1 & x_k & y_k \\ 1 & x_l & y_l \end{vmatrix} \quad (12.49)$$

则插值函数可以写为

$$\begin{aligned} u_e(x,y) &= \alpha_1 + \alpha_2 x + \alpha_3 y \\ &= \frac{1}{2\Delta}\left[\begin{array}{l}(a_j + b_j x + c_j y)u_j + (a_k + b_k x + c_k y)u_k \\ +(a_l + b_l x + c_l y)u_l\end{array}\right] \\ &= \sum_{jkl} u_s N_s^e(x,y) \end{aligned} \quad (12.50)$$

其中，$N_s^e(x,y)$ 为单元基函数：

$$N_s^e(x,y) = \frac{1}{2\Delta}(a_s + b_s x + c_s y) \quad s = j,k,l \quad (12.51)$$

则三角形单元 e 插值函数可以改写为矩阵形式：

$$u_e(x,y) = \begin{vmatrix} N_j^e & N_k^e & N_l^e \end{vmatrix} \begin{vmatrix} u_j \\ u_k \\ u_l \end{vmatrix} = [N]_e [U]_e \quad (12.52)$$

（3）建立单元矩阵。下面以拉普拉斯方程为例介绍单元矩阵的建立过程：

$$\begin{cases} \dfrac{\partial^2 u}{\partial x^2} + \dfrac{\partial^2 u}{\partial y^2} = 0 & x,y \in D \\ u(x,y)\big|_{\Gamma} = u_0 & x,y \in \Gamma \end{cases} \quad (12.53)$$

根据例 12.3，并结合 u 的恒常边界条件可知，方程（12.53）对应的泛函形式可简写（不影响极值问题，可省略泛函的前置系数）为

$$J(u) = \iint_D \left[\left(\frac{\partial u}{\partial x}\right)^2 + \left(\frac{\partial u}{\partial y}\right)^2\right] \mathrm{d}x \mathrm{d}y = \sum_{e=1}^m J_e(u) \quad (12.54)$$

则在第 e 个三角形单元内,泛函形式可写为

$$J_e\left[u(x,y)\right] = \iint_e \left[\left(\frac{\partial u_e}{\partial x}\right)^2 + \left(\frac{\partial u_e}{\partial y}\right)^2\right]\mathrm{d}x\mathrm{d}y \tag{12.55}$$

根据式(12.46)可知:

$$\frac{\partial u_e}{\partial x} = \alpha_2 \tag{12.56}$$

则式(12.55)中被积函数的第一项可改写为

$$\iint_e \left(\frac{\partial u_e}{\partial x}\right)^2 \mathrm{d}x\mathrm{d}y = \iint_e \alpha_2^2 \mathrm{d}x\mathrm{d}y = \alpha_2^2 \Delta = \frac{1}{4\Delta}\left(b_j u_j + b_k u_k + b_l u_l\right)^2 \tag{12.57}$$

将式(12.57)改写成矩阵形式,可得

$$\iint_e \left(\frac{\partial u_e}{\partial x}\right)^2 \mathrm{d}x\mathrm{d}y = \frac{1}{4\Delta}\left(b_j u_j + b_k u_k + b_l u_l\right)^2$$

$$= \frac{1}{4\Delta}\begin{vmatrix} u_j & u_k & u_l \end{vmatrix} \begin{vmatrix} b_j b_j & b_j b_k & b_j b_l \\ b_k b_j & b_k b_k & b_k b_l \\ b_l b_j & b_l b_k & b_l b_l \end{vmatrix} \begin{vmatrix} u_j \\ u_k \\ u_l \end{vmatrix} = [U_e]^\mathrm{T}[K_{xe}][U_e] \tag{12.58}$$

同理可知:

$$\iint_e \left(\frac{\partial u_e}{\partial y}\right)^2 \mathrm{d}x\mathrm{d}y = [U_e]^\mathrm{T}[K_{ye}][U_e] \tag{12.59}$$

其中,

$$K_{ye} = \frac{1}{4\Delta}\begin{vmatrix} c_j c_j & c_j c_k & c_j c_l \\ c_k c_j & c_k c_k & c_k c_l \\ c_l c_j & c_l c_k & c_l c_l \end{vmatrix} \tag{12.60}$$

则三角形单元 e 的泛函可写成如下矩阵形式:

$$\begin{aligned}J_e(u) &= [U_e]^\mathrm{T}[K_{xe}][U_e] + [U_e]^\mathrm{T}[K_{ye}][U_e] \\ &= [U_e]^\mathrm{T}[K_e][U_e]\end{aligned} \tag{12.61}$$

其中,

$$K_e = \begin{vmatrix} K_{jj}^e & K_{jk}^e & K_{jl}^e \\ K_{kj}^e & K_{kk}^e & K_{kl}^e \\ K_{lj}^e & K_{lk}^e & K_{ll}^e \end{vmatrix}, \quad K_{rs}^e = K_{sr}^e = \frac{1}{4\Delta}(b_r b_s + c_r c_s) \quad r,s = j,k,l \tag{12.62}$$

为将计算区域从三角形单元 e 扩展至整个区域 D，需要改写矩阵 K_e，使其能够反映区域 D 内所有 n 个节点的情况。一般做法是将三阶矩阵 K_e 扩展为 $n\times n$ 的矩阵，扩展部分的元素以 0 为补充以方便总体矩阵的处理，即

$$J_e(u) = [U]^T [K_e][U]$$

$$= \begin{vmatrix} 0\cdots & & 0\cdots & & & 0 \\ & K_{jj}^e & K_{jk}^e & K_{jl}^e & \\ 0\cdots & K_{kj}^e & K_{kk}^e & K_{kl}^e & 0 \\ & K_{lj}^e & K_{lk}^e & K_{ll}^e & \\ 0\cdots & & 0\cdots & & & 0 \end{vmatrix} \begin{Vmatrix} u_1 \\ u_2 \\ u_3 \\ \vdots \\ u_n \end{Vmatrix} \quad (12.63)$$

（4）建立系统有限元方程。仍然考虑方程（12.53），其求解区域 D 内总体泛函的矩阵形式为

$$J(u) = \sum_{e=1}^m J_e(u) = [U]^T \sum_{e=1}^m [K_e][U] = [U]^T [K][U] \quad (12.64)$$

其中，

$$K_{ij} = \sum_{e=1}^m K_{ij}^e \quad i,j = 1,2,\cdots,n \quad (12.65)$$

根据变分原理，方程（12.53）求解问题转化为泛函（12.64）求极值的变分问题。根据多元函数的极值理论，式（12.64）取得极值的必要条件为

$$\frac{\partial J}{\partial u_i} = 0 \quad i = 1,2,\cdots,n \quad (12.66)$$

将式（12.64）代入式（12.66）可得

$$[K][U] = [0] \quad (12.67)$$

式（12.67）为最终构建的系统有限元方程，求解 U 就可以得到每个节点上的函数值。其中，K 的矩阵形式在工程力学中也称为刚度矩阵。因此，求解有限元问题的核心在于如何构建系统的刚度矩阵，当刚度矩阵确定时，则可将有限元问题简化为线性方程组的数值求解问题。

12.3 加权余量法

加权余量法（method of weighted residuals）[15-18]，也称为加权余数法或加权残量法，是一种不需要考虑泛函和变分问题，而是直接从所需求解的微分方程及边界条件出发，寻求边值问题近似解的数学方法。它的基本思想是通过一组具有

待定系数且线性无关的试函数作为方程的近似解,将近似解代入方程后,得到近似解与真实解的偏差,称为余量;选取适当的权函数,使余量的加权积分为零,则可确定待定系数,即为求得微分方程的近似解。

加权余量法与变分有限元方法具有某些相似的特征。例如,均是采用具有待定系数的试函数作为方程的近似解、微分方程求解问题最终都可以转化为线性方程组的数值求解问题、采用的网格剖分方法一致等。其本质的区别主要体现在以下两点:①加权余量法不需要构建变分问题,而是直接针对微分方程本身进行求解,这种方法可适用于绝大部分的微分方程边值问题,虽然未能充分阐明待解方程的物理内涵,但是显著扩展了有限元方法的工程应用范围,因此它是一种具有较强工程背景的数学方法;②加权余量法擅长针对误差的处理,通过引入权函数对余量进行加权积分,实际上是一种精细处理数值误差的计算方法,能够有效提高有限元方法的计算精度。除此以外,通过选取适当的权函数,加权余量法对于不同的微分方程均可以实现高效率与高精度之间的平衡,是一种非常灵活且高效的数值方法。

12.3.1 微分方程的等效积分形式

通过学习变分有限元方法可以知道,微分方程可以通过变分原理转换为泛函的积分极值问题求解。高斯采用一种等效积分方法也可将微分方程转换为积分问题,这种方法称为微分方程的等效积分形式。

对于多数微分方程边值问题,可将其控制方程与边界条件写成微分算子的形式:

$$\begin{cases} \hat{L}(u) = f & u \in \Omega \\ \hat{B}(u) = g & u \in \Gamma \end{cases} \quad (12.68)$$

其中,$\hat{L}$ 和 $\hat{B}$ 分别为作用于体相控制方程和边界问题的微分算子;Ω 和 Γ 分别为体相和边界问题的定义域。对于任意函数 W 和 V,若分别在 Ω 和 Γ 域内为单值可积函数,则有

$$\begin{cases} \int_\Omega W(\hat{L}(u) - f) \mathrm{d}\Omega \equiv 0 & u \in \Omega \\ \int_\Gamma V(\hat{B}(u) - g) \mathrm{d}\Gamma \equiv 0 & u \in \Gamma \end{cases} \quad (12.69)$$

因此,式(12.68)中的微分方程边值问题可转换为以下等效积分形式:

$$\int_\Omega W(\hat{L}(u) - f) \mathrm{d}\Omega + \int_\Gamma V(\hat{B}(u) - g) \mathrm{d}\Gamma = 0, \quad u \in \Omega + \Gamma \quad (12.70)$$

在实施加权余量法时，采用试函数 $\tilde{u}$ 代替精确解 u 作为微分方程的近似解，$\tilde{u}$ 的形式与瑞利-里茨法中的近似函数相同，即

$$\tilde{u} = \sum_{i=1}^{n} \alpha_i \omega_i \approx u \qquad (12.71)$$

其中，ω_i 为基函数；α_i 为待定系数。基函数的选取原则上要求满足连续性、线性无关和完备性，并且需要考虑边界条件的要求。将近似函数 $\tilde{u}$ 代入方程（12.68），可得

$$\begin{cases} R_{\mathrm{I}} = \hat{L}(\tilde{u}) - f & u \in \Omega \\ R_{\mathrm{B}} = \hat{B}(\tilde{u}) - g & u \in \Gamma \end{cases} \qquad (12.72)$$

式（12.72）定量反映了试函数与微分方程精确解之间的偏差，R_{I} 和 R_{B} 分别衡量了微分方程体相和边界内的求解偏差，也就是余量。此外，基于式（12.69），如果 W 和 V 的选取并非任意，而是用一组特定函数来衡量不同区域内误差的权重，即采用"权函数"代替任意函数 W 和 V，则可将式（12.70）改写为近似函数的等效积分形式，即

$$\int_{\Omega} W_{\mathrm{I}i} R_{\mathrm{I}} \mathrm{d}\Omega + \int_{\Gamma} W_{\mathrm{B}i} R_{\mathrm{B}} \mathrm{d}\Gamma = 0 \quad i = 1, 2, \cdots, n \quad u \in \Omega + \Gamma \qquad (12.73)$$

其中，$W_{\mathrm{I}i}$ 和 $W_{\mathrm{B}i}$ 分别为体相和边界位置的权函数。式（12.73）是式（12.70）的数值近似，其意义在于通过选择特定的待定系数 α_i，使微分方程体相与边界内的余量和强制为 0，则可近似求出微分方程的解。根据式（12.73）可以知道，加权余量法计算时试函数与权函数的选择至关重要。此外，网格离散程度对加权余量法的计算精度也有较大影响，当待解的有限单元区域越小时，微分方程的余量越趋近于 0，则近似解越接近于微分方程的精确解。

12.3.2 加权余量法的求解过程

加权余量法的基本步骤如下。
1) 试函数的选择

首先基于微分方程的形式提出一组包含待定系数的试函数作为近似解，试函数的选择应考虑以下原则：①试函数应由完备函数集的子集构成，已采用过的试函数有幂级数、三角级数、样条函数、贝塞尔函数、切比雪夫多项式和勒让德多项式等；②试函数应具有加权积分表达式中比最高阶导数低一阶的导数连续性；③试函数应与问题的解析解或问题的特解相关联，此外，试函数还需考虑边界条件的影响。根据试函数的选择，可将加权余量法划分为内部法、边界法和混合法三大类。内部法是指选择试函数强制满足边界条件，则边界位置余量为零，式（12.73）中的等效积分形式只包含第一项。内部法一般适用于规则边界问题，这类问题较

容易选取满足边界条件的试函数，使用该方法时计算量较小，但复杂边界问题使用内部法较为困难。边界法是指选择试函数强制满足体相控制方程，数值计算仅仅在边界上进行，即体相内部余量为零，式（12.73）中的等效积分形式只包含第二项。边界法的计算工作量较少，计算精度较高，但是基于体相控制方程构造试探解较为困难，因此泛用性较差，该方法适合于求解体相控制方程较为简单、边界较为复杂的问题。混合法为一般的求解方法，对试函数要求不严，体相控制方程和边界条件均不满足，因此对复杂的控制方程和边界条件都能适应，但是缺点是计算工作量较大。对于有限元方法求解微分方程问题，首先需要进行网格离散，然后在有限单元内进行求解，由于有限单元的边界条件一般比较简单，因此多推荐使用内部法构造试函数求解。

2）求解余量函数

将试函数的具体形式代入式（12.72），得到 R_I 和 R_B 的表达式，即为余量函数。

3）权函数的选取

加权余量法的核心思想是如何选择待定系数 α_i，使得近似解能够最优地趋近于精确解。为尽可能消除计算误差，需要衡量微分方程余量在不同区域内的权重，因此必须选择合适的权函数，使其在求解区域内加权为零。根据权函数形式不同，权函数的选取又可进一步分为以下几类。

（1）配点法：配点法选取 δ 函数为权函数，使余量在指定的点上为零，这些点称为配点，即

$$W_{Ii} = \delta(x - x_i) = \begin{cases} 0 & x \neq x_i \\ \infty & x = x_i \end{cases} \tag{12.74}$$

将式（12.74）代入式（12.73）可得

$$R_I(x_i) = 0 \tag{12.75}$$

配点法只需要保证局域有限点的余量为零，而不需要做额外的积分运算，因此是最简单的一种权函数选取方法，但是其计算精度较差。

（2）子域法：子域法是指将求解区域 Ω 划分为多个子域，划分子域的数量与待解系数的数目相同，每个子域以内的权函数为 1，子域以外的权函数为 0，即

$$W_{Ii} = \begin{cases} 1 & x \in \Omega \\ 0 & x \notin \Omega \end{cases} \tag{12.76}$$

将式（12.76）代入式（12.73）可得

$$\int_\Omega R_I \mathrm{d}\Omega = 0 \tag{12.77}$$

子域法是配点法的扩展，它将配点余量为零的思想延伸至有限的子区域，因

此其计算精度比配点法高。事实上，精细网格剖分的有限元方法就是子域法的一种应用实例。需要注意的是，不同子域内选择的权函数也可不同，但是需要考虑子域之间的界面连接条件。

（3）矩法：矩法采用幂级数 $x^{i-1}(i=1,2,\cdots,n)$ 作为权函数，消除余量的方式是使余量的各阶次矩为零，即权函数为

$$\begin{cases} W_{Ii} = x^{i-1} & i=1,2,\cdots,n \quad \text{一维问题} \\ W_{Iij} = x^{i-1}y^{j-1} & i,j=1,2,\cdots,n \quad \text{二维问题} \end{cases} \tag{12.78}$$

将式（12.78）代入式（12.73），则等效积分形式转变为

$$\begin{cases} \int_{\Omega} x^{i-1} R_I \mathrm{d}\Omega = 0 & i=1,2,\cdots,n \quad \text{一维问题} \\ \int_{\Omega} x^{i-1}y^{j-1} R_I \mathrm{d}\Omega = 0 & i,j=1,2,\cdots,n \quad \text{二维问题} \end{cases} \tag{12.79}$$

矩法的权函数对余量提出了更高的要求，即不仅要求余量的积分为零，而且要求余量的 n 阶次矩为零。这种权函数的选取方法能够比较高效地消除余量，尤其是对于低阶近似求解（n 较小）时，具有比配点法和子域法更高的计算精度。

（4）最小二乘法：最小二乘法的试函数源于数值计算中的最小二乘原理，其目的是使余量在整个求解区域内的平方和最小。记余量的平方和为 $I(\alpha_i)$：

$$I(\alpha_i) = \int_{\Omega} R_I^{\mathrm{T}} R_I \mathrm{d}\Omega = \int_{\Omega} R_I^2 \mathrm{d}\Omega \quad i=1,2,\cdots,n \tag{12.80}$$

根据多元函数的极值条件：

$$\frac{\partial I(\alpha_i)}{\partial \alpha_i} = 2\int_{\Omega} \left(\frac{\partial R_I}{\partial \alpha_i}\right)^{\mathrm{T}} R_I \mathrm{d}\Omega = 0 \quad i=1,2,\cdots,n \tag{12.81}$$

式（12.81）即为最小二乘法满足的等效积分形式，则最小二乘法的权函数为

$$W_{Ii} = \frac{\partial R_I}{\partial \alpha_i} \quad i=1,2,\cdots,n \tag{12.82}$$

最小二乘法与变分有限元方法中的瑞利-里茨法具有比较类似的求解思路。通过最小二乘法消除余量的计算精度较高，但是由于计算过程中同时涉及微分和积分，因此运算量较大。

（5）伽辽金（Galerkin）法：伽辽金法[19-20]是由苏联工程师、数学家伽辽金于 1915 年提出的一种数值分析方法。伽辽金法通过选取近似函数中的基函数作为权函数，并且体相与边界的权函数符号相反，使得在计算区域内余量与权函数正交以消除余量误差，即试函数为

$$\begin{cases} W_{Ii} = \omega_i & i=1,2,\cdots,n \quad x \in \Omega \\ W_{Bi} = -\omega_i & i=1,2,\cdots,n \quad x \in \Gamma \end{cases} \tag{12.83}$$

等效积分形式为

$$\int_\Omega \omega_i R_I \mathrm{d}\Omega - \int_\Gamma \omega_i R_B \mathrm{d}\Gamma = 0 \quad i = 1, 2, \cdots, n \tag{12.84}$$

伽辽金法选取的权函数即为基函数，使用起来非常简便。此外，其充分利用了基函数正交完备的特性，不但有效保证了近似解的收敛性，而且还能同时提高算法的精度和效率，因此该方法能够得到广泛的应用。

4）求解加权积分方程组

根据等效积分的形式，构建包含待定系数的加权积分方程组，即

$$\begin{cases} \int_\Omega W_{I1} R_I \mathrm{d}\Omega + \int_\Gamma W_{B1} R_B \mathrm{d}\Gamma = 0 \\ \int_\Omega W_{I2} R_I \mathrm{d}\Omega + \int_\Gamma W_{B2} R_B \mathrm{d}\Gamma = 0 \\ \cdots\cdots \\ \int_\Omega W_{In} R_I \mathrm{d}\Omega + \int_\Gamma W_{Bn} R_B \mathrm{d}\Gamma = 0 \end{cases} \tag{12.85}$$

式（12.85）整理后可写成矩阵的形式：

$$\begin{bmatrix} A_{11} & A_{12} & \cdots & A_{1n} \\ A_{21} & A_{22} & \cdots & A_{2n} \\ \vdots & \vdots & & \vdots \\ A_{n1} & A_{n2} & \cdots & A_{nn} \end{bmatrix} \begin{bmatrix} a_1 \\ a_2 \\ \vdots \\ a_n \end{bmatrix} = \begin{bmatrix} b_1 \\ b_2 \\ \vdots \\ b_n \end{bmatrix} \tag{12.86}$$

求解式（12.86）关于待定系数的线性方程组，即可得到微分方程问题的近似解。

习 题

12.1 一个边长为 1 的二维正方形静电场域，电势函数为 $\varphi(x, y)$，边界条件如下图所示，采用变分有限元方法确定二维静电场域的电势分布。

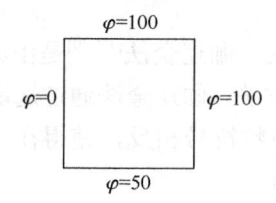

12.2 等截面悬臂梁受满跨均布荷载作用如下图所示。

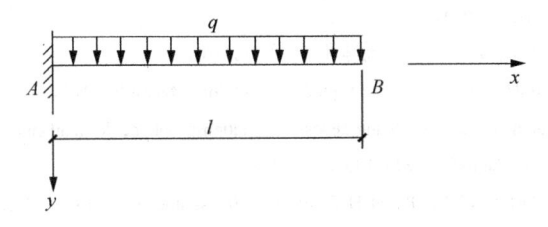

梁的控制方程为

$$EI\frac{d^4y}{dx^4} - q = 0$$

边界条件为

$$\begin{cases} y = \dfrac{dy}{dx} = 0 & x = 0 \\ \dfrac{d^2y}{dx^2} = \dfrac{d^3y}{dx^3} = 0 & x = l \end{cases}$$

若取试函数为

$$\tilde{y} = c(x^5 + lx^4 - 14l^2x^3 + 26l^3x^2)$$

分别采用配点法、最小二乘法求解该问题的近似解。

参 考 文 献

[1] ZIENKIEWICZ O C, TAYLOR R L, NITHIARASU P, et al. The Finite Element Method[M]. New York: McGraw-Hill, 1977.

[2] ZIENKIEWICZ O C, TAYLOR R L, ZHU J Z. The Finite Element Method: Its Basis and Fundamental[M]. Oxford: Butterworth-Heinemann, 2005.

[3] REDDY J N. An Introduction to the Finite Element Method[M]. New York: McGraw-Hill, 2010.

[4] 王勖成, 邵敏. 有限单元法基本原理和数值方法[M]. 2 版. 北京: 清华大学出版社, 1997.

[5] FINLAYSON B A, SCRIVEN L E. The method of weighted residuals-a review[J]. Applied Mechanics Reviews, 1966, 19(9): 735-748.

[6] ZIMAN J M. The general variational principle of transport theory[J]. Canadian Journal of Physics, 1956, 34(12A): 1256-1273.

[7] PIN T, PIAN T H H. A variational principle and the convergence of a finite-element method based on assumed stress distribution[J]. International Journal of Solids and Structures, 1969, 5(5): 463-472.

[8] EKELAND I. On the variational principle[J]. Journal of Mathematical Analysis and Applications, 1974, 47(2): 324-353.

[9] RICCERI B. A general variational principle and some of its applications[J]. Journal of Computational and Applied Mathematics, 2000, 113(1-2): 401-410.

[10] 周衍柏. 理论力学教程[M]. 4 版. 北京: 高等教育出版社, 2018.

[11] STRUTT J W, RAYLEIGH B. The Theory of Sound[M]. London: Macmillan, 1877.

[12] RITZ W. Über eine neue methode zur Lösung gewisser Variationsprobleme der mathematischen Physik[J]. Journal für Reine und Angewandte Mathematik, 1908, 1909(135): 1-61.

[13] TURNER J M, CLOUGH R W, MARTIN H C, et al. Stiffness and deflection analysis of complex structures[J]. Journal of the Aeronautical Sciences, 1956, 23(9): 805-823.

[14] CLOUGH R W. The finite element method after twenty-five years: A personal view[J]. Computers & Structures, 1980, 12(4): 361-370.

[15] ASTLEY R J, EVERSMAN W. A finite element method for transmission in non-uniform ducts without flow: Comparison with the method of weighted residuals[J]. Journal of Sound and Vibration, 1978, 57(3): 367-388.

[16] FLETCHER C A J. An improved finite element formulation derived from the method of weighted residuals[J]. Computer Methods in Applied Mechanics and Engineering, 1978, 15(2): 207-222.

[17] LEE C M, YANG D Y, KIM M U. Numerical analysis of three-dimensional extrusion of arbitrarily shaped sections by the method of weighted residuals[J]. International Journal of Mechanical Sciences, 1990, 32(1): 65-82.

[18] HAJI-SHEIKH A, SPARROW E M, MINKOWYCZ W J. Heat transfer to flow through porous passages using extended weighted residuals method—a Green's function solution[J]. International Journal of Heat and Mass Transfer, 2005, 48(7): 1330-1349.

[19] GALERKIN B G. Series solution of some problems of elastic equilibrium of rods and plates[J]. Vestnik Inzhenerov I Tekhnikov, 1915, 19(7): 897-908.

[20] THOMEE V. Galerkin Finite Element Methods for Parabolic Problems[M]. New York: Springer, 1984.

附录：部分例题对应的源程序

例 2.3　程序实现如下（C 语言编写）

```c
#include<stdio.h>
#include <stdlib.h>
#define M 20;
int n=0,p=1,num=0;
double *x;
double *y;
double LG(double tt) ;
void CHAZHI(int m);
void Print( );
void LAGRANGE(int m)
{
    double tt;
    CHAZHI(m);
    Print( );
    printf("是否继续进行插值、计算还是结束？继续插值请输入1，结束请输入0，求值计算请输入2；p=");
    scanf("%d",&p);
    printf("\n");
    while(p!=0)
    {
        if(p==1)
        {
            printf("请输入再次插值点个数num=");
            scanf("%d",&num);
            LAGRANGE(num);
        }
        else if(p==2)
        {
            printf("请输入x=");
            scanf("%lf",&tt);
            tt=LG(tt);
            printf("Q(x)=%lf",tt);
            printf("\n");
            printf("是否继续进行插值、计算还是结束？继续插值请输入1，结束请输入0，求值计算请输入2；p=");
            scanf("%d",&p);
            printf("\n");
```

```
        }
        else break;
    }
}
void Print( )
{
    int k,j;
    printf("插值多项式为：Q(x)=%lf",y[0]);
    for(j=1;j<n;j++)
    {
        if(y[j]>=0) printf("+");
        printf("%lf",y[j]);
        for(k=0;k<j;k++)printf("*(x-%lf)",x[k]);
    }
    printf("\n");
}
void CHAZHI(int m)
{
    int j,k,t,N;N=n;
    n+=m;
    double *x1;
    double *y1;
    x1=(double*)malloc(n*sizeof(double));
    y1=(double*)malloc(n*sizeof(double));
    for(j=0;j<N;j++)
    {
        x1[j]=x[j];
        y1[j]=y[j];
    }
    for(j=0;j<m;j++)
    {
        printf("请输入第%d个插值点 x[%d]=",j+1,N+j);
        scanf("%lf",&x1[N+j]);
        printf("请输入第%d个插值点 y[%d]=",j+1,N+j);
        scanf("%lf",&y1[N+j]);
    }
    x=x1;
    y=y1;
    printf("\n");
    if(N>1)
        for(j=0;j<m;j++)
```

```
            {
                double ss=1;
                for(k=0;k<N+j;k++)
                    ss*=x[N+j]-x[k];
                for(k=0;k<N+j;k++)
                {
                    double rr=y[k];
                    for(t=0;t<k;t++)
                        rr*=x[N+j]-x[t];
                    y[N+j]-=rr;
                }
                y[N+j]/=ss;
            }
        else
            for(j=1;j<m;j++)
            {
                double ss=1;
                for(k=0;k<N+j;k++)
                    ss*=x[N+j]-x[k];
                for(k=0;k<N+j;k++)
                {
                    double rr=y[k];
                    for(t=0;t<k;t++)
                        rr*=x[N+j]-x[t];
                    y[N+j]-=rr;
                }
                y[N+j]/=ss;
            }
}
double  LG(double tt)
{
    int i,j;
    double yy=0;
    double xx;for(i=0;i<n;i++)
    {
        xx=y[i];
        for(j=0;j<i;j++)
        {
            xx=xx*(tt-x[j]);
        }
        yy+=xx;
    }
    return yy;
}
```

```
void main()
{
    printf("请输入插值点个数 num=");
    scanf("%d",&num);
    LAGRANGE(num);
    printf("结束");
}
```

例 2.4　程序实现如下（C 语言编写）

```
#include <stdio.h>
#include <stdlib.h>
void data(double*x,double*y,int n); //x-横坐标, y-纵坐标, f-插值系数, n-插值节点个数
void newton(double*x,double*y,double*f,int n);
void printnew(double*x,double*y,double*f,int n);
void newvalue(double*x,double*y,double*f,int n);
int main(void)
{
    int n;
    double *x,*y,*f;
    printf("输入要插值节点的个数:");
    scanf("%d", &n);
    x = (double*)malloc(sizeof(double)*n);
    y = (double*)malloc(sizeof(double)*n);
    f = (double*)malloc(sizeof(double)*(n - 1)*n/2);
    data(x,y,n);
    newton(x,y,f,n-1);
    printnew(x,y,f,n);
    //do {
        newvalue(x,y,f,n);
    //} while (1);
    return 0;
}
void data(double*x,double*y,int n)
{  //读取初始数据
    int i=0;
    while (i<n) {
        printf("x[%d]:",i);
        scanf("%lf",&x[i]);
        printf("y[%d]:",i);
        scanf("%lf",&y[i]);
        i++;
    }
}
```

```c
void newton(double* x,double*y,double*f,int n)
{ //建立牛顿插值多项式的系数
    int i=0,j,k=0;
    for (i=0;i<n;i++)
        for (j=0;j<n-i;j++) {
            if (i==0)
                f[k++]=(y[j + 1] - y[j])/(x[j+1]-x[j]);
            else {
                f[k]=(f[k+i-n ]-f[k+i-n-1])/(x[j+i+1]-x[j]);
                k++;
            }
        }
}
void printnew(double*x,double*y,double*f,int n)
{ //输出差商表
    int i,j,k = 0;
    printf("差商表:\n");
    printf("x\t ");
    for (i=0;i<n;i++)
        printf("f(x%d)\t\t",i);
    printf("\n");
    for (i=0;i<n;i++)
        printf("----------------");
    printf("\n");
    for (i=0;i<n;i++) {
        printf("%-10g  %-10g", x[i], y[i]);
        k = i-1;
        for (j = 0;j<i;j++) {
            printf("    %-10g",f[k]);
            k+=n-2-j;
        }
        if (j==i)
            printf("\n");
    }
}
void newvalue(double*x, double*y,double*f,int n)
{ //根据牛顿插值多项式预测下一个节点的值
    FILE *fp;
    fp=fopen("E:\\data.txt","w");
    if(fp==NULL) //判断如果文件指针为空
        printf("File cannot open! " );
    double *b;
    double j,step,m;
    int i,k = 0;
```

```c
    b=(double*)malloc(sizeof(double)*n);
    //printf("输入要插入节点的x的值:");
    printf("输入步长:");
    scanf("%lf",&step);
    //scanf("%lf",&a);
    for(j=-1;j<6;j+=step)
    {
        m=j;
        b[0]=1.0;
        k=0;
        for (i=0;i<n-1;i++)
            b[i+1]=b[i]*(m-x[i]);
        for (i=0;i<n;i++) {
            if (i==0)
                m=y[0];
            else {
                m+=b[i]*f[k];
                k+= n-i;
            }
        }
        printf("插值节点对应的Y的值:%.2lf\n",m);
        fprintf(fp,"%.2lf\n",m);
    }
    fclose(fp);
}
```

例2.5 程序实现如下（C语言编写）

```c
#include <stdio.h>
#include <math.h>
#define maxn 50
#define rank_ 3 //阶数
int main()
{
    FILE *fp;
    fp=fopen("E:\\data1.txt","w");
    if(fp==NULL)  //判断如果文件指针为空
        printf("File cannot open! " );
    int n;
    printf("请输入点数：");
    scanf("%d",&n);
    printf("请输入x点，y点的坐标；\n");//一个点一个点输入
    for(int i=0;i<n;i++)
        scanf("%lf%lf",&x[i],&y[i]);
    double atemp[2*rank_+1]={0}, b[rank_+1] ={0},a[rank_+1][rank_+1];
```

```
int i,j,k;

for (i=0;i<n;i++)
{
    for(j=0;j<rank_+1;j++)
    {
        b[j]+=pow(x[i],j)*y[i];
    }
    for (j=0;j<(2*rank_+1);j++)
    {
        atemp[j]+=pow(x[i],j);
    }
}
atemp[0]=n;
for (i=0;i<rank_+1;i++)
{ //构建线性方程组系数矩阵，b[]不变
    k=i;
    for (j=0;j<rank_+1;j++)
        a[i][j]=atemp[k++];
}
//以下为高斯列主元消去法解线性方程组
for (k=0;k<rank_+1-1;k++)
{ //n - 1 列
    int column=k;
    double mainelement=a[k][k];
    for (i=k;i<rank_+1;i++) //找主元素
        if(fabs(a[i][k])>mainelement)
        {
            mainelement=fabs(a[i][k]);
            column=i;
        }
    for (j=k;j<rank_+1;j++)
    { //交换两行
        double atemp=a[k][j];
        a[k][j]=a[column][j];
        a[column][j]=atemp;
    }
    double btemp=b[k];
    b[k]=b[column];
    b[column]=btemp;
    for (i=k+1;i<rank_+1;i++)
    { //消元过程
        double Mik=a[i][k]/a[k][k];
        for (j=k;j< rank_+1;j++)
            a[i][j]-= Mik*a[k][j];
```

```
            b[i]-= Mik*b[k];
        }
    }
    b[rank_+1-1]/=a[rank_+1-1][rank_+1-1];  //回代过程
    for (i=rank_+1-2;i>=0;i--)
    {
        double sum=0;
        for (j=i + 1;j< rank_+1;j++)
            sum += a[i][j]*b[j];
        b[i] = (b[i] - sum)/a[i][i];
    }
    //高斯列主元消去法结束，输出
    printf("P(x) = %f%+fx%+fx^2%+fx^3\n\n", b[0], b[1], b[2], b[3]);

    double step;
    printf("请输入步数：\n");
    scanf("%lf",&step);
    for(double q=0;q<=10;q+=step)
    {
        double value;
        value=b[3]*q*q*q+b[2]*q*q+b[1]*q+b[0];
        printf("%.2lf    %.2lf\n",q,value);
        fprintf(fp,"%lf\n",value);
    }
    fclose(fp);
    return 0;
}
```

例3.1 程序实现如下（C语言编写）

（1）复合梯形公式

```
#include <stdio.h>
#include <math.h>
int i;
double f(double x){
    return x/(x*x+1);
}
double computeT(double a,double b,int n){
    double h=(b-a)/n,T=0;
    for(i=1;i<n;i++) T+=f(a+i*h);
    return h*(f(a)+2*T+f(b))/2;
}
int main(){
    int n=8;  //子区间个数
    double a=0,b=1;  //上下限
```

```c
        printf("I=%f\n",computeT(a,b,n));
        return 0;
}
```

（2）复合辛普森公式

```c
#include <stdio.h>
#include <math.h>
int i;
double f(double x){
    return x/(x*x+1);
}
double Simpson(double a,double b,int n){
    double h=(b-a)/n,s2=f(a+h/2),s1=0;
    for(i=1;i<n;i++){
        s2+=f(a+i*h+h/2);
        s1+=f(a+i*h);
    }
    return h*(f(a)+4*s2+2*s1+f(b))/6;
}
int main(){
    int n=8;    //子区间个数
    double a=0, b=1;   //上下限
    printf("I=%f\n", Simpson(a,b,n));
    return 0;
}
```

例3.2 程序实现如下（C 语言编写）

```c
#include <stdio.h>
#include <math.h>
#define m 1
#define a 0.000000001
#define b 1.0
#define eps 0.5e-6
double f(double x)
{
    return log(1+x*x);
}
int main()
{
    int n=m;
    int i;
    double T,H,T1,T2;
    double h=(b-a)/n;//积分步长
    T=(f(a)+f(b))/2;
    for(i=1;i<n;i++)
```

```
            T+=f(a+h*i);
        T*=h;
        T2=T;
        T1=T2+100;
        do
        {
            T1=T2;
            for(i=0,H=0;i<n;i++)
              H+=f(a+h*i+h/2);
            H*=h;
            T2=(T1+H)/2;
            h=h/2;
            n=n*2;
            printf("T=%lf\n",T2);
        }while(fabs(T1-T2)>10*eps);
        return 0;
    }
```

例 3.3　程序实现如下（C 语言编写）

```
# include <iostream>
# include <cmath>
# include <iomanip>
using namespace std;
double Tn=0,T2n=0,Sn=0,S2n=0,Cn=0,C2n=0,Rn=0,R2n=0,h=0;
double f(double x){
    return sin(x)/(x*x);
}
double S(double a,double b)
{
    Tn=T2n;
    T2n=0;
    double x=a+h/2;
    for (int i=1;x<b;i++)
    {
        x=a+h*i;
        T2n+=f(x);
    }
    T2n=T2n*h/2;
    T2n+=Tn/2;
    h=h/2;
    return T2n+(T2n-Tn)/3;
}
double C(double a,double b)
{
    Sn=S2n;
```

```
    S2n=S(a,b);
    return S2n+(S2n-Sn)/15;
}
double R(double a,double b)
{
    Cn=C2n;
    C2n=C(a,b);
    return C2n+(C2n-Cn)/63;
}
void algorithm2(double a,double b, double eps)
{
    h=b-a;
    T2n=(f(a)+f(b))*h/2;
    S2n=S(a,b);
    C2n=C(a,b);
    R2n=R(a,b);
    do
    {
        Rn=R2n;
        R2n=R(a,b);
    } while (fabs(R2n-Rn)>=eps);
    return;
}
int main ()
{
    double eps;
    double a,b;
    eps=1e-8;
    a=1;b=2;
    algorithm2(a,b,eps);
    cout<<fixed<<setprecision(abs(int(log10(eps))))+1)<<Rn;
    return 0;
}
```

例 4.2 程序实现如下（C 语言编写）

```
#include <stdio.h>
#include <stdlib.h>
#include <math.h>
#define MAX 10

int RANK;
double A[MAX][MAX], b[MAX], X[MAX];

void Input_Matrix()//输入矩阵
```

```c
{
    int i, j;
    printf("请输入系数矩阵 A 的阶数:\n");
    scanf("%d", &RANK);
    for (i = 1; i <= RANK; i++)
    {
        printf("请输入系数矩阵 A 的第%d 行元素:\n", i);
        for (j = 1; j <= RANK; j++)
            scanf("%lf", &A[i - 1][j - 1]);
    }
    printf("请输入右端项 b:\n");
    for (i = 1; i <= RANK; i++)
    {
        scanf("%lf", &b[i - 1]);
    }
    printf("输入的系数矩阵 A:\n");
    for (i = 0; i < RANK; i++)
    {
        for (j = 0; j < RANK; j++)
            printf("%lf\t", A[i][j]);
        printf("\n");
    }
    printf("增广矩阵[A,b]:\n");
    for (i = 0; i < RANK; i++)
    {
        for (j = 0; j < RANK; j++)
            printf("%.4lf\t", A[i][j]);
        printf("%lf\t", b[i]);
        printf("\n");
    }
    printf("\n");
}

void Gauss()
{
    int i, j, k, column;
    double max, A_temp, b_temp, mik, sum;
    for (k = 0; k < RANK - 1; k++)
    {
        column = k;
        max = 0;
        for (i = k; i < RANK; i++)
        {
            if (fabs(A[i][k]) > max)
```

```c
            {
                max = fabs(A[i][k]);
                column = i;
            }
        }
        for (j = k; j < RANK; j++)
        {
            A_temp = A[k][j];
            A[k][j] = A[column][j];
            A[column][j] = A_temp;
        }
        b_temp = b[k];
        b[k] = b[column];
        b[column] = b_temp;
        for (i = k + 1; i < RANK; i++)//消元过程
        {
            mik = A[i][k] / A[k][k];
            for (j = k; j < RANK; j++)
                A[i][j] -= mik * A[k][j];
            b[i] -= mik * b[k];
        }

    }
    printf("消元后的矩阵:\n");
    for (i = 0; i < RANK; i++)
    {
        for (j = 0; j < RANK; j++)
            printf("%lf\t", A[i][j]);
        printf("%lf\t", b[i]);
        printf("\n");
    }
    printf("\n");
    X[RANK - 1] = b[RANK - 1] / A[RANK - 1][RANK - 1];
    for (i = RANK - 2; i >= 0; i--)
    {
        sum = 0;
        for (j = i + 1; j < RANK; j++)
            sum += A[i][j] * X[j];
        X[i] = (b[i] - sum) / A[i][i];
    }
    printf("结果X:\n");
    for (i = 0; i < RANK; i++)
    {
        printf("%lf\n", X[i]);
    }
}
```

```c
int main()
{
    Input_Matrix();
    Gauss();
    return 0;
}
```

例4.4　程序实现如下（C语言编写）
（1）高斯-赛德尔迭代法

```c
#include <math.h>
#include <stdio.h>
#include <stdlib.h>
#define MAX 10

double A[MAX][MAX], b[MAX], X[MAX], Y[MAX], X0[MAX];
int RANK;
double eps = 1e-5;

void Input_Matrix()//输入矩阵
{
    int i, j;
    printf("系数矩阵A的阶数:\n");
    scanf("%d", &RANK);
    printf("增广矩阵A:\n");
    for (i = 1; i <= RANK; i++)
    {
        for (j = 1; j <= RANK; j++)
            scanf("%lf", &A[i - 1][j - 1]);
        scanf("%lf", &A[i - 1][j - 1]);
    }
    for (i = 1; i <= RANK; i++)
        X0[i - 1] = 0;
}

double GAUSS()
{
    int i;
    double z, sum1 = 0;
    for (i = 0; i < RANK; i++)
    {
        sum1 += pow(Y[i] - X[i], 2);
    }
    z = sqrt(sum1);
    return z;
```

```c
}

int main()
{
    int i, j;
    double sum;
    Input_Matrix();
    for (i = 0; i < RANK; i++)
    {
        X[i] = X0[i];
        Y[i] = X0[i];
    }
    printf("\n");
    printf("迭代过程如下:\n");
    int k = 1;
    for (;;)
    {
        for (i = 0; i < RANK; i++)
        {
            sum = 0;
            for (j = 0; j < i; j++)
                sum += A[i][j] * Y[j];
            for (j = i + 1;j < RANK;j++)
                sum += A[i][j] * X[j];
            Y[i] = (A[i][RANK] - sum) / A[i][i];
        }
        for (i = 0; i < RANK; i++)
        {
            printf("%lf\t", Y[i]);
        }
        printf("\n");
        if (GAUSS() > eps)
        {
            for (i = 0;i < RANK;i++)
                X[i] = Y[i];
        }
        else
            break;
        k++;
    }
    printf("解出方程组的解:\n");
    for (i = 0; i < RANK; i++)
    {
        printf("%lf\t", Y[i]);
    }
```

```
    printf("\n迭代次数：\n");
printf("%d\n", k);
return 0;
}
```

（2）SOR 迭代法

```
#include <math.h>
#include <stdio.h>
#include <stdlib.h>
#define maxn 3
int main()
{
    double a[maxn][maxn + 1], x[maxn] = { 0 };
    double eps = 1e-5, w = 1.05;
    int n, i, j, k, kmax = 1000;
    printf("请输入矩阵阶数：\n");
    scanf("%d", &n);
    printf("请输入增广矩阵：\n");
    for (i = 0;i < n;i++)
        for (j = 0;j < n + 1;j++)
            scanf("%lf", &a[i][j]);
    for (k = 0;k < kmax;k++)
    {
        double norm = 0;
        for (i = 0;i < n;i++)
        {
            double x0 = x[i];
            double sum = 0;
            for (j = 0;j < n;j++)
                if (i != j)
                    sum += a[i][j] * x[j];
            x[i] = (1 - w) * x[i] + w * (a[i][n] - sum) / a[i][i];
            if (fabs(x[i] - x0) > norm)
                norm = fabs(x[i] - x0);
        }
        printf("\nk=%2d x=", k + 1);
        for (i = 0;i < n;i++)
            printf("%-15f", x[i]);
        if (norm < eps)
            break;
    }
    if (k < kmax)
    {
        printf("\n\nk=%d\n", k + 1);
        for (i = 0;i < n;i++)
```

```
            printf("x%d=%-15f\n", i + 1, x[i]);
    }
    else
        printf("\nfailed\n");
    return 0;
}
```

例 5.1　程序实现如下（C 语言编写）

```c
#include <stdio.h>
#include <iostream>
#include <string.h>
#include <math.h>
using namespace std;
double f(double x)
{
    return (x*x*x-x-1);
}
int main()
{
    double x1,x2,xx;//x1,x2 代表区间左右边界，xx 代表方程根的值
    do
    {
        printf("\n请输入寻根区间：");
        scanf("%lf%lf",&x1,&x2);
    }
    while(f(x1)*f(x2)>0);//保证 f(x1) 和 f(x2) 是异号，这样才可以进行下一步的精准区间，否则，重新输入 x1, x2 的值
    do
    {
        xx=(x1+x2)/2;
        if(f(xx)*f(x1)>0)
            x1=xx;
        else
            x2=xx;
    }
    while(fabs(f(xx))>=0.005);//0.005, 该误差值将影响根的准确度
    printf("%.6lf\n",xx);
    return 0;
}
```

例 5.4　程序实现如下（C 语言编写）

```c
#include <stdio.h>
#include <math.h>
#define max 1000   //最大迭代次数
```

```c
double f(double x) {   //迭代函数 f(x)
    return pow(x +3, 1.0 / 3);
}

int main() {
    double x1, d;
    double x0 = 1.5;   //迭代初值 x0
    double eps = 0.00002;   //求解精度 eps
    int k = 0;   //迭代次数

    do {
        k++;
        x1 = f(x0);
        printf("%d     %f\n", k, x1);
        d = fabs(x1 - x0);
        x0 = x1;
    } while (d >= eps && k < max);
    if (k < max)
        printf("此时该方程的解为 x = %f, 迭代次数 k = %d\n", x1, k);
    else
        printf("迭代公式发散!\n");   //要求迭代公式收敛,否则会出现溢出
    return 0;
}
```

例 5.5　程序实现如下（C 语言编写）

```c
#include <stdio.h>
#include <math.h>
#define max 1000   //最大迭代次数
double f(double x) {   //函数 f(x)
    return (x + exp(-x))-2;
}
double df(double x) {   //f(x)的导数
    return (1 - exp(-x));
}
double newton(double x) {   //牛顿迭代函数
    return (x - f(x) / df(x));
}

int main() {
    double x1, d;
    double x0 = 1.5;   //迭代初值 x0
    double eps = 0.000001;   //求解精度 eps
    int k = 0;   //迭代次数

    do {
```

```
        k++;
        x1 = newton(x0);
        printf("%d    %f\n", k, x1);
        d = fabs(x1 - x0);
        x0 = x1;
    } while (d >= eps && k < max);

    if (k < max)
        printf("此时该方程的解为 x = %f, 迭代次数 k = %d\n", x1, k);
    else
        printf("迭代公式发散!\n");
    return 0;
}
```

例 5.6 程序实现如下（C 语言编写）

```
#include <stdio.h>
#include <math.h>
double xpoint(double x1, double x2);//求过 x1, x2 的直线与 x 轴的交点
double root(double x1, double x2);//求根函数
double f(double x);//求 x 点的函数的值
double f(double x)
{
    double y = 0;
    y = x * x * x * x + x * x - 2*x - 3;
    return y;
}
double xpoint(double x1, double x2)
{
    double x = 0;
    x = (x1 * f(x2) - x2 * f(x1)) / (f(x2) - f(x1));
    return x;
}
double root(double x1, double x2)
{
    double x, y, y1, y2;
    y1 = f(x1);
    y2 = f(x2);
    do {
        x = xpoint(x1, x2);
        y = f(x);
        if (y * y1 > 0) {
            x1 = x;
            y1 = y;
        }
        else {
```

```
            x2 = x;
            y2 = y;
        }
    } while (fabs(y) >= 0.00001);
    return x;
}
int main()
{
    double x1, x2, f1, f2, x;
    do {
        printf("请输入 x1, x2：");
        scanf("%lf %lf", &x1, &x2);
        f1 = f(x1);
        f2 = f(x2);
    } while (f1 * f2 >= 0);
    x = root(x1, x2);
    printf("方程的一个解为：%.6f\n", x);
    return 0;
}
```

例 6.1 程序实现如下（C++语言编写）

```
#include <cstdio>
#include <cmath>
#include <cstdlib>
#define Max_length 100
using namespace std;
const double tau = 0.1;
double Y_init;
double t_init;
double lambda;
double t_end;
double Result[Max_length][2];
int n;
void Euler(){
    Result[0][0]=t_init;
    Result[0][1]=Y_init;
    for (int i=1;i<=n;i++){
        Result[i][0]=Result[i-1][0]+tau;
        Result[i][1]=(1+lambda*tau)*Result[i-1][1];
    }
    return ;
}
int main(){
    freopen("output.txt", "w", stdout);
    t_init=0;
```

```
    Y_init=1;
    lambda=1;
    t_end=8;
        n= (int)((t_end-t_init)/tau+0.5);
        Euler();
        for (int i=0;i<=n;i++){
        printf("%lf %lf \n",Result[i][0],Result[i][1]);
        }
        fclose(stdin);
        fclose(stdout);
        return 0;
    }
```

例 6.2 程序实现如下（C++语言编写）

（1）显式欧拉法

```
    #include <cstdio>
    #include <cmath>
    #include <cstdlib>
    #define Max_length 100
    using namespace std;
    const double h = 0.1;
    double Y_init;
    double x_init;
    double Result[Max_length][2];
    int n;
    void Euler(){
        Result[0][0]=x_init;
        Result[0][1]=Y_init;
        for (int i=1;i<=n;i++){
            Result[i][0]=Result[i-1][0]+h;
            Result[i][1]=Result[i-1][1]+h*(Result[i-1][1]-2*Result[i-1][0]/Result[i-1][1]);
        }
        return ;
    }
    int main(){
        freopen("output.txt", "w", stdout);
    x_init=0;
    Y_init=1;
    n=10;
        Euler();
        for (int i=0;i<=n;i++){
        printf("%lf %lf \n",Result[i][0],Result[i][1]);
        }
        fclose(stdin);
```

```
    fclose(stdout);
    return 0;
}
```

（2）预估-校正方法

```cpp
#include <cstdio>
#include <cmath>
#include <cstdlib>
#define Max_length 100
using namespace std;
const double h = 0.1;
double Y_init;
double x_init;
double Result[Max_length][2];
int n;
void Euler_2(){
    Result[0][0]=x_init;
    Result[0][1]=Y_init;
    for (int i=1;i<=n;i++){
        Result[i][0]=Result[i-1][0]+h;
        Result[i][1]=Result[i-1][1]+(h/2)*((Result[i-1][1]-2*Result[i-1][0]/Result[i-1][1])+((Result[i-1][1]+h*(Result[i-1][1]-2*Result[i-1][0]/Result[i-1][1]))-2*Result[i][0]/(Result[i-1][1]+h*(Result[i-1][1]-2*Result[i-1][0]/Result[i-1][1]))));
        //Result[i][1]=(Result[i-1][1]+h*(Result[i-1][1]-2*Result[i-1][0]/Result[i-1][1]));
    }
    return ;
}
int main(){
    freopen("input.txt", "r", stdin);
    freopen("output.txt", "w", stdout);
    x_init=0;
    Y_init=1;
    n=10;
    Euler_2();
    for (int i=0;i<=n;i++){
        printf("%lf %lf \n",Result[i][0],Result[i][1]);
    }
    fclose(stdin);
    fclose(stdout);
    return 0;
}
```

例 6.3　四阶龙格-库塔公式求解常微分方程的程序实现如下（C++语言编写）

```cpp
#include <cstdio>
#include <cmath>
#include <cstdlib>
#define Max_length 100
using namespace std;
//input
double Y_init;
double t_init;
double t_end;
int n;
//output
double Result[Max_length][2];
//intermediate
double h;
double k1,k2,k3,k4;
//functions
double f(double X,double Y){
    double F=X*sqrt(Y);
    return F;
}
void RK4(){
    Result[0][0]=t_init;
    Result[0][1]=Y_init;
    for (int i=1;i<=n;i++){
        Result[i][0]=Result[i-1][0]+h;
        k1=f((Result[i-1][0]    ),(Result[i-1][1]        ));
        k2=f((Result[i-1][0]+h/2),(Result[i-1][1]+h*k1/2));
        k3=f((Result[i-1][0]+h/2),(Result[i-1][1]+h*k2/2));
        k4=f((Result[i-1][0]+h  ),(Result[i-1][1]+h*k3  ));
        Result[i][1]=Result[i-1][1]+h*(k1+2*k2+2*k3+k4)/6;
    }
    return;
}
int main(){
freopen("output.txt", "w", stdout);
Y_init=4;
t_init=2;
t_end=3;
n=10;
    h=(t_end-t_init)/n;
    RK4();
    for (int i=0;i<=n;i++){
        printf("%lf %lf \n",Result[i][0],Result[i][1]);
    }
```

```
        fclose(stdin);
        fclose(stdout);
        return 0;
}
```

例6.4　程序实现如下（C++语言编写）

```cpp
#include <cstdio>
#include <cmath>
#include <cstdlib>
#define Max_length 100
using namespace std;
//input
int n;
double y1_0,y2_0;
double t_0;
//output
double Result_y1[Max_length][2];
double Result_y2[Max_length][2];
//intermediate
const double tau = 0.01;
const double e=2.718281828459;
//functions
void compute(){
    Result_y1[0][0]=t_0;
    Result_y1[0][1]=y1_0;
    Result_y2[0][0]=t_0;
    Result_y2[0][1]=y2_0;
    for (int i=1;i<=n;i++){
        Result_y1[i][0]=Result_y1[i-1][0]+tau;
        Result_y1[i][1]=Result_y1[i-1][1]+tau*Result_y2[i-1][1];
        Result_y2[i][0]=Result_y2[i-1][0]+tau;
        Result_y2[i][1]=Result_y2[i-1][1]+tau*(2*Result_y2[i-1][1]-2*Result_y1[i][1]+pow(e,2*Result_y2[i][0])*sin(Result_y2[i][0]));
    }
    return;
}
int main(){
    n=50;
y1_0=-0.4;
y2_0=-0.6;
t_0=0;
    fclose(stdin);
    compute();
    freopen("output.txt", "w", stdout);
    for (int i=0;i<=n;i++){
```

```
        printf("%lf %lf \n",Result_y1[i][0],Result_y1[i][1]);
    }
    fclose(stdout);
    freopen("output(2).txt", "w", stdout);
    for (int i=0;i<=n;i++){
        printf("%lf %lf \n",Result_y2[i][0],Result_y2[i][1]);
    }
    fclose(stdout);
    return 0;
}
```

例 6.5 程序实现如下（C++语言编写）

```
#include <cstdio>
#include <cmath>
#include <cstdlib>
#define Max_length 100
using namespace std;
//input
int n;
double x_1,y_1,x_2,y_2;
//output
double Result[Max_length+1][2];
//intermediate
double a[Max_length+1],b[Max_length+1],c[Max_length+1],d[Max_length+1],e[Max_length+1],f[Max_length+1],x[Max_length+1],y[Max_length+1];
double h;
//functions
double ux(double x){
    double u=-1;
    return u;
}
double vx(double x){
    double v=0;
    return v;
}
double wx(double x){
    double w=2/(x*x);
    return w;
}
double fx(double x){
    double f=1/x;
    return f;
}
```

```c
void compute_coefficient(){
    for (int i=2;i<=n-1;i++){
        a[i]=ux(x[i])-h*0.5*vx(x[i]);
        b[i]=h*h*wx(x[i])-2*ux(x[i]);
        c[i]=ux(x[i])+0.5*h*vx(x[i]);
        f[i]=h*h*fx(x[i]);
        //printf("b[%d]=%lf\n",i,b[i]);
        //printf("c[%d]=%lf\n",i,c[i]);
        //printf("f[%d]=%lf\n",i,f[i]);
    }
    b[1]=1;
    c[1]=0;
    f[1]=y_1;
    a[n]=0;
    b[n]=1;
    f[n]=y_2;
    return;
}
void chasing_method(){
    e[1]=c[1]/b[1];
    d[1]=f[1]/b[1];
    //printf("e[1]=%lf\n",e[1]);
    //printf("d[1]=%lf\n",d[1]);
    for (int i=2;i<=n;i++){
        e[i]=c[i]/(b[i]-a[i]*e[i-1]);
        d[i]=(f[i]-a[i]*d[i-1])/(b[i]-a[i]*e[i-1]);
        //printf("e[%d]=%lf\n",i,e[i]);
        //printf("d[%d]=%lf\n",i,d[i]);
    }
    y[n]=d[n];
    for (int i=n;i-1>=1;i--){
        y[i-1]=d[i-1]-e[i-1]*y[i];
        //printf("x[%d]=%lf\n",i,x[i]);
        //printf("y[%d]=%lf\n",i,y[i]);
    }
    return;
}
void result(){
    for (int i=1;i<=n;i++){
        Result[i][0]=x[i];
        Result[i][1]=y[i];
    }
    return;
}
```

```
    int main(){
        n=10;
x_1=2;
y_1=0;
x_2=3;
y_2=0;
    fclose(stdin);
    h=(x_2-x_1)/(n-1);
    //printf("%lf",h);
    for (int i=1;i<=n;i++){
        x[i]=x_1+(i-1)*h;
        //printf("%lf\n",x[i]);
    }
    compute_coefficient();
    chasing_method();
    result();
    freopen("output.txt", "w", stdout);
    for (int i=1;i<=n;i++){
    printf("%lf    %lf   \n",Result[i][0],Result[i][1]);
    }
    fclose(stdout);
    return 0;
}
```

例 7.1 程序实现如下（C++语言编写）

```
#include <cstdlib>
#include <cmath>
#include <time.h>
#include <iostream> // for the use of 'cout'
#include <fstream>  // file streams
#include <sstream>  // string streams
#include <iomanip>
int    N_max; //total amount of nodes
double *T_new; //record new temperature at t+1
double *T_old; //record old temperature at t
double  alpha; //dimensional thermal diffusion coefficient
double  alpha_dimless; //dimensionaless thermal diffusion coefficient
double  delta_x;
double  delta_t;

void initialization(int n_max, double T_ini)
{
    N_max = n_max;
    T_new = new double[N_max];
```

```cpp
    T_old = new double[N_max];

    for (int i = 0;i < N_max;i++)
    {
        T_old[i] = T_ini;
        T_new[i] = T_ini;
    }

    //setup spatial and time steps, unit:(m), unit:(s)
    delta_x = 0.5;
    delta_t = 0.1;
    //setup thermal diffusivity, unit:(m/s^2)
    alpha = 0.001;

    //dimesionless treatment
    //It should satisfy the stability condition of explicit scheme
    //i.e. alpha_dimless < 1.0
    alpha_dimless = alpha / (delta_x * delta_x / delta_t);
}

void thermal_conductivity()
{
    //Left boundary temperature is 100.
    T_new[0] = 100;

    for (int i = 1;i < N_max - 1;i++)
    {
        T_new[i] = T_old[i] + alpha_dimless * (T_old[i + 1] - 2 * T_old[i] + T_old[i - 1]);
    }
    T_new[N_max - 1] = T_new[N_max - 2];

    //Right boundary condition: partial T / partial x = 0;
    for (int i = 0;i < N_max;i++)
    {
        T_old[i] = T_new[i];
    }
}

void termination()
{
    delete[] T_new;
    delete[] T_old;
}
```

```cpp
int main(int argc, char* argv[])
{
    // Create filename
    std::stringstream output_filename;
    std::ofstream     output_file;

    int maxLoops(60000);
    int maxFrame(100);

    int loops(0);
    int frame(0);
    initialization(100, 36.8);

    for (loops = 0; loops <= maxLoops; loops++)
    {
        if (loops >= 0 && loops % (maxLoops / maxFrame) == 0)
        {
            // Set file name
            output_filename.clear();
            output_filename.str("");
            output_filename << "loops_" << loops << ".plt";
            // Open file
            output_file.open(output_filename.str().c_str());

            std::cout << "loops = " << loops << "\n";
            for (int i = 0;i < N_max;i++)
            {
                output_file << i << "\t" << T_new[i] << "\n";
            }
            output_file.close();
        }
        {
            thermal_conductivity();
        }
    }
    termination();
    system("pause");
    return 0;
}
```

例 7.2　程序实现如下（C++语言编写）

```cpp
#include <cmath>
#include <time.h>
#include <iostream> // for the use of 'cout'
#include <fstream>  // file streams
```

```cpp
#include <sstream>   // string streams
#include <iomanip>

using namespace std; // permanently use the standard namespace

int    N_max; //total amount of nodes
double *T_new; //record new temperature at t+1
double *T_old; //record old temperature at t
double  alpha; //dimensional thermal diffusion coefficient
double  alpha_dimless; //dimensionaless thermal diffusion coefficient
double  delta_x;
double  delta_t;

void initialization(int Lx, int Ly, double T_ini)
{

    N_max = Lx* Ly;
    T_new = new double [N_max];
    T_old = new double [N_max];

    for (int i = 0;i < N_max;i++)
    {
       T_old[i] = T_ini;
       T_new[i] = T_ini;
    }
    //setup spatial and time steps, unit:(m), unit:(s)
    delta_x = 0.5;
    delta_t = 0.1;
    //setup thermal diffusivity, unit:(m/s^2)
    alpha   = 0.005;

    int D = 1;//D is dimension. The present case is a 1D problem.
    double critic = 1.00;//1.001 is error; 1.0 and 0.99 are ok.;
    alpha_dimless = critic /(2.0*D);
    delta_t = alpha_dimless * (delta_x * delta_x / alpha);
    output_file.close();
}
void thermal_conductivity(int Lx, int Ly)
{
    for (int i = 0; i < N_max; i++)
    {
       int x = (i) / Ly;
       int y = (i) % Ly;

       int x_e = (x + 1) % Lx;
```

```
            int x_w = Lx - (Lx - x) % Lx - 1;
            int y_n = (y + 1) % Ly;
            int y_s = Ly - (Ly - y) % Ly - 1;

            int i_e = x_e*Ly + y;
            int i_w = x_w*Ly + y;
            int i_n = x*Ly + y_n;
            int i_s = x*Ly + y_s;
            {
                T_new[i] = T_old[i] \
                    + alpha_dimless * (T_old[i_e] - T_old[i]) \
                    + alpha_dimless * (T_old[i_w] - T_old[i]) \
                    + alpha_dimless * (T_old[i_n] - T_old[i]) \
                    + alpha_dimless * (T_old[i_s] - T_old[i]);
            }
        }

        for (int i = 0; i < N_max; i++)
        {
            int x = (i) / Ly;
            int y = (i) % Ly;

            //Left boundary temperature is 100.
            if (y == 0)
            {
                T_new[i] = 100;
            }
            // Right boundary condition: partial T / partial x = 0;
            else if (y == Ly - 1)
            {
                T_new[x*Ly + y] = T_new[(x)*Ly + y - 1];
            }
        }

        for (int i = 0; i < N_max; i++)
        {
            T_old[i] = T_new[i];
        }
    }
}

void termination()
{
    delete [] T_new;
    delete [] T_old;
}
```

```cpp
void write_pltfile(int Lx, int Ly, int frame)
{
    // Create filename
    std::stringstream output_filename;
    std::ofstream     output_file;

    // Set file name
    output_filename.clear();
    output_filename.str("");
    output_filename << "Res_frame_" << frame << ".plt";
    // Open file
    output_file.open(output_filename.str().c_str(), ios::trunc);


    //c.....local variables
    int x, y;

    output_file << "TITLE     = \" Temperature \"\n";
    output_file << "VARIABLES = \"X\", \"Y\", \"T\" ";
    output_file << "\n";
    output_file << "ZONE I="<< Lx <<", J="<< Ly<< ", F=POINT\n";

    for (int y = 0; y < Ly; y++)
    {
        for (int x = 0; x < Lx; x++)
        {
            output_file << x<<"\t"<<y<<"\t"<< T_new[x * Ly + y] <<"\t";
            output_file << "\n";
        }
    }
    output_file.close();

    // Set file name
    output_filename.clear();
    output_filename.str("");
    output_filename << "Res_frame_" << frame << ".txt";
    // Open file
    output_file.open(output_filename.str().c_str(), ios::trunc);
    for (int x = 0; x < Lx; x++)
    {
        for (int y = 0; y < Ly; y++)
        {
            output_file << T_new[x * Ly + y] << "\t";
        }
        output_file << "\n";
```

```cpp
    }
    output_file.close();
}


int main(int argc, char *argv[])
{
    // Create filename
    std::stringstream output_filename;
    std::ofstream     output_file;
    int maxLoops(60000);
    int maxFrame(100);

    int loops(0);
    int frame(0);

    int Lx(30);
    int Ly(50);

    double T_ini(20.0);

    initialization(Lx, Ly, T_ini);

    for (loops = 0; loops <= maxLoops; loops++)
    {
        if (loops >= 0 && loops % (maxLoops / maxFrame) == 0)
        {
            std::cout << "loops = " << loops << "\n";
for (int i = 0;i < N_max;i++)
            {
                output_file << i << "\t" << T_new[i] << "\n";
            }
            output_file.close();

            write_pltfile(Lx, Ly, frame++);
        }
        {
            thermal_conductivity(Lx, Ly);
        }
    }
    termination();
    system("pause");
    return 0;
}
```

例 7.3 程序实现如下（C++语言编写）

```cpp
#include<stdio.h>
#include<conio.h>
#include<stdlib.h>
#include<math.h>
#include<time.h>
#include<iostream>
using namespace std;
const int Nx = 101;     //x方向格点数
const int Ny = 101;     //y方向格点数
const double delta_x = 1.0 / 100.0;//空间步长
const double delta_t = 1.0 / 100.0;//时间步长
const double s = delta_t / delta_x;//步长比
double V_new[Nx * Ny];

void initialization();
void caculate_V();
void Boundary();
void write(int iter);
void initialization()
{
    int x, y;
    for (x = 1; x < Nx - 1; x++)
    {
        for (y = 2; y < Ny - 1; y++)
        {
            int temp = x * Ny + y;
            V_new[temp] = 0;
        }
    }
    Boundary();
}

void caculate_V()
{
    int x, y;
    double err_local = 0;
    double err_globle = -1;
    for (y = 2; y < Ny ; y++)
    {
        for (x = 1; x < Nx - 1; x++)
        {
            int temp = x * Ny + y;
            int temp_ws = (x - 1) * Ny + y - 1;
            int temp_es = (x + 1) * Ny + y - 1;
```

```
                int temp_s = x * Ny + y - 1;
                int temp_ss = x * Ny + y - 2;
                V_new[temp] = s * s * (V_new[temp_ws] + V_new[temp_es])
+ 2 * (1 - s * s) * V_new[temp_s] - V_new[temp_ss];
            }
        }
        write(0);
    }

    void Boundary()
    {
        int xStart = 0, xEnd = Nx - 1, yStart = 0, yEnd = Ny - 1;
        int x, y;
        int temp, temp_s, temp_w, temp_e, temp_ws, temp_es;
        for (x = 0; x < Nx; x++)
        {
            for (y = 0; y < Ny; y++)
            {
                temp = x * Ny + y;
                if (y == yStart)
                {
                    V_new[temp] = exp(x * delta_x);
                }
                else if (x == xStart )
                {
                    V_new[temp] = exp(y * delta_t);
                }
                else if (x == xEnd)
                {
                    V_new[temp] = exp(1 + y * delta_t);
                }
            }
        }
        for (x = 1; x < Nx - 1; x++)
        {
            y = yStart + 1;
            temp = x * Ny + y;
            temp_s = x * Ny + y - 1;
            temp_ws = (x - 1) * Ny + y - 1;
            temp_es = (x + 1) * Ny + y - 1;
            temp = x * Ny + y;
            V_new[temp] = exp(x * delta_x) + delta_t * exp(x * delta_x)
+ delta_t * delta_t * (V_new[temp_ws] + V_new[temp_es] - 2 * V_new[temp_s])
/ (2 * delta_x * delta_x);
        }
    }
```

```cpp
void write(int iter)
{
    FILE* fp;
    char    fn[256];
    char dir_subworkspace[256] = "..\\workspace\\";
    sprintf(fn, "%stec/%05d.txt", dir_subworkspace, iter);
    fp = fopen(fn, "wt");
    fprintf(fp, "x\tt\tValue\n");
    for (int y = 0; y < Ny; y++)
    {
        for (int x = 0; x < Nx; x++)
        {
            int temp = x * Ny + y;
            fprintf(fp, "%d\t%d\t%7.6f\n", x, y, V_new[temp]);
        }
    }
    fclose(fp);
}

int main()
{
    system("mkdir..\\workspace");
    system("mkdir..\\workspace\\tec");
    initialization();
    caculate_V();
    return 0;
}
```

例 7.5 程序实现如下（C++语言编写）

```cpp
#include<stdio.h>
#include<conio.h>
#include<stdlib.h>
#include<math.h>
#include<time.h>
#include<iostream>
using namespace std;

const int Nx = 101;      //x方向格点数
const int Ny = 101;      //y方向格点数
const double delta_x = 1.0 / 100.0;//空间步长
const double err_0 = 0.5e-8;     //迭代允许的误差

double V_new[Nx * Ny], V_old[Nx * Ny];
```

```c
void initialization();
void caculate_V();
void Boundary();
void write(int iter);

void initialization()
{
    int x, y;
    for (x = 1; x < Nx - 1 ; x++)
    {
        for (y = 1; y < Ny - 1; y++)
        {
            int temp = x * Ny + y;
            V_old[temp] = 0;
            V_new[temp] = 0;
        }
    }
    Boundary();
}

void caculate_V()
{
    int x, y;
    double err_globle = 1;
    double err_local = 0;
    int iter = 0;
    while (true)
    {
        double err_local = 0;
        double err_globle = -1;

        for (x = 1; x < Nx - 1; x++)
        {
            for (y = 1; y < Ny - 1; y++)
            {
                int temp = x * Ny + y;
                int temp_w = (x - 1) * Ny + y;
                int temp_e = (x + 1) * Ny + y;
                int temp_s = x * Ny + y - 1;
                int temp_n = x * Ny + y + 1;
                V_new[temp] = (V_old[temp_w] + V_old[temp_e] + V_old[temp_s] + V_old[temp_n] - delta_x * delta_x * 2.0 * exp((x + y) * delta_x)) / 4.0;
                err_local = abs(V_new[temp] - V_old[temp]);
                err_globle = max(err_local, err_globle);
                V_old[temp] = V_new[temp];
```

```cpp
                }
            }
            Boundary();
            if (err_globle < err_0)
            {
                cout << " iter= " << iter << endl;
                break;
            }

            if (iter % 1000 == 0)
            {
                printf("iter=%d\terr_global=%.10f\n", iter, err_globle);
            }
            iter++;

            if (iter % 1000 == 0)
            {
                write(iter);
            }
        }
    }

    void Boundary()
    {
        int xStart = 0, xEnd = Nx - 1, yStart = 0, yEnd = Ny - 1;
        int x, y;
        int temp;
        for (x = 0; x < Nx; x++)
        {
            for (y = 0; y < Ny; y++)
            {
                if (x == xStart || x == xEnd || y == yStart || y == yEnd)
                {
                    temp = x * Ny + y;
                    V_old[temp] = exp((x + y) * delta_x);
                }
            }
        }
    }

    void write(int iter)
    {
        FILE* fp;
        char    fn[256];
        char dir_subworkspace[256] = "..\\workspace\\";
```

```
    sprintf(fn, "%stec/%05d.plt", dir_subworkspace, iter);//
    fp = fopen(fn, "wt");
    fprintf(fp, "TITLE = \" U,V velocity & Pressure \"\n");

    fprintf(fp, "VARIABLES = \"X\", \"Y\", \"Voltage\"");
    fprintf(fp, "\n");
    fprintf(fp, "ZONE I= %d , J= %d , F=POINT\n", Nx, Ny);
    for (int y = 0; y < Ny ; y++)
    {
        for (int x = 0; x< Nx ; x++)
        {
            int temp = x * Ny + y;
            fprintf(fp, "%d\t%d\t%8.7f\n", x, y, V_old[temp]);
        }
    }
    fclose(fp);
}

int main()
{
    system("mkdir..\\workspace");
    system("mkdir..\\workspace\\tec");
    initialization();
    caculate_V();
    write(1);
    return 0;
}
```

例 8.4 程序实现如下（Fortran 语言编写）

```
Module ran_mod
    Implicit None
    contains
    function ran()
     implicit none
     integer, save :: flag = 0
     double precision :: ran
     if(flag==0) then
      call random_seed()
      flag = 1
     endif
     call random_number(ran)
    end function ran

    function normal(mean,sigma)
     implicit none
```

```fortran
      integer :: flag
      double precision, parameter :: pi = 3.14159265359
      double precision :: u1, u2, y1, y2, normal, mean, sigma
      save flag
      data flag /0/
      u1 = ran(); u2 = ran()
      if (flag.eq.0) then
         y1 = sqrt(-2.0d0*log(u1))*cos(2.0d0*pi*u2)
         normal = mean + sigma*y1
         flag = 1
      else
         y2 = sqrt(-2.0d0*log(u1))*sin(2.0d0*pi*u2)
         normal = mean + sigma*y2
         flag = 0
      endif
   end function normal
End Module ran_mod
program Guass
 use ran_mod
 implicit None
 integer , parameter :: nmax = 1000, nmay = 1000
 real*8 :: a(1:nmax, 1:nmay), b(1:nmax, 1:nmay)
 integer :: i, j
 open(1, file = 'results.dat')
 write(1,*) 'VARIABLES = "x", "y", "a", "b" '
write(1,*) 'ZONE I=',nmax,',J=', nmay, ' F=POINT'
   do i = 1 , nmax
      do j=1, nmay
      a(i,j) = normal(0.5D0, 1.0D0)
      b(i,j) = normal(0.5D0, 1.0D0)
      write(1, *) i, j, a(i,j), b(i,j)
      write(*, *) i, j, a(i,j), b(i,j)
      end do
   end do
 close(1)
 end program Guass
```

例 8.5 程序实现如下（Fortran 语言编写）

```fortran
Module ran_mod
    contains
    function ran()
     implicit none
     integer, save :: flag = 0
     double precision :: ran
     if(flag==0) then
```

```
      call random_seed()
      flag = 1
     endif
     call random_number(ran)
  end function ran
End Module ran_mod

program volume
use ran_mod
implicit none
integer, parameter :: nmax =1000000
real*8 :: p, y, vol
real*8 :: x1, x2, x3, x4, r=1.
integer :: i, n=0
open(1, file="vol.txt")
do i=1,nmax
  x1=2.*r*ran()-r
  x2=2.*r*ran()-r
  x3=2.*r*ran()-r
  x4=2.*r*ran()-r
  y=x1**2+x2**2+x3**2+x4**2
  if (y<=r**2) then
    n=n+1
  end if
  p=1.*n/i
  vol=p*(2.*r)**4
  if(mod(i,50000)==0) write (1, *) i, vol
end do
close (1)
end program volume
```

例 8.6 程序实现如下（Fortran 语言编写）

```
Module ran_mod
    contains
    function ran()
     implicit none
     integer, save :: flag = 0
     double precision :: ran
     if(flag==0) then
      call random_seed()
      flag = 1
     endif
     call random_number(ran)
    end function ran
End Module ran_mod
```

```fortran
program randomwalks
use ran_mod
implicit none
real*8 :: ma=100., mb=1., tau=0.01, phi, phim, tal, r
integer :: K=10000, i
double precision,parameter :: pi=3.1415926, v=100.
double precision va(2), vb(2),vc(2),rn(2), wa(2), wb(2)
1 ,ua(2), ub(2)
va(1)=0.
va(2)=0.
rn(1)=0.
rn(2)=0.
open (1,file='randomwalks.txt')
do i=1,K
   phim=ran()*2*pi
   vb(1)=v*dcos(phim)
   vb(2)=v*dsin(phim)
   vc(1)=(ma*va(1)+mb*vb(1))/(ma+mb)
   vc(2)=(ma*va(2)+mb*vb(2))/(ma+mb)
   wa(1)=va(1)-vc(1)
   wa(2)=va(2)-vc(2)

   phi=ran()*2*pi
   ua(1)=dcos(phi)*wa(1)-dsin(phi)*wa(2)
   ua(2)=dsin(phi)*wa(1)+dcos(phi)*wa(2)
   va(1)=ua(1)+vc(1)
   va(2)=ua(2)+vc(2)
   tal=-tau*log(ran())
   rn(1)=rn(1)+va(1)*tal
   rn(2)=rn(2)+va(2)*tal
   r=dsqrt((va(1)*tal)**2+(va(2)*tal)**2)
   write (1,*) rn(1), rn(2)
end do
close (1)
end program randomwalks
```